캡스톤디자인을 위한

—

기계공학설계 입문

이성　　미국 포틀랜드주립대학교 기계공학과 교수
조승현　동양미래대학교 기계공학과 부교수
변경석　국립목포대학교 기계공학과 교수
이상찬　국립목포대학교 기계공학과 교수
윤병성　미국 포틀랜드주립대학교 기술경영 박사과정

캡스톤디자인을 위한

기계공학설계 입문

1판 1쇄 인쇄 2018년 3월 5일
1판 1쇄 발행 2018년 3월 10일

지은이 | 이성, 조승현, 변경석, 이상찬, 윤병성
발행인 | 김병계
발행처 | 도서출판 보문당
등　록 | 1990년 6월 15일(제 1-1066호)
주　소 | 서울시 마포구 토정로15길 32(신수동)
전　화 | 704-7025 / 704-0635
팩　스 | 704-2324
홈페이지 | http://www.bomoondang.co.kr
전자우편 | bmdpub@naver.com

값 20,000 원

ISBN : 978-89-8413-221-4 (93530)

이 도서의 국립중앙도서관 출판예정도서목록(CIP)은
서지정보유통지원시스템 홈페이지(http://seoji.nl.go.kr)와
국가자료공동목록시스템(http://www.nl.go.kr/kolisnet)에서
이용하실 수 있습니다.(CIP제어번호: CIP2018005716)

캡스톤디자인을 위한

—

기계공학설계 입문

이성, 조승현, 변경석, 이상찬, 윤병성 지음

Preface

설계 엔지니어의 역할은 공학 설계를 통해서 신제품을 만들거나 기존 제품을 개선하여 우리 생활을 편리하게 하고 기술발전의 이익과 혜택을 사회로 전환하는 것이다. 이 책에서 우리는 신제품 개발과 제품 개선에 공학 설계와 설계 프로세스의 중요성을 이야기 하고자 한다.

인류는 수천 년 전부터 수많은 기계 제품들을 만들어 왔고 그 제품들은 지금도 잘 작동 하고 있는데, 왜 디자인 프로세스를 공부해야 할까? 이유는 새롭고, 비용이 저렴하고, 품질이 좋은 제품들에 대한 필요가 지속적으로 있기 때문일 것이다. 로마의 수로, 콜로세움, 판테온 등은 아치arch라는 공학적 구조가 있었기 때문에 건설될 수 있었고, 이집트의 피라미드는 임호텝Imhotep이라는 엔지니어가 설계하였으며, 르네상스시대의 이탈리아 산타마리아 대성당의 돔은 브루넬리스키의 기중기가 있었기 때문에 가능하였다. 이 외에도 수많은 위대한 인류 유산들은 공학이 바탕으로 가능하였기 때문에 문명의 발전은 공학의 발전과 함께 했다고 할 수 있다.

한국은 반도체, 휴대폰, 자동차, 디스플레이 등 최첨단 제품을 생산하여 세계 12위의 교역량을 자랑하는 공업국가이다. 1960년대부터 국가적으로 추진된 공업화의 결과라는 것은 주지의 사실이다. 그러나 이러한 현재까지의 한국 경쟁력은 미래의 발전을 보장하지 않는다. 그것은 세계가 지금 무한한 기술전쟁, 경제전쟁을 벌이고 있기 때문이다. 최근 스마트폰의 사례에서 보듯이 한국은 미국선진국과 중국후발국가의 틈새에서 많은 어려움을 겪고 있다. 이러한 현실에서 우리는 미국의 애플사와 중국의 다장혁신사의 사례를 살펴볼 필요가 있다. '애플'사는 Cellphone 분야에서 후발주자임에도 혁신적인 신제품을 개발함으로써 단숨에 스마트폰 시장의 세계 1위 기업이 되었다. '다장혁신'사는 미래기술로 각광받는 드론제품의 세계 1위 기업이다. 이 두 기업의 공통점은 세상에 없는 기술과 제품을 개발한 것이 아니라 있는 기술을 가지고 새로운 제품을 개발했다는 점이다. 이러한 사실은 공학에서 중요한 것은 창의Creativity가 아니라 혁신Innovation이라는 점을 시사하고 있다. 세상에 없던 아이디어를 제안하는 창의는 분명 대단한 일이지만 창의가 제품화되기 위해서는 기존의 기술을 바탕으로 현실화되는 혁신이 필요하다. 혁신적 제품개발은 치밀한 관찰력과 체계적인 교육으로 가능하다. 따라서 저자들은 위의 문제점을 인식하여 공학도가 보다 쉽게 혁신적 제품개발을 과정을 공부할 수 있도록 다음과 같은 형태로 본 교재를 집필하였다.

- 1장 개요에서는 설계 프로세스를 공부해야하는 이유를 제시하였다. 제품개발의 성공과 실패사례를 살펴보고 제품개발을 위해 중요하게 고려해야할 점들을 강조하였다.
- 2장 공학 설계 프로세스에서는 제품개발의 과정인 제품기획, 설계사양선정, 제품 컨셉 도출, 상세설계, 시제품 제작과 실험, 관리문서 등의 순서를 학습하고 각각에 산업계의 사례 등을 제시함으로써 독자들이 공학 설계 프로세스를 이해하고 활용할 수 있도록 하였다.
- 3장 설계 프로젝트 관리에서는 설계 프로세스의 과정을 효율적으로 관리할 수 있는 방법으로 마스터 플랜, 테스크Task, 리스크 관리 등을 학습한다. 오늘날의 제품은 대단히 복잡해서 기획에서 제품을 만들어 내기까지 제품 개발에 다양한 분야에 전문 지식을 가지고 있는 사람들의 협업이 필요하다. 제품개발에 참여하는 사람들이 더 많아 질수록 고객을 만족 시키고, 중요 점들이 간과 되지 않게 서로간에 커뮤니케이션이 필요한데 이때 중요한 것이 프로젝트 관리이다. 이 장을 통해 독자들은 공학 개발 프로세스 관리의 중요성과 효과를 학습할 수 있다.

- 4장에서는 시제품 제작 및 실험 및 평가 방법등에 대해서 설명하였다.
- 5장에서는 엔지니어들은 제품 개발의 전 단계에서 수시로 보고서를 작성하게 되기에, 보고서 작성에 관하여 설명 하였다.
- 6장에서는 공학 설계 기술의 미래, 앞으로의 공학 설계 기술 변화를 알아보고자 하였다. 이를 위하여 우선 공학 설계를 포괄하는 제품의 개발환경이 어떻게 변해가고 있는지에 대해 우선 기술 하였다.
- 끝으로 부록에는 설계 프로세스에서 수행되는 활동에 관한 문서양식Templete을 제공하여 학습에 사용할 수 있도록 하였다. 독자는 부록에 제시된 양식을 활용함으로써 설계 프로세스의 과정을 자연스럽게 체득할 수 있고 향후 개발 프로젝트에서 실질적으로 활용할 수 있을 것이다.

현재 산업현장은 신속한 기술과 제품개발을 요구하고 있다. 이러한 상황에서 우월적 경쟁력을 갖추기 위해서 회사는 디자인과 설계에 매우 효율적이어야 한다. 따라서 저자들은 본 교재에서 '신제품 개발은 체계적인 설계 프로세스가 필요하고, 프로세스는 학습을 통해 습득할 수 있다'고 독자들이 인식할 수 있도록 독자들에게 효율적으로 설계 및 제품을 개발할 수있는 도구를 제공하고자 하였다. 『캡스톤디자인을 위한 기계공학설계 입문』의 저술에 오류가 없도록 최선의 노력을 기울였으나, 부족한 점이 많으리라 생각되며, 이는 앞으로 지속적인 연구를 통해 수정 보완해 갈 것을 약속드린다.

Portland, Seoul and Mokpo 에서
January 2018

이성, 조승현, 변경석, 이상찬, 윤병성

Contents

Part I Introduction to Engineering Design

Part II Engineering Design Process

Part III 설계 프로젝트 관리 Design Project Management

Part IV 시제품 제작 및 시험 Prototyping and Testing

Part V 문서 Documentation

Part VI Future of Engineering Design Technology

Part I

Introduction to Engineering Design

Part 1. Introduction to Engineering Design

1. 개요

공학, 과학과 기술은 서로 깊은 관계를 갖고 있어서 많은 경우 비슷한 의미로 혼용되고 있다.

미국 엔지니어협의회Engineers Council for Professional Development in the United States의 정의에 의하면 "공학Engineering은 구조물, 기계, 장치, 공정과정을 설계하기 위해 과학적 원리를 적용하는 것. 또는 구조물, 기계, 장치, 공정과정을 독립적으로나 복합적으로 사용하여 일하는 것. 또는 설계에 대한 완벽한 인지를 바탕으로 제작하거나 운영하는 것. 또는 특정한 운용 조건하에 이들의 거동을 예측하는 것이며 이 모든 경우에 있어 의도한 기능, 동작의 경제성, 생명과 재산의 안전성에 관한 것들이 포함된다."

공학Engineering의 어원은 발명을 뜻하는 Engine이다. 공학은 과학적 지식과 기술적 수단을 이용하여 가장 경제적인 방법으로 인간의 욕구를 충족시키는 장치, 재료, 제조 등을 설계하고 제작하기 위한 체계적인 학문이다. 토목공학, 기계공학, 전기공학 등은 잘 정립된 학문 분야를 지칭하는데 사용되기도 한다.

과학Science는 사전적 의미가 라틴어 Scientia에서 유래한 지식Knowledge을 뜻하며, 과학은 객관적이고 합리적인 방법으로, 인간, 자연 또는 사회의 현상을 이해하고 통제하려는 학문을 의미한다. 체계적이고 합리적인 방법을 이용하여 자연이나 자연현상을 대상으로 원리나 법칙을 탐구하는 과정 또는 그 과정에서 얻어진 지식을 의미하기도 한다.

기술Technology은 자연, 인조물 또는 서비스를 변형, 생산하는 활동의 수단을 의미한다. 과학, 공학과 밀접한 관계를 갖고 있으나, 독립적인 의미를 갖는다. 지적 호기심 보다는 실질적 유용성을 우선적으로 추구하고, 검증 과정보다 실현 과정을 중요시한다.

즉, 과학은 지식의 체계를 확립하며 우주의 진리와 현상을 탐구하는 학문이고 공학과 기술은 그러한 과학을 이용하여 삶의 질을 높이는 실용적인 학문이다. 공학과 기술이 과학을 이용하지만 과학, 공학과 기술은 선후관계가 아니라 상호보완적인 관계이다. 한가지 예로, 공학기술에 의한 초고성능 마이크로 현미경의 개발은 그동안 풀리지않은 인간 뇌의 비밀이 풀리게 되어 되어 획기적인 생체과학의 발전에 기여하였다. 이러한 생체과학은 다시 바이오산업이 미래산업으로 발전할 수 있는 초석이 되었다. 최근에는 창의력을 바탕으로 경쟁력있는 공학설계를 위해 공학교육에도 과학과 기술 뿐만 아니라 디자인, 예술, 인문학 등을 접목시키는 융합교육이 본격적으로 시도되고 있다. 지금까지 공학교육은 전공별 전문성과 학문적 발전단계에 따라 단계를 고려해 개별적으로 교육했다면, 앞으로의 공학교육은 주제와 관련해 다른 교과목을 연개한 교육을 시도해야 한다.

기술을 의미하는 기술을 의미하는 테크닉Technique의 그리스어 어원은 테크네Techne이다. 그리스시대의 테크네는 지식에 따라 일정한 기술Skill에 입각한 인간의 제작활동과 관련 지식, 인간이 만들어내는 제품Production, 생산Manufacturing 활동을 의미하고 있었다. 그런데 이러한 테크네의 어원이 예술과 동일하다는 점은 융합관점에서 매우 흥미롭다. 예술은 영어로 아트Art로 표기되고 아트의 어원은 라틴어로 아르스Ars이며 아르스는 그리스어 테크네Techne에서 기원하고 있다. 즉, 오래전 그리스시대에는 공학과 예술이 처음부터 동일한 어원을 가진 같은 분야였던 것이다. 그리스시대 테크네의 영역 중 회화와 조각이 현재의 예술로 발전하였고 건축, 기하학, 항해술은 현재의 공학과 기술로 발전한 것이다. 우리가 공학교육에서 예술과의 융합을 고려한다면 이것은 이질적인 학문의 결합이 아니라 원래 동일했던 학문으로 돌아간다는 의미가 있다고 할 수 있다.

디자인혁명을 일으키고 있는 애플은 이미 오래전부터 제품디자인에 다양한 인문학을 전공한 인력이 참여하고 있다. 개인용 Apple 컴퓨터PC를 개발한 스티브 잡스는 스탠퍼드대학교 졸업식 축사에서 그가 대학 시절에 들었던 서체학 수업이 컴퓨터 개발에 도움이 되었다고 말한바도 있다. 이러한 경향은 최근 국내기업에도 확산되고 있는데 삼성과 현대자동차와 같은 기업은 공학분야 채용시험에 다양한 인문학적 소양을 갖출 것을 요구하고 있다. 과학, 기술, 공학, 예술, 수학 등 STEM 다양한 학문의 융합이 창의성의 바탕이 되는 것은 물론이고, 문화적 다양성은 또한 새로운 창조의 원천이 될 수 있다.

경쟁력있는 공학설계를 위해서 설계자들은 공학적 지식과 더불어 사람의 삶Life에 대한 이해를 바탕으로 다양한 분야에 대한 관심과 학문간 융합과 창의성Creativity도 갖춰야한다. 다시 말해서 미래를 준비하는 현재의 공학엔지니어들에게는 다양한 분야의 지식을 통합할 수 있는 능력, 다양한 타 전공자들과 소통하고 협력하여 과제를 수행할 수 있는 능력, 과학·기술·공학이 미래 사회시스템에 미치는 영향을 예측할 줄 알고, 현 시대에 논의되고 있는 과학·기술·공학 지식을 빠르게 습득할 줄 아는 능력이 요구되고 있다.

1.1 공학과 설계

1.1.1 과학적 사고와 공학

위에서 서술한 바와 같이 공학은 과학을 바탕으로 하는 실용적인 학문이므로 공학자들은 과학을 실용으로 연결할 수 있는 치밀한 사고력을 가져야만 한다. 이러한 대표적인 사례로 위대한 예술가이자 과학자이며 공학자인 레오나르도 다빈치1452-1519와 브루넬리스1337-1446를 들 수 있다. 레오나르도 다 빈치는 피렌체에서 베로키오의 도제가 되어 조각, 회화, 건축, 도형연구, 원근법, 기하학, 식물학, 음악 등 예술 전반을 폭넓게 배울 수 있었다. 예술가, 과학자, 공학자로서 그는 실제 경험에 의거하여 자연현상에 대한 과학적 연구를 중시하였다. 그는 자연의 관찰, 인체해부학, 기계학에 대한 자세한 스케치 기록들을 남겨놓았는데, 기록에 의하면 현대의 탱크, 비행기와 다양한 기계장치와 비슷한 것을 확인할 수 있다. 그의 스케치는 매우 정교하고 기하학적 비례가 정확한데 이것은 그가 도제로 시작하여 뛰어난 데생능력을 가지고 있었기 때문이다. 또한 그는 치밀한 관찰에서 새로운 과학을 고민하는 능력이 뛰어났다. 레오나르도는 컴퍼스로 원을 그릴 때 원의 시작점과 끝점이 일치하지 않는 현상을 발견하고 이유를 고민한 결과 컴퍼스의 끝단과 면이 상호마찰로 마모되기 때문이라는 것을 발견하였다. 즉, 그는 도형을 그리면서 세밀한 관찰과 고민으로 마찰마모현상을 규명하였다.

공학자로써 레오나르도는 자연현상, 사물의 구조 등을 정확하게 관찰과학하고 뛰어난 데생능력기술으로 당시 사람들이 필요한 다양한 장치를 설계공학하였다. 그는 물고기와 새의 움직임을 통해 물과 공기의 유체역학을 이해하였고, 이후 낙하산, 헬리콥터, 비행기, 잠수함 등의 스케치를 남겼고, 피렌체 성당의 정탑에 사용될 원형 구리를 제작하기 위해 태양광을 이용한 용접기술, 오목거울을 고안하였고 이렇게 모여진 열에너지를 당시 피렌체의 성장을 이끌고 있넌 섬유산업의 난방시스템에 활용하고자 하였다. 또한, 공연의 관람객이 위치와 관계없이 공연을 즐길 수 있도록 이동식 무대장치를 고안하였는데 무게가 무거운 무대가 신속하게 움직일 수 있도록 베어링을 발명하였다.

브루넬레스키는 르네상스시대의 위대한 건축이 가능하게 한 공학자였다. 피렌체 대성당의 돔을 건축하는 방법을 제시한 사람이 브루넬레스키였다. 그는 판테온의 경우 콘크리트 돔을 올릴 동안 목재로 만든 지지대를 사용했던 방식에 착안하여, 사암과 대리석으로 돔의 내벽을 만들고, 벽돌로 돔의 외벽을 만들어 돔의 형태를 이중으로 만드는 방식을 고안했다. 그는 현대 고층건물의 건축할 때 사용되는 기중기와 비슷한 구조의 기중기를 제작하여 추정 중량이 25,000톤, 지름이 42미터, 높이가 84미터나 되는 돔을 건축할 수 있는 기술을 제공하였다. 그는 기중기를 제작하기위한 세밀한 설계도를 스케치하였는데 불행히도 이 설계도는 남겨지지 않았다. 한편 대형 구조물을 건축하기 위해서는 먼 거리에서 구조물을 관찰하며 건축해야하는데 그는 이때 사물이 멀어질수록 작아진다는 점을 발견하였고 원근법을 제시하였다. 이러한 과학과 공학을 바탕으로 피렌체 대성당의 돔은 16년간의 공사 끝에 1436년 완성되었다.

1.1.2 혁신과 공학

레오나르도 다빈치와 브루넬리스키는 인류의 발전과 위대한 문화유산을 창조한 과학자이며 공학자였다. 후세에 우리가 그들을 평가하는 것은 그들이 세상에 전혀 없던 사물을 만들었기 때문이 아니라 그들이 과학적 사고를 바탕으로 사물을 면밀히 관찰하고 사회의 필요에 부응하기 위해 새로운 기술과 구조물을 개발했다는 점이다. 즉, 그들은 무에서 유를 만들어내는 '창조가'가 아니라 유에서 새로운 유를 만들어내는 '혁신가'로써 평가받는 것이 마땅하다.

'창의성Creativity'은 무엇인가? 많은 독자들이 사람이 미처 생각하지 못한 반짝이는 새로운 생각Idea이라고 말할 것이다. 틀린 말은 아니지만 공학의 관점에서는 부족하다. 세상에 없는 새로운 생각은 쉽게 떠오르지 않으며 구체화되지 못하면 단지 '상상Dream'과 '허상Image'에 머물게 된다. 공학적으로 다르게 표현하면, 창의성은 '문제해결 능력Ability of Problem Solving'이라고 할 수 있다. 즉, 사람들이 미처 생각하지 못한 사회적 필요성Social Necessary을 파악하고 기존의 지식과학, 공학, 기술 등과 자원지식인, 문헌, 장치 등을 활용하여 새로운 방법기술, 장치 등을 제시하는 것이다.

따라서 공학적으로 창의적인 엔지니어가 된다는 것은 혁신적인 엔지니어가 된다는 것을 의미하며, 혁신적인 엔지니어가 되기 위해서는 세밀한 관찰과 풍부한 경험을 바탕으로 기술에 대한 필요성을 파악하고 필요성을 구현할 수 있는 다양한 지식과 자원을 활용하는 능력을 갖추어야만 한다.

1.1.3 20세기의 대표적 혁신 기술

지난 20세기는 과학을 바탕으로 공학기술이 폭발적으로 혁신되고 발전된 시기이다. 하늘을 나는 것을 동경했던 인간은 비행기를 만들어 나는 꿈을 이루었고, 로켓을 만들어 우주를 탐사하기 시작하였다. 대륙으로 떨어진 삶을 살던 인간은 비행기, 배로 공간의 제약을 벗어났고 통신기술로 교류하기 시작하였다. 획기적인 농업기술과 의료기술의 발전으로 기근과 질병을 해결하여 인류의 평균수명은 19세기에 비해 거의 2배가 되었다. 지상 수백미터의 초고층빌딩은 도시화를 촉진하였고 자동차, 지하철 등과 같은 교통수단은 첨단화되었다. 수천만원을 호가하던 컴퓨팅기술은 개인의 책상과 무릎위로 올라왔고 호주머니속 휴대폰속으로 들어온지 오래다. 또한 라디오, TV, 인터넷기술은 지구를 하나로 연결하였다. 이러한 20세기의 위대한 공학기술은 21세기에 들어서 더욱 빠른 속도로 발전하여 인류는 수명이 더욱 길어지고 시공간과 언어의 제약없이 교류할 수 있는 시대를 바라보고 있으며 인공지능AI 기술로 로봇이 인간의 노동력을 대신하는 빅뱅의 시기를 맞이하고 있다.

미국 공학 한림원National Academy of Engineering은 20 세기의 20 가장 큰 엔지니어링 성과를 다음과 같이 선정 하였다(Constable and Somerville [2003]).

1. 전기장치
2. 자동차
3. 항공기
4. 물 공급/분배 시설
5. 전자기술
6. 라디오와 텔레비전
7. 농업기계
8. 컴퓨터
9. 전화기
10. 공기조화냉동 장치

11. 고속도로
12. 우주선
13. 인터넷
14. 이미지 기술
15. 가전제품
16. 건강기술
17. 석유화학 기술
18. 레이저와 광기술
19. 핵기술
20. 고성능 재료기술

더 자세한 내용은 미국 공학한림원의 지원으로 2003년 집필된 A Century of Innovation: Twenty Engineering Achievements That Transformed Our Lives(Constable and Somerville [2003])에 수록 되어 있다.

그리고, http://www.greatachievements.org/ 웹사이트에서는 각 혁신기술별로 연도별 대표기술을 소개하여 현재의 기술이 어떠한 발전과정이 있었는지 확인할 수 있고 관련 전문가의 기고문으로 각 혁신기술이 인류에 차지하는 의미를 알 수 있다.

1.1.4 공학 설계의 성격

공학 설계는 간단하게 말해서 문제를 정의하고 해결하는 방법이다. 그러나 동일한 사례에 대해서도 정의는 관점에 따라 달라질 수 있고 그로 인해 해결하는 방법도 다양해질 수 있다. 즉, 문제를 정확하게 정의하는 것은 공학설계에서 무엇보다 중요하다. 이러한 공학 설계의 특성은 다음과 같이 정의할 수 있다.

- 첫째, 공학 설계는 과정Process이다. 공학 설계자들은 문제를 해결하는 각 단계에서 문제해결을 위한 중요한 정보와 해결책들을 배울 수 있다.
- 둘째, 공학 설계는 목적지향적이다. 공학 설계는 문제해결이라

는 분명한 목적을 가지고 최선의 해결방법을 찾는 것으로 단순하게 시도를 해보는 것으로 만족하는 것이 아니다.

- 셋째, 공학 설계는 제약을 가지고 있다. 공학 설계자들은 주어진 시간, 자금, 공간, 인력, 생산장비, 재료 등 물리적인 제약들 속에서 최선의 문제해결방법을 찾아야 한다.
- 넷째, 공학 설계는 조직적이고 반복적이다. 공학 설계자들은 계획수립, 모델링, 평가 등의 단계를 거치면서 각 단계의 결과를 다시 반영하여 단계를 수행하는 반복적인 작업을 수행해야만 한다.
- 다섯째, 공학 설계는 사회적 성격을 가지고 있다. 공학 설계에는 다른 분야의 지식과 경험을 가진 설계자들이 참여하는 것이 좋으며, 팀 구성원들의 의견 뿐만 아니라 소비자를 포함한 다양한 의견을 반영해야 한다.

1.1.5 기계공학 설계의 중요성

기계공학은 인류사에서 가장 오래된 공학분야로써 인류사의 발전과 괘를 함께 한다. 선사시대의 인류가 생존하기 위해 만들어낸 토기, 무기, 가옥 등은 모두 역학을 바탕으로 만들어졌고 위대한 예술건축물도 모두 역학, 특히 기계공학을 바탕으로 이루어졌다. 물론 당시의 사람들은 현재와 같은 체계적인 역학이론을 갖지는 않았을 것이나 주변 환경의 사물을 관찰하면서 사물과 사물사이의 역학관계를 파악하고 모방하여 필요한 물건과 구조물 등을 구현, 즉 역학을 실현했을 것이다.

기계공학Mechanical Engineering의 사전적 의미를 살펴보면 '기계 및 관련장치 설비의 설계, 제작, 성능, 이용, 운전 등에 관하여 기초적 또는 응용적 분야를 연구하는 공학–두산백과', '기계를 대상으로 하는 모든 학문의 총칭–기계공학 용어 사전', '공학 가운데 하나로 다양한 기계 장치의 분석, 설계, 생산 그리고 관리를 위한 물리적, 화학적 원리에 대한 학문–위키백과' 라고 정의 하고 있다. 또한, 기계공학의 적용되는 분야는 공학인증기준2012년 KEC 2005에 의하면 재료와 구조,

운동과 진동, 열 및 유체, 에너지 및 동력, 계측 및 제어, 설계 와 생산, 기계 시스템, 마이크로/나노/바이오 등 매우 넓다.

기계설계Mechnical Design는 무엇인가? 좁은 의미는 제품이 기능을 발휘할 수 있도록 각 구성요소의 형상을 그리는 것을 말한다. 자동차를 예를 들면 자동차의 외형과 각 부품들이 잘 조립될 수 있도록 정확한 치수로 모양을 그리는 것이다. 넓은 의미의 설계는 제품을 기획하고 생산하고 판매한 후 폐기하는 제품의 전 주기를 결정하는 것을 말한다. 즉 소비자의 구매를 고려한 자동차의 형상과 기능을 기획하고 구체적인 구성요소들의 사양을 결정하고 효율적으로 생산하는 과정과 판매, After ServiceA/S와 폐기하는 모든 과정이 설계인 것이다.

앞에서 설명한 바와 같이 기계공학은 기존의 지식과 자원을 활용하여 사람들이 필요로하는 기술과 제품을 체계적이고 효율적인 설계를 통해 생산함으로써 우리 삶을 편리하게 하고 사회를 발전시키는 역할을 하면서 생산된 제품을 판매하고 그 부가가치를 통하여 이윤을 창출하는 경제활동의 한 분야가 된다.

이러한 기계공학의 역할은 한 개인이 수행하기는 매우 어려우며 설계, 가공, 생산, Test 등 다양한 분야들에서 많은 사람들이 함께 시스템내에서 협업을 할 때 제대로 구현될 수 있다. 이러한 시스템에서 공학자가 하는 가장 큰 역할이 설계라고 할 수 있다. 즉, 제품 개발과 생산에 대한 모든 계획과 지식은 설계에 포함되어 있다고 할 수 있다.

1.2 설계 프로세스를 공부해야 하는 이유는?

1.2.1 주요 질문

- 어떻게 시간과 예산 내에서 고 품질 기계 제품을 설계 할 수 있는가?
- 모범 디자인 사례들에서 더 나은 제품을 만들수 있는 주요 특징들을 찾는다면 무엇인가?
- 제품의 라이프 사이클의 단계들은 무엇인가?

- 설계 문제들이 분석 문제들과 다른 것들은 무엇인가?
- 설계 과정에서 더 많이 알고 있으면, 설계의 자유도가 더욱 줄어드는 이유는 무엇인가?
- 하노버 원칙Hanover Principals은 무엇인가?

다음에서 위에 질문들에 답을 찾고자 한다.

1.2.2 제품 개발 및 제품 설계 프로세스

- 성공적인 제품은 무엇인가?
- 법이 요구하는 것보다 더 안전하며 인류의 문제를 해결해 주는 에너지 효율이 높고 필요 이상으로 잘 작동 하는 제품이 성공적인 제품인가?
- 아니면, 잘 판매하고 이익을 많이 내는 것이 성공적인 제품인가?
- 보는 시각에 따라서 우리는 성공적인 제품들을 다르게 정의할수 있다. 그렇다면 성공적인 제품을 만들기 위해서는 우리는 무엇을 해야 하는가?

1.2.3 제품 개발

설계하는 능력은 과학 및 공학과 예술 모두를 필요로 하며 이 모두는 학습할 수 있다. 제품 설계는 두 가지 방법들 중 하나로 이루어 질수 있다.

1. 진화 변경: 제품으로 일정 기간 동안 지속할 수 있다. 단지 약간의 개선이 있으며 창조적인 설계는 거의 없다. 일반적으로 어떠한 경쟁이 없는 경우에 해당된다.
2. 혁신: 새로운 제품의 개발을 위해 창조적인 기술 및 설계 기술자의 해석 능력이 중요한 역할을 한다. 급속한 성장과 과학 기술의 발견뿐만 아니라 시장에서 치열한 경쟁에 놓여 있다.

Figure 1.1에서 보는 바와 같이, 기술 및 제품 변화는 연속적 개선과 불연속적 혁신의 개념으로 나눌 수 있다. 개선이란 점진적 변화로 제품설계는 기존의 시장과고객, 공급자, 투자 등 기존의 전략과 가정들의 변화 없이 기존 시장에서 기존의 지식 위에서 형성된다. 이에 반해, 혁신은 새로운 시장과고객, 공급자, 투자자들의 암묵적 지식을 바탕으로 잠재적 필요 충족을 목적으로 급진적으로 일어나는 혁신유형을 말한다. 기존의 전략과 가정들을 무의미하게 만들며 새로운 기술로, 새로운 제품으로, 새로운 시장을 형성한다. Figure 1.1에서 보여지듯이 기술이 개발되면, 기술 혁신의 채택 속도는 S-곡선을 그린다. S-곡선은 Gabriel Tarde에 의해 1903년 처음 사용되었다(Tarde [(1903]).

예를 들면, 1849년 안토니오 무치의 전화의 발명1st Technology은 진정으로 혁신적인 제품이었다. 전화 발명 이후 많은 사람들이 전화를 개선하려고 노력하지만 거의 실제로 다음 혁신 및 기술 점프가 발생 될 때까지 기술변화는 적었다. 휴대 전화2nd Technology가 개발되고 상용화 되면서 새로운 경쟁과 함께 완전히 새로운 시장을 만들었으며, 이 기술은 더욱 진화하여 스마트폰3rd Technology으로 한 번 더 진화하고 있다.

1.2.4 제품 설계 프로세스Product Design Process

설계 프로세스는 우리의 상상력을 제품화하기 위한 출발점을 제시하고 체계적으로 우리의 창작 과정들을 정의하며, 현실에서 그것을 실현하기 위한 방법이다. 즉, 설계 프로세스는 설계 시작점과 설계를 위한 여러 단계들 및 그 단계들의 시퀀스들을 정의한 일련의 지침이다. 제품 설계 프로세스의 기능들은 설계 문제에 관한 기계, 전기, 전자, 소프트웨어, 건축, 토목 등 모든 공학영역의 프로젝트에 적용될 수 있다. Figure 1.2 제품 설계 프로세스에 보여 주듯이 제품 설계 과정은 먼저

Figure 1.1. S-Curve

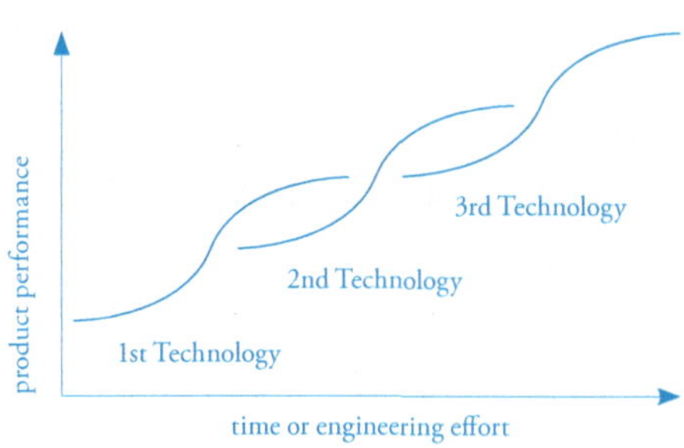

고객과 시장에 니드를 파악하여 제품 설계 사양Product Design Specification을 정하고, 그에 따른 제품컨셉을 창출하고, 제품컨셉 평가선별해서 구체적인 설계를 하고, 시제품을 제작하고 시험을 한후 설계를 보완하여 제품 양산을 위한 최종 설계를 하는 과정으로 이루어진다.

제품의 성공 또는 실패를 결정하는 중요한 세가지 요소들은 제품 디자인, 비즈니스, 생산이며, Figure 1.3에서 보듯이 이러한 요소들은 세 타원형들로 구성할수 있다. 제품 설계를 위해서는 먼저 제품의 기능에 초점을 맞추고 그 제품이 어떤 기능을 수행해야 하는지 잘 설명을 해야 한다.

Figure 1.2. 제품 설계 프로세스

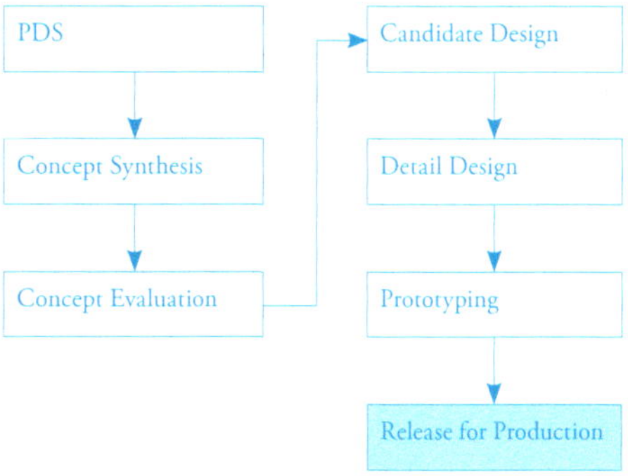

Figure 1.3. 제품 개발에서 제어 변수 (Ullman [2010])

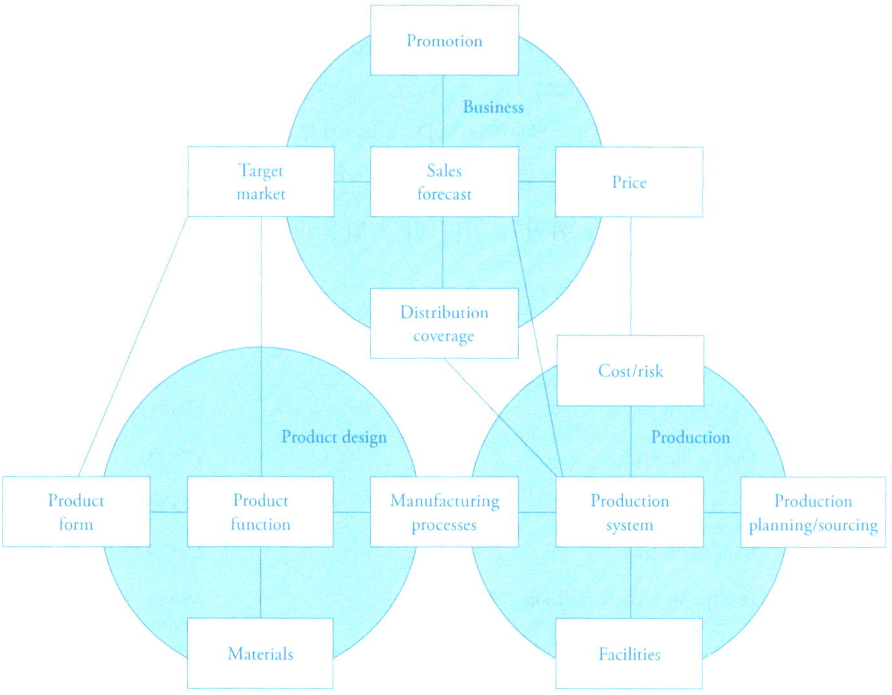

그리고 제품의 형태, 재료, 제조 공정등이 제품 기능과 관련이 있다. Figure 1.3에서 보여주는 바와 같이 네 가지 요소들인 기능Function, 형태Form, 재료Materials, 제조공정Manufacturing 등은 설계자가 결정해야 할 중요한 요소들이다.

1.3 설계 프로세스의 효과를 측정하는 방법

시장에서 경쟁력을 갖기 위해서 기업은 기업내 모든 활동을 Quality, Cost, DeliveryQCD관점에서 관리하고 있다. 이 QCD를 설계자는 설계 프로세스에서 충분히 고려해야한다. QCD를 설계 프로세스의 세 가지 효율성인 품질Quality, 제품 비용Product Cost, 및 시장 출시 시간Delivery, Time to Market을 의미한다.

1.3.1 품질 Quality

품질은 고객의 요구와 기대를 충족 할 수 있는 능력으로 제품 특성의 총체이다. 또한, 제품의 품질은 사용에 대한 적합성이다. 1989 년에 실시된 한 설문 조사(Time [Nov. 13, 1989])에서 미국 소비자들에게 "품질을 결정하는 것은 무엇입니까?"라는 질문에 Table 1.1과 같이 그들은 "제대로 작동되어야 한다", "오랜 시간 사용 할수 있어야 한다", 그리고 "보수 유지가 쉬워야 한다"라고 답을 했다. 그후, 2002년 조사(Judd

Table 1.1 품질을 결정하는 요인 (Time [Nov. 13, 1989] and Judd [2005])

	1989	2002
Works as it should	4.99 (1)	4.58 (1)
Lasts a long time	4.75 (2)	3.93 (5)
Is easy to maintain	4.65 (3)	3.29 (5)
Looks attractive	2.95 (4-5)	3.58 (3-4)
Incorporates latest technology/features	2.95 (4-5)	3.58 (3-4)

Scale : 5 = very important, 1 = not important at all, brackets denote rank

[2005])에서는 거기에 "모양이 좋아야 한다"와 "새로운 기술과 기능들이 있어야 한다" 등이 더해 졌다. 또한, 신기술의 상업화로 유명한 Battelle 연구소는 2010년 제품 가치Value를 결정하는 10가지 요소로서 ①제품 매력도 ②제품 관련 서비스 ③월등한 성능과 품질 ④안전과 건강 ⑤인체공학적 편리함 ⑥미적 스타일 ⑦기능의 통합 ⑧환경 품질 ⑨ 브랜드 이름과 명성 ⑩ 쇼핑 경험을 발표하였다.

Figure 1.4. 품질을 결정하는 요인

설문조사와 연구소의 발표에 따르면 "품질"은 제품의 가치를 결정하는 중요 요소이며 설계 엔지니어의 책임 요인들의 복합체라는 것을 알수가 있다. 작동성, 지속성, 보수 유지성, 모양, 기능, 이 모든 것들은 설계 양식과 재료 및 제조 공정 선택에 따라 달라진다. 가장 명백한 것은 설계 과정에서의 제품의 품질이 결정된다는 것이다. Figure 1.4 에서 보는 것과 같이 제품 품질을 결정하는 요인들로는 안전, 내구성, 흠, 신뢰성, 유지, 미학, 환경, 서비스, 성능등 이외에도 에너지등이 포함 된다. 특히, 지구온난화 해결이 중요시 되는 요즘은 친환경 및 신 재생 에너지 사용 등이 중요한 요인이 되고 있다.

1.3.2 비용Cost

고객들은 전체 시스템 개발인지 하위 요소의 개발인지 또는 기존 제품의 변경에 관계없이 항상 저렴한 비용, 더 나은높은 품질, 빠른 제품 출시짧은 시간를 원한다.

제품 설계의 실제 비용은 일반적으로 제품 비용중 매우 작은 부분을 차지한다(Steingrimsson et al. [2017]). Figure 1.5는 전체 제품 비용에 대해 설계디자인 비용 비율의 한 예를 보여 주고 있다. 그림에서 보여주는 바와 같이 설계 비용은 전체 제품 비용의 단지 5% 에 불과하지만 전체 제품비용에 미치는 영향은 70%이었다. 즉, 설계비용은 매우 작지만 설계가 잘못되었을 때 지불해야하는 비용은 매우 크다는 것을 의미한다. 애플이 제품 생산은 중국에서 하고 있지만 설계만은 아직도 미국에서 이루어지는 것이 이런 이유에서다.

Figure 1.6 에서 보듯이 제품의 제조 비용의 75%는 개념 설계 과정에서 결정이 된다. 그리고 개념 설계 과정 이후에 결정 되는 것들은 제품의 제조 비용의 25%정도 영향을 미친다는 것을 알수 있다. 중요한 것은 제품 비용은 초기 설계 과정에 결정이 되고 후반 과정에서 소요된다는 것이다. 설계 프로세스가 비용에 어떻게 영향을 미치는지는 다음 제록스의 경우들 통해 알수 있다. 1960년대와 1970년대 초반, 제록스는 복사기 시장을 지배했다. 그러나, 1980년 복사기의 시장에는 40개 이상의 서로 다른 제조 업체가 서로 경쟁을 하게 되었다. 제록스의 시장 점유율은 크게 떨어졌다. 사실 1980년 제록스는 다른 생산 업체들이 제록스보다 싼값에 제록스 제품과 기능이 유사한 복사기를 팔고 있음을 알게 되었다. 그래서 제록스는 개별 부품의 비용에 초점을 맞추어 조사를 했다. 제록스 기계 및 일본과 유럽의 기계에서 유사한 기능을 수행하는 플라스틱 부품을 비교 한 결과 그들은 일본 기업이 미국이나 유럽 기업에 비해 50% 적은 비용으로 그 부품을 생산할 수 있는 것을 알았다. 그리고 제록스는 비용 차이가 세 가지 요소들에서 기인 하는 것을 알았다. 즉, 일본 제품들에서 재료 비용은 10% 적었고, 공구 및 공정 비용은 15% 적었고 나머지 25%비용차이의 절반부분이 디자인 된 방법에 기인 했는 것을 발견 했다.

Figure 1.5. 전체 제조 비용에 대해 설계(디자인) 비용 비율 (출처: Munro & Associates, 1989)

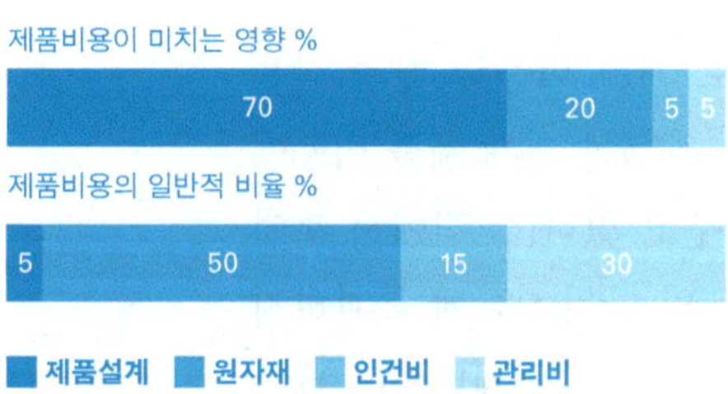

Figure 1.6. 설계시 제조 비용 투입

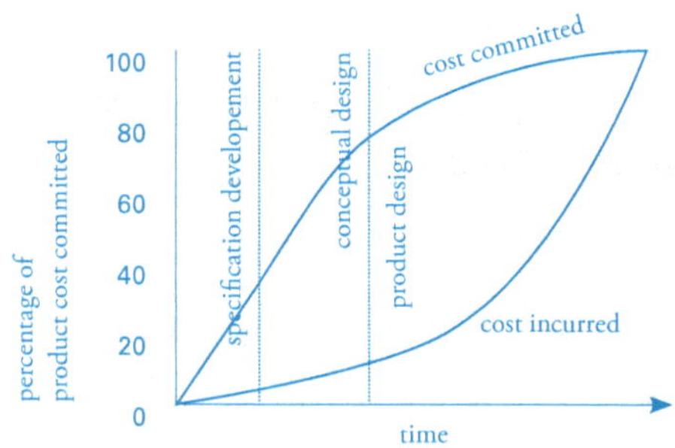

Figures 1.6–1.7들은 제품 디자인의 중요성을 보여주고 있다. Figure 1.7은 18가지 자동 커피 메이커들의 제조 비용에 설계디자인의 효과를 보여주고 있다. 부실한 설계가 비효율적 제조와 결합되었을 때 비용$14.34은 좋은 디자인이 효율적 제조와 결합되었을 때 비용$4.98은 약 3배가 증가한다는 것을 알 수 있다(Ulrich and Pearson [1998]).

Figure 1-7. 제조 비용에 디자인의 효과 (출처: Ulrich and Pearson [1998])

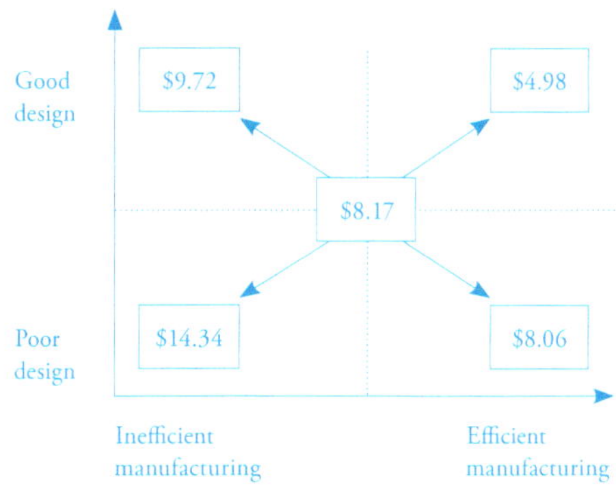

Figure 1.8과 같이 Peter Marks는 제품제조의 각 단계에서 설계가 변경될 때 변경처리 비용이 10배씩 증가한다는 내용을 발표하였다. 예를 들어 제품의 제조필요성을 정의하는 첫단계에서 설계를 변경할 경우 단지 $1의 비용이 필요하지만 부품요소 설계단계에서 설계가 변경되면 비용은 $100로 증가한다. 그러나 제품이 시장에 출시된 후 고장과 사고에 대한 배상으로 설계변경을 하면 비용은 $1,000,000로 상승하였다. 회사 이미지가 실추한다면 설계변경에 따른 비용은 $10,000,000로 첫단계에 비해 무려 1000만배의 비용이 증가하였다. 이와 같은 그림으로부터 제품설계 단계에서 품질을 고려한 최대한 신중하고 정확한 설계를 하는 것이 중요함을 알 수 있다.

1.3.3 시장 출시 시간 Delivery, Time to Market

시장 출시 시간Delivery, Time to Market은 새로운 제품을 기획하고 판매를 위해 시장에 내놓을 때까지 걸리는 시간이다. 최근 스마트폰과 같이 소비자의 구매트랜드에 민감하고 경쟁이 치열한 산업 분야에서 특히 매우 중요하다. 최종 제품의 출시에는 제품을 생산하기 위한 설계뿐만 아니라 설비, 재료, 인력, 자금 등 자원의 적기 조달도 매우 중요하다.

많은 자원과 비용을 투입하여 신제품을 시장에 출시했는데 정작 고객의 반응이 냉담 하다면 기업 입장에서는 참으로 난감할 수 밖

Figure 1.8. 설계변경 시점과 변경처리 비용
(출처: Peter Marks, Design Insight, 1993)

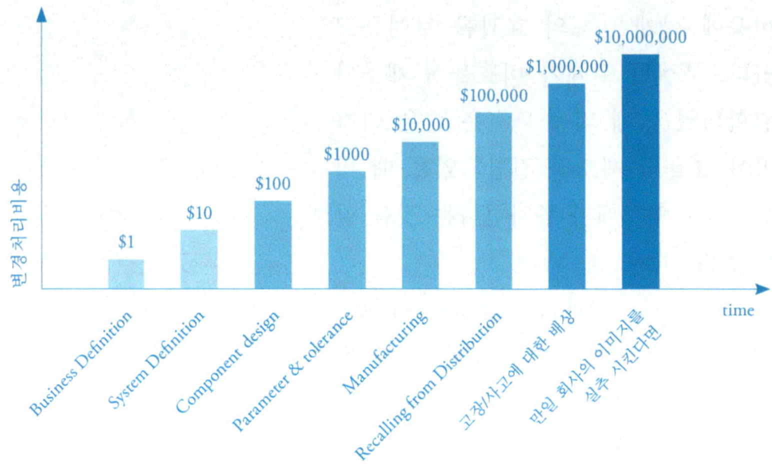

에 없다. 그래서 시장과 고객의 요구사항을 제대로 읽어내는 것이 제품 성공의 기본조건 이다. 하지만, 시장과 고객 니즈에 대한 이해는 종착점이 아니라 출발점에 불과하다. 제품 설계 및 제조 역량을 바탕으로 경쟁사보다 빠르게 제품을 시장에 내놓지 못한다면 모처럼의 고객 통찰력도 아무런 소용이 없게 된다. 우리는 과거의 여러 제품 개발 사례들을 통해서 제품 설계가 타임 투 마켓의 중요성을 알수 있다.

1.4 제품 개발에 더 고려 할 것들은?

우리는 제품 수명주기를 Figure 1.9에서 볼수 있다. Figure 1.9에서 보는 것과 같이, 디자인 프로세스는 제품을 제조에 책임을 질뿐만 아니라, 제품의 수명과 폐기등도 관리를 하여야 한다. 모든 디자인 문제들은 다양한 솔루션들이 있지만, 명확한 최상의 해결책을 찾는 것은 아주 힘든 일이다. 제품 설계자는 완전히 정의되지 않은 니즈들 중에 몇가지 요구 사항들을 충족 시키는 장치를 개발해야 한다. 폐기: 제품의 수명의 마지막 단계는 폐기이다. 지난 몇년 전까지 설계 엔지니어들은 제품의 사용을 넘어서, 수명이 다한 이후에는 그 제품을 어떻게 해야 할지에 걱정하지 않았다. 하지만 앞으로는 설계 엔지니어들은 설계한 제품들이 수명이 다 하고 폐기 후에도 환경에 미치는 영향을 고려하여 고려하여 제품들을 설계 하여야 한다.

1.4.1 지속 가능성을 위한 설계 Design for Sustainability

1980년대부터 증가해온 환경에 대한 우려는 설계자들로 하여금 제품의 수명을 고려한 설계가 되도록 하고 있다. 1990년대 유럽연합EU은 제품의 수명이 다했을 때 원래 제조 업체가 그 제품들을 다시 수집하고 재사용 및 재활용 책임을 지는 법안을 제정하였다.

1.4.2 환경을 위한 설계 Design for Environment

설계 엔지니어들은 그들이 무슨 제품들을 설계 했고, 또 그 제품들이 수명이 다 할때까지 폐기 후에도 지구와 어떤 상호 작용을 하는지를 아는 것이 매우 중요 하다. 한 예로, 전기 전자 산업의 솔더링에 납Lead의 사용은 전자 기기의 매립을 통해 환경 및 지하수에 장기적인 문제가 제시 되어서 유럽연합EU은 전기 전자 제품 폐기물 법안Waste

Figure 1.9. 제품 수명 주기 (Product Life Cycle)

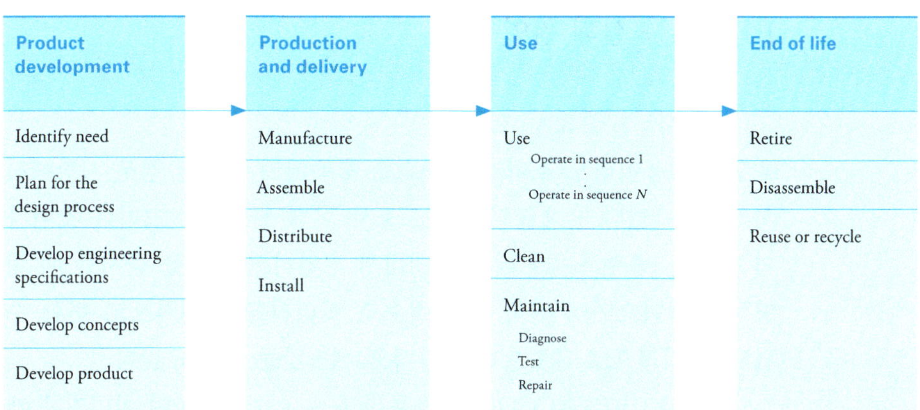

from Electrical and Electronic Equipment(WEEE)을 2005년 6월 부터, 전기 및 전자 장비 지침RoHS을 2006년 7월 1일부터 시행하고 있다. 이 법안들에 의해 전기 전자 제품에 납Lead이 포함된 솔더의 사용을 제한하고 있다. 미국의 United State Environmental Protection AgencyEPA는 환경을 위한 제품의 프로그램에 일환으로 EPA 과학자들이 DFE의 엄격한 기준을 만들어서 제품들의 모든 성분을 평가하고, 그 기준을 통과한 제품들에 한하여, 환경을 위한 설계DFE 레이블을 붙여주고 있다. 사람들이 환경 레이블이 붙은 안전한 화학 제품들을 선택하여 가족과 지구 환경을 보호하도록 도와주는 것이다. 또한, EPA 웹사이드에 비용이 싸면서 환경에 안전한 청소용 및 다른 제품을 구별하여 소비자와 기업 및 기관 구매자들을에게 소개하고 있다.

1.4.3 하노버 원칙 Hanover Principles

설계자가 동반 하는 책임은 2000년 독일 하노버에서 개최된 세계 박람회의 하노버 원칙에 잘 요약되어 있다. 이 원칙에 지속 가능성DFS과 환경DFE을 위한 설계의 기본 사항을 정의 되었다. DFS는 설계자들에게 설계 결정들의 단기 및 장기적 결과에 대한 인식을 요구한다. 세계 환경 개발위원회에 따르면 하노버 원칙의 높은 목표는 "자신의 필요를 충족하기 위해, 미래 세대의 환경 및 능력을 손상시키지 않고 현재의 요구를 충족"이다.

1.5 제품 실패 원인

1.5.1 수요조사 오류

우수한 제품이라도 소비자의 수요를 충족시키지 못할 경우 시장에서 사라질 수 있다는 대표적인 수요조사 실패사례이다. 그러나 소비자의 수요는 예측하기가 매우 어려워서 기업이 신제품을 출시할 때 치명적인 위험요인이 된다. 단기적으로 맞더라도 장기적으로 변할 수 있고, 단기적으로 틀렸으나 장기적으로는 맞는 경우도 많다.

예로, 1975년 CCD 카메라를see Figure 1.10 사용하여 이미지를 캡

처하고 캡처 한 장면을 디지털화 하고 카세트 테이프에 디지털 정보를 저장하는 기술을 개발하여 코닥 엔지니어팀은 세계 최초의 디지털 카메라를 '필름없는 카메라'라고 이름 붙여서 경영진에게 소개 하였다. 그러나 어리둥절한 회사 경영진은 "누가 TV 화면에 이미지를보고 싶어 하는가? 전자 사진첩은 어떻게 생겼는가? 이미지는 어떻게 저정 하는가?" 등의 질문을 하였다. 이렇게 처음으로 디지탈 카메라를 발명을 하고도 코닥은 시장의 변화와 변화하는 고객의 니즈를 파악하지 못하고 오래된 사진을 인쇄하는 비즈니스에 의존 하다가 2012년에 결국 파산 하고 말았다.

Fig. 1.10 1975년 코닥이 발명한 세계 최초의 디지털 카메라

또한, 80년대 초에, 베타맥스의 소니와 VHS의 마쓰시타 사이의 비디오 포맷 경쟁은 마쓰시타의 승리로 VHS가 시장을 석권했다. 베타맥스와 VHS가 시장에 출시된 초기에는 소니의 베타맥스가 시장을 석권하리라는 평가가 많았다. 그러나 왜 소니는 실패했을까? 많은 경영전문가들은 소니의 베타맥스가 VHS보다 기술과 품질이 우수하지만 수요예측의 실패로 시장에서 퇴출되었다고 보고 있다. 당시 소니는 초기 비디오테이프의 수요가 TV프로그램을 녹화해서 다시 보려는 수요가 많을 것으로 예상하였다. 그러나 소비자들의 수요는 TV 프로그램에서 영화로 변하였고, 영화 한 편을 녹화하기에 분량이 작은 것은 베타맥스의 치명적인 약점이 되었다. 또한, 품질이 우수하지만 가격이 비싸고, 폐쇄적인 포멧으로 비디오시장에 확장성을 갖지 못해 VCR제조기업에 외면을 받게 되었다. 소니의 베타맥스는 우수한 제품이라도 소비자의 수요를 충족시키지 못할 경우 시장에서 사라질 수 있다는 대표적인 수요조사 실패사례이다.

2000년대 초반 음악 재생 장치는 한국이 세계 시장을 주도하

Fig. 1.11 MP3 player (Left : 아이리버, Right : 애플 ipod)

였다. 그러나 경쟁이 치열해지고 불필요한 기능이 추가되면서 가격이 상승하는 등 소비자의 인식이 나빠지고 있을 때 후발주자 애플은 복잡한 기능은 최대한 배제하여 가격을 낮추고 많은 곡을 저장할 수 있도록 대용량의 메모리를 제공하였으며, 직관적이고 세련된 디자인을 가진 아이팟을 출시하여 세계 시장을 석권하였다. 초기 제품의 성공으로 대규모 생산설비를 투자한 한국 기업의 실패는 소비자들의 수요를 세밀하게 파악하지 않은 수요조사 실패로 필연적이었다.

1.5.2 설계 오류 사례

1986 년 1월 28일 미국의 우주왕복선 챌린저호는 발사된지 불과 73초만에 폭발하였다. 승무원 7명의 희생과 10억 7천만불의 막대한 제조비용이 사라진 것이다. 원인 분석 결과는 작은 부품인 고무링의 설계불량이었다. 고무링은 일상 생활에서도 쉽게 볼 수 있는 부품으로 틈새로 공기나 물이 새는 것을 방지하는 기능을 수행한다. 가격은 불과 몇 달러에서 특수용인 경우 수천달러로써 챌린저호의 제조비용에 비하면 무시할 만큼의 싸지만 우주왕복선의 기능에는 매우 중요한 부품이다. 우주왕복선의 추진체인 고체추진로켓은 여러 개의 원통형 부품이 연결되어 조립되고, 연결부위에는 2개의 고무링이 고체추진로켓 내부의 고온과 고압의 연소가스가 연결부위 틈으로 새는 것을 막

Fig. 1.12 챌린저호의 폭발

아주는 기능을 한다. 고무링은 내외부 압력차와 틈의 크기를 적절히 고려하고 고무의 탄성을 고려하여 고무링 설치 초기에 압축되어 설치를 하는데 압축량의 잘못 계산하거나 고무의 탄성이 충분하지 못할 경우 고무링은 밀봉기능을 상실하게 된다. 이러한 고무링은 소재가 고무이기 때문에 주변 온도에 민감하다. 고무는 온도가 낮아지면 딱딱해지는 경화현상이 오래 사용할 경우 탄성력의 저하로 밀봉력이 약화되기도 하며, 온도가 높아지면 물렁해지는 연화현상으로 역시 탄성력이 약화된다. 챌린저호의 고무링을 설계한 설계자들은 이러한 고무링의 특성을 충분히 고려하지 않은 설계를 함으로써 엄청난 재앙을 초래하였다.

또 다른 사례로는 A380 프로젝트 지연을 꼽을수 있다. 이것은 사용 S/W 혼용으로 기인한 설계오류 때문 이었다. 세계 최대의 상업용 항공기로 에어 버스 A380은 공학의 위업이다. 최대 850명의 승객을위한 두 개의 갑판들과 축구장 피치와 공간보다 넓은 날개등으로 구성된 A380는 가장 복잡한 민간용 항공기이다. 하지만, 이 거대한 항공기를 만드는 프로젝트는 많은 문제와 지연의 겪었다. 원래 2006년에 배달 예정이었으나, 프로젝트가 2 년이 지연 되었고, 그 지연으로 인한 추가 비용에 $6.1B가 더 들어갔다.

문제의 중심에는 복잡한 배선 시스템이 있었다. 전체 530km에

Fig. 1.13 Wiring in Airbus 380 (출처 : The Race to Rewire the Airbus 380, by Max Kingsley-Jones in Touluse)

달하는 케이블 및 와이어 하니스 스레드를 통해서 금속 기체속으로 연결이 되어야 했다. 1,150 별도의 기능을 수행하기 위해서 100,000개 이상의 전선들 및 40,300개의 커넥터들이 사용 되었다. 첫 번째 프로토 타입이 툴루즈 프랑스에서 건설 될 때 엔지니어들은 문제가 있음을 깨닫게 되기 시작했다. 전선및 전선의 하네스를 설계 사양에 맞게 제조 했지만, 설치시 전선이 너무 짧은 것으로 밝혀졌다. 케이블이 단지 몇 센티미터 짧아도, 적당히 케이블을 잡아 당겨서 해결 할수 있는 문제가 아니었다. 이 짧은 와이어는 디자인 전반에 걸쳐 널린 문제였다. 검토 결과, 근본적 문제는 항공기의 개발은 4개국 16사이트에서 여러 설계 팀들이 이 프로젝트에 참여 했었는데, 그 설계 팀들이 설계 도면을 작성하기 위해 각기 다른 컴퓨터 지원 설계CAD 소프트웨어를 사용하였기 때문이었다. 영국과 프랑스 팀은 버전 5로 업그레이드된 프로그램을 사용하였으나 독일과 스페인은 버전 4의 프로그램을 사용했다. 그 결과 독일에서 설계된 전기 시스템은 프랑스에서 디자인된 기체 구성 요소와 호환이 되지 않았고, 프로젝트가 2년이 지연 되었으며 지연으로 인한 $6.1조 달러의 비용이 추가되었다.

1.5.3 프로젝트 관리 오류

Figures 1.14와 1.15는 프로젝트는 성공할 확률이 30%를 넘지않고, 프로젝트의 규모비용가 클수록 성공률은 낮아진다는 사실을 보여준다.

Figure 1.14. 프로젝트 성공률 (1994-2000)
(출처: The Standish Group CHAOSReport)

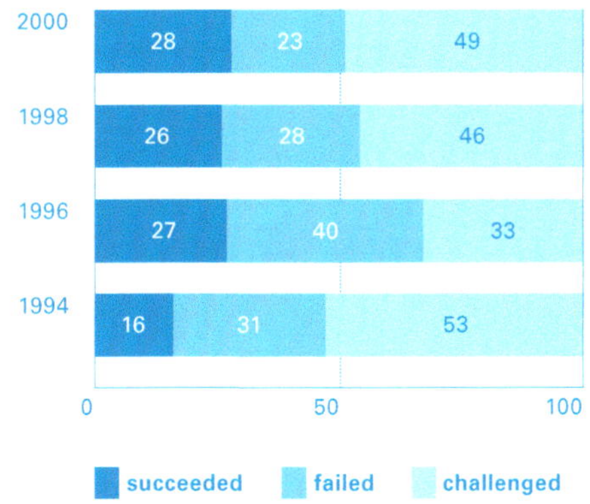

Figure 1.15. 프로젝트 규모와 성공률 관계
(출처: The Standish Group CHAOSReport)

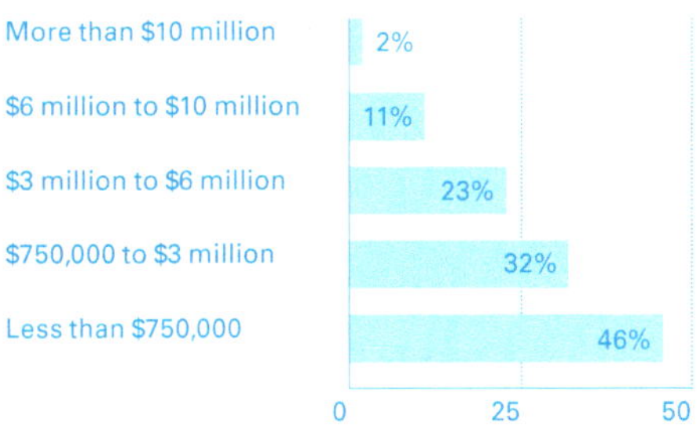

프로젝트의 규모가 클수록 왜 실패할 확률은 증가할까? 프로젝트의 성공요인에는 설계, 인력, 일정관리, 가격, 수요조사 등 많은 요소들을 있지만 프로젝트 관리 즉, 매니징이 가장 중요하다고 할 것이다. 에드워드 요든은 "무능력한 매니저 밑에서는 외계인으로부터 인류를 구하는 것이 프로젝트의 목표라고 하여도 팀원들 은 노력하려고 애쓰지 않는다."라며 프로젝트의 성공을 위해서 관리자의 역할이 매우 중요함을 강조했다. 특히 프로젝트의 규모가 커질수록 프로젝트 관리는 중요하다.

프로젝트 관리는 체계적인 프로세스를 통해 각 단계별로 예상되는 위험요소를 관리하고 전체 프로세스 중 프로젝트의 성공에 큰 영향을 미칠 것으로 예상되는 취약한 단계를 집중적으로 관리하여 전체 일정에 차질이 없도록 하는 것으로 요약할 수 있다. 뛰어난 엔지니어라도 프로젝트 관리에 대한 이해가 부족하다면 기술로 제품화에는 성공할지 모르지만 상품화에 실패할 가능성은 높다.

1.5.4 설계 및 설계 프로세스의 영향

비용과 품질등이 제품에 영향을 미치는 것 이외에도 설계 프로세스는 새로운 상품을 생산하는 데 걸리는 시간, 품질 비용에 영향을 미친다.

Figure 1.16 에서 보듯이, 자동차를 설계하는데, 회사 B 는 회사 A 보다 시간을 덜 썼음을 알수가 있다. 이것은, 회사의 디자인 철학의 차이에 기인한다. A 회사 엔지니어들은 좋은 설계를 찾기 위하여 초반에 많은 시간을 소비 하고, 여러가지 방안을 연구하였다. A 회사는

Figure 1.16. 자동차 개발 과정에서 설계 변경 (Judd [2005] and Ullman [2010])

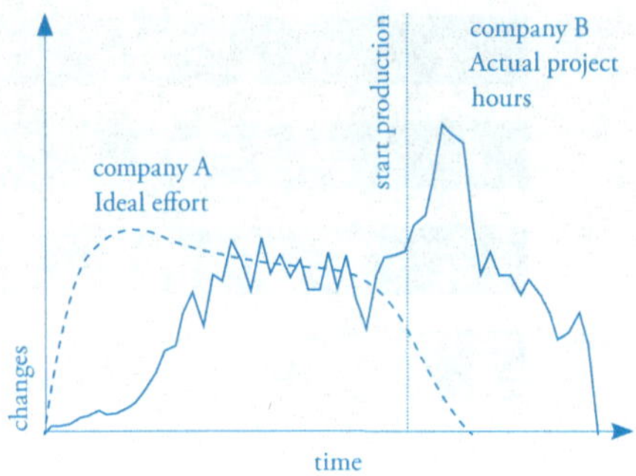

프로젝트 초기에 많은 엔지니어들을 설계에 참여시키고, 최신 설계 기술을 엔지니어들이 사용하도록 격려하고, 나중에 설계를 변경하지 않도록 초기 설계부터 모든 옵션을 검토하였다. 반면, B회사는 적은 직원에게 결과를 빠른 시간에 내도록 독려하였다. 그러나 좋은 설계를 위해서 설계변경은 꼭 필요한 것이 사실이다. 초기 설계 변경은 나중에 변경하는 것 보다 쉽고 비용이 적다. 설계 초기에 충분히 검토하지 않은 회사B의 엔지니어들은 후에 발견된 문제점들을 해결하는데 많은 시간을 허비해야만 했고 그결과 제품생산은 늦어졌다.

1.6 팀웍 Team Work의 중요성

고장난명孤掌難鳴이란 말이 있다. 오늘날의 제품은 무척 복잡해서 아이디어에서 하드웨어를 만들어 내기까지, 제품 개발에 다양한 분야들에 전문 지식을 가지고 있는 사람들의 협력과 팀이 필요하다.

1.6.1 설계 팀 멤버Design Team Membership

설계 팀 멤버는 제품 개발 및 설계를 위해 일하는 멤버들로 구성된다. 멤버 구성을 예로 들면 다음과 같다.

- 마케팅
- 설계자
- 제조자
- 서비스 및 유지 보수자
- 관리자

- 변호사

1.6.2 팀의 장점Advantages of Teaming

팀웍의 장점은 아래와 같다.

- 다양한 전문 지식
- 더 많은 아이디어
- 더 많은 시간과 노력
- 최소화 실수
- 쾌적하고 보람
- 결과에 더 많은 자신감

1.6.3 팀의 약점Disadvantages of Teaming

프로젝트에 참여하는 사람들이 더 많아 질수록, 고객을 만족시키고 중요 점들이 간과 되지 않게 서로간에 커뮤니케이션이 더욱 더 필요하다.

팀의 약점들은 대인 관계 문제와 코디네이터 및 계획 문제로 나눌 수가 있으며 아래와 같다.

1.6.3.1 대인 관계 문제Interpersonal Problems

- 한 사람이프로젝트를 지배하는 경우
- 일부 회원은 소속감을 느낌
- 충돌이 일어났을때, 부적절한 해결
- 전문가로서의 행동 부족
- 동기 부여의 부족

1.6.3.2 코디네이터 및 계획 문제

- 계획 부족

- 작업/임무가 충분히 정의가 안됨Poorly defined tasks
- 회의 구성의 잘Poorly structured meetings
- 리더십과 연속성의 부족
- 같은 작업들에만 협력

1.6.4 업무 할당 체크리스트Task Assignment Checklist

- 주요 목적을 정함
- 필요한 결과를 구체적으로 명시
- 프로세스와 범위를 정함
- 도움 회원을 할당
- 임무를 수행하는 데 필요한 모든 정보를 제공

1.6.5 팀 체크리스트Checklist for Productive Team

팀웍은 제품 개발/설계에 중요한 요소이고, 프로젝트 성공을 좌우하는 요소 이다. 아래 Table 1.2 를 사용하여 팀 멤버들의 상태를 파악할수 있다.

Table 1.2 팀 체크리스트

Item	SD	D	N	A	SA
나는 즐겁게 팀 활동을 수행한다. I enjoy performing my team activities					
나는 팀의 성공을 위해 노력 한다. I care for the team to be successful					
내가 팀의 일원으로 받아 들여졌음을 느낀다. I feel accepted as a member of my team					
나는 일을 잘 했을때, 칭찬과 인정을 받는 느낌을 받았다. I feel I receive good praise and recongnition when I do good job.					
더 열심히 하라고, 나를 격려하는 것이 팀 내부에 있다. There are things about working on this team that encourage me to work harder.					
내 팀의 임부 활동이 잘 구성되어있다 생각한다. I believe the work activities fo my team is well organized					

SD Strongly Disagree / **D** Disagree / **N** Neutral / **A** Agree / **SA** Strongly Agree

1.6.6 기본 규칙Ground rules

좋은 팀 멤버가 되기 위해서는 아래와 같은 기본 규칙을 지킨다.예시

- 다른 팀 구성원들 의견을 경청함
- 확인 설명을 부탁함
- 반대를 해도 괜찮음
- 대안을 제공함으로써 합의를 유도함
- 아이디를 비판하지, 의견을 낸 사람들을 비판하지 않음
- 정 시간에 회의장에 도착하고, 회의 시간을 지킴
- 할당된 임무를 완료함

1.6.7 효과적인 팀Effective Team

1.6.7.1 팀 개발의 4 단계

The four stages of team development

- 형성Forming
- 돌진Storming
- 규준Norming
- 수행Performing

1.6.8 일반적인 문제Common Problems

1.6.8.1 팀 구성원의 기여도 부족

One team member is not contributing

원인

- 명확하게 정의되지 않은 임무/작업
- 언어 장벽
- 능력이 안되거나
- 화가 나있거나

해결

- 더 명확하게 임무/작업을 정의
- 문제에 대한 열린 토론
- “도우미 멤버”를 할당

1.6.8.2 한 구성원의 의사결정 독점

One team member is dominating the others

원인

- 경험이 풍부한 사람이 좌절한 상태
- 경험이 적은 사람에 대한 다른 멤버의 의존

해결

- 만약 팀이 좋아하면 아무 조치를 취하지 않음
- 다른 사람들이 기여하도록 도움을 주고, 참고 더 오래 기다림

1.6.9 팀 역할Team Roles

- 스폰서
- 리더 및 간사
- 기록자
- 일정 관리자
- 구성원
- 프로젝트 기획

1.6.10 불화 해결Conflict Resolution

도움 되는 가이드 라인Helpful Guidelines

- 생각이 다른 경우에는 팀의 결정을 준수 할 것을 서약
- 팀의 결정을 100\% 따름

- 유일한 주요 의사 결정에만 시간과 에너지를 소비
- 작은 의견 차이에 양보
- 가치 없는 충돌은 피할것
- 동의하지 않는 경우 주저하지 않음
- 과도한 감정없이, 자신의 생각만을 전달.
- 의사 소통을 잘하고, 오해를 피할것
- 의견 발표 중, 방해를 받으면, 팀원들에게 본인의 이야기를 끝내게 해 달라고, 요구 할 것
- 개인적 생각에 집착하지 말 것
- 팀은 다른 접근 방식을 취하면, 개인적인 일로 간주 하지 말것
- 팀의 결정을 100% 지원하고 앞으로 나감
- 도움도 주지 않으며, 비판하지 말것

1.6.11 갈등 해결 전략Conflict Resolution Strategies

1.6.11.1 피할 것Avoidance

이런 행동이나 생각들은 피해야 한다.

- 갈등을 무시
- 왜?
- 이 문제는 전혀 중요하지 않다
- 이 문제는 미래에 저절로 해결 될것이다
- 결정을 해야 한다.

1.6.11.2 절충Compromise

중간점에서 만나서 해결 하라

모두가 원하는 것을 이해하고, 모든 요구 사항을 충족하는 새로운 솔루션을 찾기 위해 노력 하라.

Part II

Engineering Design Process

Part 2. Engineering Design Process

2. 공학 설계 프로세스

2.1 설계 프로세스Design Process

설계 프로세스는 새로운 제품을 탄생시키기 위하여 체계적으로 제품 설계와 제작 과정들을 정의하고, 제품 설계 및 제작를 위한 여러 단계들 및 그 단계들의 시퀀스들을 정의한 일련의 지침이다. 또한 설계 프로세스는 고객의 니즈에 따라 제품을 만들기 위한 많은 의사 결정 및 제품 개발을 위한 인원, 정보 등을 구성 하고 관리하는 것을 포함한다.

기업에서 제품 설계 프로세스는 개발 전략속에서 수립되고 파악된다. 개발 전략이란 기업의 목표달성을 위해, 외부환경 및 내부능력에 대한 분석을 바탕으로 장·단기의 관점에서 기업의 자원과 노력을 특정한 방향으로 집중시켜 효율적 방안을 모색하는 과정을 의미한다. 개발 전략 수립을 위해서 기술유형을 구분하고 개발할 주체의 경쟁력을 파악하여 자체적으로 개발할지, 공동개발을 할지, 기술을 도입할지를 결정해야만 한다.

2.1.1 Over-the-wall 설계법과 통합적 제품 및 공정 설계

20 세기에는 제품 및 제조 공정이 너무 복잡하여 한 사람이 모든 제품 개발을 담당할 수 없게 되었다. 많은 그룹 또는 사람들이 분담을 하여 마케팅, 설계, 제조 등 과정 전체의 책임을 분담해야만 했다. 그래서 나온 것이 "Over the Wall" 방법이다. Figure 2.1이 보여주는 바와

같이 엔지니어링 설계 공정은 벽으로 막혀 다른 개발 기능들과 커뮤니케이션이 없다. 기본적으로 마케팅의 사람들은 간단하게 설계 엔지니어들에게 고객과 시장의 필요를 전달하며, 설계 엔지니어는 설계를 공정 엔지니어에게 전달한다. 이것은 단방향 커뮤니케이션이다. 그러나 이런 단방향 커뮤니케이션에 의해 제조된 제품들은 고객들이 기대했던 것과는 많은 거리감이 있었다. 그 이유는 첫째, 기술에 대한 이해가 부족한 마케팅은 고객이 원하는 것에 대한 정확한 내용을 설계 엔지니어들에게 전해 줄 수 없고, 둘째, 설계 엔지니어는 고객과 직접적인 소통 없이 마케팅의 의견을 반영하여 제조공정에 대한 이해가 없는 상태에서 제품을 설계하기 때문이다. 설계 엔지니어는 설계를 할 때 본인이 알고 있는 제조 공정이나 장비에 의존하게 된다. 그러나 제조 전문가는 현재 제품을 생산하는 제조설비의 장단점을 정확하게 이해하고 있으며 저렴한 제조공정을 알 수도 있다. 따라서, 단방향 커뮤니케이션의 한계를 극복하는 "over the wall"의 자세가 설계 엔지니어들에게 필요하다.

Figure 2.1. Over-the-wall design method

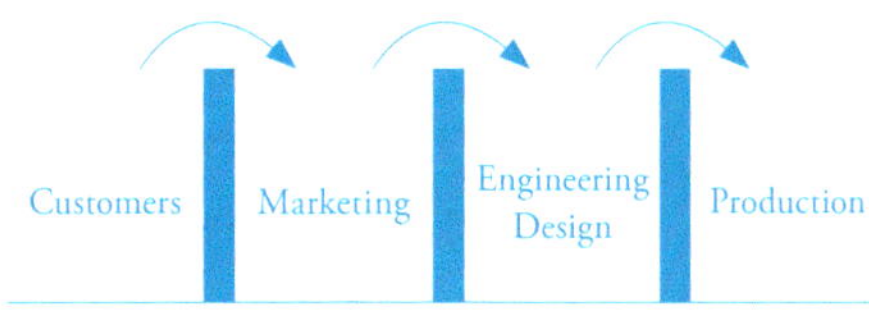

1970-1980 년대 초 동시 공학Simultaneous Engineerin or Concurrent Engineering의 개념이 도입되었다. 동시 공학은 설계 과정에서 설계 엔지니어와 상호 작용할 수 있도록 제조 담당자를 설계 팀의 구성원으로 포함시켰다. 동시공학은 제품설계단계에서 제조 및 사후지원업무까지도 함께 통합적으로 감안하여 설계를 하는 시스템적 접근방법이다. 이 방법은 제품개발담당자로 하여금 개발 초기부터, 개념 설계단계에서 해당 제품의 폐기에 이르기까지의 전체 라이프사이클상의 모든 것품질, 원가, 일정, 고객요구사항 등을 감안하여 개발하도록 하는 것이다.

동시 공학은 1990 년에 접어들어 통합 제품 및 공정 설계Integrated Product and Process Design로 발전되었다. 공정설계는 제품설계, 수요예측, 가용할 수 있는 생산자원의 정보가 투입되면 제품분석구조, 조립순서, 필요작업 종류 등과 공정분석생산흐름, 가공단계와 방법, 필요 장비 등을 통해 제작장소내부 또는 외부, 공정형태, 가공방법을 결정하는 것이다.

2.1.2 Step 설계 프로세스7-Step Design Process

설계는 주어진 목적에 맞춰 현실적인 제약조건을 충족하는 형태와 기능을 가진 제품을 만드는 프로세스이다. 그 프로세스는 어떻게 이루어져 있는가? 앞에서 Figure 1-2에서 보는 것과 같이 설계 프로세스는 아래와 같이 7단계로 나누어 진다:

- 제품 디자인 사양Product Design Specifications (PDS)
- 외부 검색 (연구)External Search (Research)
- 내부 검색 (브레인 스토밍)Internal Search (Brainstorming)
- 개념 평가 및 선택Concept Evaluation and Selection
- 상세 엔지니어링 설계Detail Engineering Design
- 프로토 타이핑 및 테스트Prototyping and Testing
- 문서Documentation

일반적으로 제품 개발에서 양산까지의 과정은 위의 7단계로 이루어진다. 고객의 요구에 따라 제품을 개발하기 위해

1. 고객의 니즈를 조사하고 분석하고,
2. 제품의 핵심 요구사항을 파악하여,
3. 정확히 파악하여 제품 설계 사양을 만들고,
4. 외부 검색 및 내부 검색를 통해서 사양을 만족하는 개념들을 도출하고,
5. 개념들을 평가하고,
6. 적합한 개념을 선택해서,
7. 상세 설계를 하고,
8. 시작 제품을 만들어서,
9. 시험을 해보고,
10. 다시 설계 보완을 해서,

11. 다시 시작 제품을 만드는 것을 반복하여,
12. 최종 설계를 결정하고,
13. 최종 설계에 따라 양산을 한다.

이와 같이 설계 프로세스는 양산을 하기전까지 최종 설계를 마칠때까지의 전과정을 의미한다. 설계 프로세스의 결과물은 문서이다. 문서는 제품 개발 보고서를 포함하여 양산을 위한 최종 도면, 재료 정보 Bill of Materials (BOM), 다른 모든 설계중에 발생한 시험 및 신뢰성 검사 보고서를 포함한 모든 기술적인 문서를 말한다. 그리고, 경우에 따라서 ISO, KS 등 인증에 필요한 서류도 포함한다. 제품으로 승인받기 위해 정부나 인중기관에 제출 되어야 할 서류들도 포함한다. 예를 들면 새로운 자동차는 사용중에서 안전 기준을 확보 하고 배출가스와 소음 허용기준 등의 환경규제에 적합여부를 판단하기 위해 형식승인을 받아야 한다. 형식승인 허가를 위해 명세제원표, 제원대비표, 설계도, 강도 계산 문서등 교통부에 신청접수를 하여야 한다.

2.1.3 설계 프로세스 결과물Design Process Outcomes

설계 프로세스의 결과물은 표 2.1에 설명되어 있다.

2.2 수요조사Customer Input, Voice of Customer

2.2.1 내외부 고객

고객들은 무엇을 원하는가를 알아야 한다. 그 고객들은 누구인가? 그들은 제품 사양들을 정의하는 사람들이며, 제품의 성공에 영향을 미치는 사람들이기에 우리는 그들을 무시할 수 없다. 고객이 원하는 것, 즉 고객의 니즈를 Voice of CustomerVOC라고 한다. 고객의 니즈를 알기 위해 인터뷰를 해야 한다면, 고객들을 인터뷰하기 전에 제품 사양에 관하여 질문들을 준비하고, 인터뷰 중에는 고객들이 이야기를 하게 하고 잘 경청하며 메모를 잘 하는 것이 중요하다.

인터뷰는 단순히 고객의 의견을 묻는 것에 그치지 않고 고객으로부터 개발해야할 제품의 특성을 파악할 수 있도록 준비를 철저히 해야한다. 그러나 대부분의 고객은 기대하는 것만큼 자신의 의견을 구체적으로 밝히지 않는다. 일반 사용자들은 "가능하면 저렴할수록 좋다", "수명은 길면길수록 좋다", "디자인은 멋있으면 좋다", "가격대비 성능이 우수해야 한다" 등과 같이 얘기하는 경우가 많다. 다만 기업체의 실무 담당자들은 제품에 대한 전문성이 있기 때문에 구체적인 사양을 언급하며 의견을 제시하는 경향이 있는데 평소 제품에 대해 고민하지 않았다면 일반 사용자와 같이 구체적인 의견을 제시하지 못한다. 따라서 인터뷰를 진행할 때는 제품 사양Specification을 예를 들며 구체적인 의견을 이끌어내는 노력이 필요하다.

고객들은 사용자, 내부고객, 외부고객으로 분류를 한다. 사용

Table 2.1 설계 프로세스의 결과물

Step	Outcome
제품 디자인 사양 Product Design Specifications (PDS)	PDS Document
외부 검색 (연구) External Search (Research)	List of existing related products and technologies
내부 검색 (브레인 스토밍) Internal Search (Brainstorming)	A lot of solution ideas
개념 평가 및 선택 Concept Evaluation / Selection	Pros and Cons / Decision Matrix Selection of one idea to implement
상세엔지니어링 설계 Detail Engineering Design	Determination of all details needed to build the product
프로토 타이핑 및 테스트 Prototyping and Testing	Comparisons to PDS target Improvement recommendations
문서 Documentation	Final Design Report Biil of Materials (BOM) + Production Drawings All other reports

자는 제품을 최종적으로 사용하는 일반 소비자를 말하고, 내부고객은 기업내 구성원을 말하며, 외부고객은 사용자를 포함한 기업외 고객을 의미한다. 고객의 수요와 분류는 다음의 Figures 2.2-2.4 및 Table 2.2에 좀 더 자세히 설명 되어 있다.

Figure 2.2. 고객들

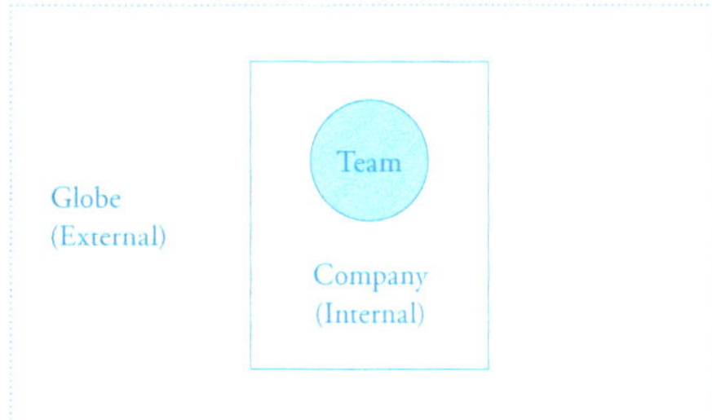

Figure 2.3. 내부고객

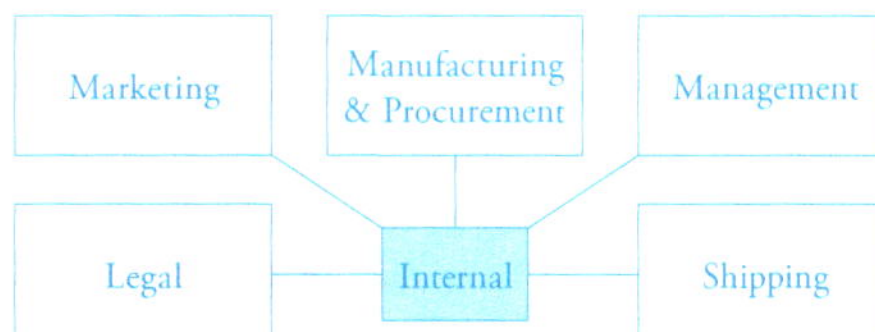

Figure 2.4. 외부고객

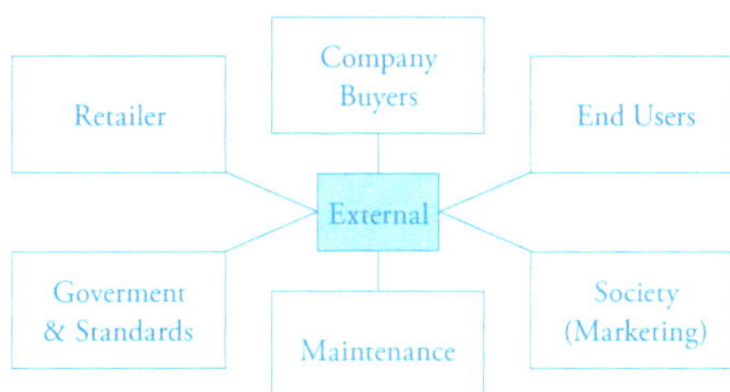

2.2.2 환경분석

1장에서 언급한 바와 같이 공학은 우리 삶의 편리성을 위한 것이기 때문에 기술적 관점 뿐만 아니라 사회 문화적, 경제적 관점에서 수요분석을 해야만 한다. 최근에는 국가간 치열한 산업경쟁이 벌어지면서 공학에 대한 정부의 역할이 증가하기 때문에 정부의 정책과 관련 법률도 함께 고려해야 한다. 이러한 것들을 수요조사의 환경분석이라고 한다. 제품 개발에 대한 당위성을 확보하기 위해서 제품에 대한 수요를 분석할 때 환경분석을 하는 것이 필요하다. 개발할 기술이 필요로 하는 사회적, 문화적 환경의 배경을 서술하고 국내 외 경제 환경과 정부 산업정책의 부합정도도 분석해야 한다. 효율적 환경분석을 위해 확인해야할 내용은 다음과 같다.

- 기술 개발의 필요성
  - 기술적 애로사항
  - 정부 정책과 관련성
  - 국가, 국내 외 산업, 기업의 요구 정도

Table 2.2 사용자 수요

고객	수요
사용자 End User	성능 및 기능Performance & Functionality
	경제성Affordability
	사용의 편리성, 인체 공학적Ease of use including ergonomics
	신뢰성 및 긴 수명Reliability and Long life
	견고성Robustness
	다양성Versatility
	안전Safety
	낮은 유지 보수Low maintenance 및 쉬운 조립Easy assembly
	미적Esthetics

- 기술 개발의 독창성과 도전성
- 기술 개발의 파급효과
- 관련기술의 국내 외 산업계 현황
  - 현재 보유 기술
  - 연관 기술
  - 부족 기술
- 관련 특허분석

한국산업기술평가관리원 홈페이지www.keit.or.kr는 정부의 산업기술 진흥정책에 따라 정부에 집행하는 기술개발을 총괄하는 공공기관의 홈페이지이다. 이곳에서 정부정책의 흐름과 개별 기술개발 수요를 위해 요구되는 환경분석의 내용을 확인할 수 있다.

2.2.3 수요 분석 방법

수요 조사로 획득한 내용이 유용한 정보가 되기위해서 체계적이고 논리적으로 분석되어야 정확한 수요를 파악할 수 있다. 수요 분석의 방법은 매우 다양하기 때문에 엔지니어들은 적절한 분석 방법에 취사선택해야하고 분석방법에 대해 학습이 필요하다. 다음의 소개되는 분석 방법론들은 공학설계에 대표적으로 활용되는 분석 방법들이다.

(1) 카노KANO 모델

1984년, 일본의 도쿄 리카대학 교수, 카노 노리아키는 어떤 상품을 기

Table 2.3 내부 고객의 수요

내부 고객	수요
관리	$ (Make $$$)
	납품 시일 엄수On time delivery
	손해 실패의 낮은 위험Low risk of financial failure
	적절한 문서Proper Documentation
	프로세스: 회사의 제품 개발 프로세스에 적합Process: Conformance to company product development process
마케팅	매력적인 기능Attractive features to target buyers
	낮은 소매 가격Low retail price
	미적Esthetics
	매력적인 포장Attractive packaging
	사용자의 조립/보수의 용이성Ease of user assembly/maintenance
	납품 기일 엄수On time delivery
	장기 보증Long warrantees
제조 / 구매	사용 가능한 재료Available materials
	저렴한 비용으로 제조 가능성Manufacture-able at low cost
	회사의 문서 형식으로 적합Conformance to company documentation formats
	선호하는 공급 업체의 제품을 사용Use of products from preferred vendors
법률	특허 침해 없음No patent infringements
	안전Safety
	필요한 모든 안전 경고 및 라벨All required safety warnings and labels
	합리적인 남용에 대한 보호Protection against reasonable abuse
	안전 설명서Safety manual
	법규 및 규정 준수Conformance to laws and regulations

획할 때 각각의 구성요소에 대해 소비자가 기대하는 것과 충족시키는 것 사이의 주관적 관계, 그리고 요구되는 사항의 만족, 불만족에 의한 객관적 관계를 설정하여 제품 개발에 관련된 상품기획이론을 제안했다. 그후, 카노 모델은 사용자의 수요조사와 연구를 통해 획득한 소비자가 진정 원하는 것을 분석하는 도구로 사용되어 왔다.

Customer는 직접적으로 말하기 보다 간접적으로 말하는 경향이 강하기 때문에 사용자가 언급한 내용의 배경과 환경을 분석하여 Customer의 의도를 파악할 수 있다. 카노 모델은 다음과 같은 원리로 그래프를 작성하게 된다.

- 모든 필수적인 요소는 충족되어야 한다.
- 축약된 언어로 표현된 고객의 요구는 주의깊게 검토하여 모든 요구사항을 정확하게 포착하도록 해야한다.
- 감동적인 요소를 찾아내거나 창출하도록 노력해야 한다. 진정한 차별화는 감동적인 요소를 만족시킴으로써 창출된다.
- 감동적인 요소의 충족은 경쟁에서 일시적으로 유리하도록 해줄 뿐이며, 경쟁사는 곧 따라붙게 된다.
- 경쟁에서 이기기 위해서는 지속적인 혁신이 필요하다.

카노 모델은 고객만족도를 종축에, 품질수준을 횡축에 두고 필수적 요소, 1차원적 요소, 감동적 요소를 그래프에 표시하는데 무관심적 요소는 표시할 수도 있고 안할 수도 있다.

- 필수적 요소: 충족시키지 못하면 만족도가 급격히 떨어지며 심각한 불만을 초래한다. 예로, 자동차의 안전성, 가전제품의 안전성규격, 주요 성능의 오작동 등
- 1차원적 요소: 대부분 고객의 요구사항으로10% 수준을 높이면 만족도가10% 향상된다. 예로, 제품의 보안장치, TV의 해상도, 컴퓨터 처리속도 등
- 감동적 요소: 큰 이익을 가져올 수 있는 잠재력 요소이지만 고

객이 인식하지 못하거나, 직접 요구하지 않을 수 있어서 발굴해야 한다. 예로, 날개없는 선풍기, 90년대 김치냉장고, 고수명 절삭공구 등

- 무관심 요소: 고객이 특성에 대해 상관하지 않아 불필요한 기능이다. 예로, TV리모콘의 부가 기능

(2) SWOT 분석

SWOT는 강점Strength, 약점Weakness, 기회Opportunity, 위협Threat을 뜻하며 수요분석과 경영 전략을 수립하기 위한 분석도구이다. 강점과 약점은 내부 환경으로, 기회와 위협은 외부환경으로 분석하고 표를 작성함으로써 현수준과 개발 전략을 명료하게 이해할 수 있도록 한다. 내부환경 분석은 개발주체나, 내가 속한 팀이나 회사를 경쟁자와 비교하여 강점과 약점을 기술하는데 강점에는 개발주체가 가지고 있거나 활용 가능한 자원Resources이 해당된다.

외부환경 분석은 자신을 제외한 것들의 기회와 위협을 기술한다. 유리한 것은 기회에, 불리한 것은 위협으로 분류하는데 동일한 정보라도 개발주체에 긍정적으로 전개되면 기회로, 부정적으로 전개되

Figure 2.5. 카노 모델 그래프

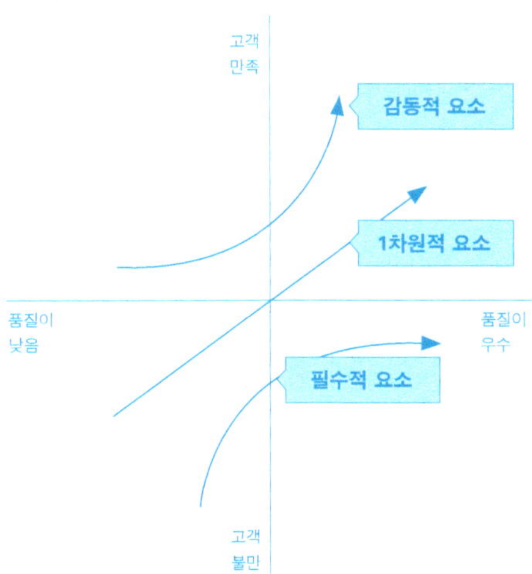

감동적 요소 : 혁신
고객이 기대하지는 않았지만 만족을 증가시키는 요소로서, 성취수준이 향상됨에 따라 고객 만족도는 기하급수적으로 높아진다

1차원적 요소 : 경쟁적 우위
충족될수록 고객의 만족감은 증가하는 요소로서, 고객 만족도는 성취수준에 비례한다

필수적 요소 : 비판적 우위
충족시키지 않으면 심각한 불만 요인이 되지만, 성취수준이 높아지더라도 고객 만족도는 향상되지 않는다

면 위협으로 나누면 된다.

SWOT 분석을 하면 무엇을 어떻게 개발할지 다음과 같이 네 가지 전략을 수립할 수 있게 된다. 이 중에서 중요성과 성공가능성 등을 고려하여 가장 중요한 것부터 실행하면 된다.

- SO전략: 강점으로 기회를 살리는 전략
- ST 전략: 강점으로 위협을 감소시키는 전략
- WO 전략: 약점을 줄이고 기회를 살리는 전략
- WT 전략: 약점을 줄이고 위협을 감소시키는 전략

2.3 프로젝트의 선정

제품개발을 위한 프로젝트를 누가 제안할 것인가? 수요조사를 통해 제품개발이 이루어진다. 즉, VOC를 통해서 고객의 수요로부터 프로젝트는 제안이 된다.

그리고, 아래 Table 2.4에서 보는 것 같이, 프로젝트는 난이도에 따라 A, B, C 등급으로 구분할 수 있다.

VOC를 통해 파악된 잠재 프로젝트는 최종 목표 달성을 위해 우선순위화하여 선정하게 된다. 선정의 기준을 대략적으로 설명하면

- 최종목표와 분명한 연관성을 가져야 한다.
- 문제해결이 절실히 요구되어야 한다.
- 뚜렷한 개선효과가 기대되어야 하고, 정량적으로 평가되어야 한다.
- 원인규명이 가능해야 한다.
- 책임소재가 분명하고 관리될 수 있어야 한다.

프로젝트를 수행하는 엔지니어들은 여러 사람이 수개월 이상 함께 수행하게 되는데 다른 팀과의 활발한 의사소통을 하지 않아 다른 팀

과 목표가 중복되거나 자원이 분산되기도 하며 수행하는 도중 문제 해결의 어려움을 겪게 되면 쉽게쉽게 해결하려는 경향이 있다. 이러한 것들은 목표달성을 어렵게하는 원인이 된다. 이러한 문제를 해결할 수 있는 방안을 정리하면 다음과 같다.

2.3.1 문제정의

소비자는 사용하고 있는 제품에서 문제를 발견하거나 개선하고자 할 때 제품에 대해 문제제기를 한다. 문제는 무엇이 잘못되었는지 설명하고 정의하는 것인데 문제정의에 우리는 종종 실수를 범하게 된다. 휴대폰을 제조회사의 개발팀에서 "휴대폰 품질을 개선하기 위해 내년 신제품 출시전까지 밧데리 수명을 증가시킨다"라는 방식으로 밧데리 수명에 대한 문제를 정의하거나 제기할 수 있다. 그러나 이러한 문제제기에는 오류가 있다. 왜냐하면 개발초기 단계에 제기되는 문제정의는 문제해결을 위한 어떠한 선입견을 주면 안되기 때문이다. 문제를 정의할 때는

Table 2.4 Project 유형

Type	프로젝트 유형	프로젝트 도출방식	프로젝트 규모
A형	설정형 문제: 이상과 현실의 차이로 인한 문제	Top down	전사적 규모
B형	탐색형 문제: 현재보다 좀 더 잘해보기 위한 문제	Top down + Bottom up	팀단위 규모
C형	발생형 문제: 이미 발생된 문제로 해결해야 할 문제	Bottom up	하부단위 규모

Table 2.5 프로젝트 선정시 빠지기 쉬운 오류

쉽게 빠지는 오류	해결 방안
프로젝트 자원의 부족	동원가능한 자원을 사전에 파악하고, 사용 권한을 분명히 함
다른 팀과 목표의 중복	프로젝트 선정 전 다른 팀과 충분한 의사소통을 함
프로젝트 추진동기의 상실	주기적으로 프로젝트 진척사항을 관리함 (예 : 주별, 월별, 분기별 관리)
쉬운 원인, 해결책으로 접근	프로젝트 리더의 독려와 업무 수행 체크리스트 작성

1. 원인에 대해 어떠한 암시도 하지말고
2. 문제를 비난하지 않고 책임자를 언급해서도 안되며
2. 문제을 언급할 때 해결책이나 해결계획 등을 제시해서 말아야 한다.

또한, 문제는 누구나 쉽게 이해하도록 정의해야 한다. 이를 위해서

1. 문제는 구체적으로 설명해야 한다.
2. 세세한 내용보다는 전체적인 관점으로 기술되야 한다.
3. 전문용어를 최소화하고 쉬운 단어를 사용해야 한다.

위의 내용들을 반영하여 문제정의를 다시 해보면 다음과 같이 기술할 수 있다.

2.4 제품 설계 사양Product Design Specifications

어떤 것들이 제품 설계 사양인가? 고객과 제품 설계 사양은 어떤 연관이 있는가? 제품 설계 사양은 사용자와 내 외부 고객들의 수요에서 나오며 이 사양들은 제품에 따라 다르다. 제품 설계 사양은 고객들의 수요를 공학적 사양Engineering Specifications으로 정리를 한다.

엔지니어들은 모호한 기준으로 설계를 할 수 없다. 예를 들면,

"빠르고, 정확하고, 높은"
"가벼운, 작은, 휴대할 수 있는"
"사용하기 쉬운"
"안전한"
"유행에 맞는"

위와 같은 기준들은 공학적 사양Engineering Specifications으로 부적

Table 2.6 바람직한 문제정의

잘못된 문제정의		오류
휴대폰 품질을 개선하기 위해	▶	목적을 사전에 언급하여 목표설정에 선입관을 준다.
내년 신제품 출시전까지	▶	개발시기를 사전에 언급하여 개발목표 설정에 제약을 준다.
밧데리 수명을 증가시킨다	▶	해결책을 제시하고 있다.

바람직한 문제정의
고객이 휴대폰을 구입한지 6개월이 지나면, 사용시간이 급격히 떨어진다는 불만을 제기하고 있으며, 다른 모델로 교체하겠다고 한다. 이 문제는 소비자의 휴대폰 불만족 3대 요소 중 하나로써 올 고객 1000만명 유치의 목표달성을 어렵게 한다.

합하다. 공학적 사양Engineering Specifications은 특정한 숫자로 표현되도록 한다. 예를 들면, 고객이 "개에 의해 개 밥그릇이 뒤집어져서는 안된다."라고 요구했다면 공학적 사양이 "개밥 그릇은 50파운드 무게여야 한다"이라면 좋은 공학적 사양이 될 수가 없고, "개 밥그릇은 측면상단에 30파운드의 힘을 받았을 때 뒤집어 져서는 안된다."라고 한다면 좋은 공학적 사양이 될것이다. 일반적인 사양들을 요약하면 아래와 같다.

Table 2.7 제품 디자인 사양

고객	제품 디자인 사양	제품 디자인 사양 종류
사용자	성능Performance	속도Speed
		용량Capacity
		전원Power
		효율성Efficiency
		정확도Accuracy
		투자 수익률Return on investment
사용자	환경Environment	온도 범위Temperature Range
		습도Humidity
		먼지Dust
		비Rain
사용자	수명Life in Service	년Year
		사이클Cycles
사용자	유지보수	정책Market Policy
		고객의 동의what customers accept
사용자	가격Price	비교 제품과 일관성Consistent with comparable products
사용자, 설치자	설치Installation	Connection geometry.
		Various models to install
사용자, 마케팅	Ergonomics	
소매상	Shelf lifeStorage	Possibility of rust, decay, deterioration
마케팅	배송/포장	포장 크기+무게Package sizes+Weights
		안전포장Damage resistance
마케팅	품질Quantity	마켓팅이 결정Determined by marketing
마케팅	크기&모양	
마케팅	무게Weight	적당한 무게인가?What is the desired weight?
		핸들이 필요?Handles for lifting points?
마케팅	외관Aesthetics	색깔, 모양, 질감Color, shape, form, texture, finish
		마켓리서취Market research

마케팅	재료Materials	Marketing, Codes, Regulations Left to designers unless company guidelines or regulations restrict certain materials (asbestos, lead).
마케팅	제품 수명	Designed life
마케팅	제품 품질, 신뢰성	Company policy regarding warranties
		Failure rate during warrantee period
마케팅	시험Testing	Tests to perform to verify performance and other PDS requirements
		Industry standard tests
마케팅, 정부	처분Disposal	Recyclable Bio-degradable Green Leadfree
관리	제조 시설	Does the company policy dictate certain facilities?
관리	공정Processes	Conformance to certain standards (GD&T or ISO 9000 for example)
		Use of company procedures
관리	시간마감	Whole design project, milestones
관리	회사 제약	Compatibility with other products
관리, 법률	Documentation	Design documents
		Full documentation Guard against possible litigation
		Safety, Operation, and Service documents
사용자, 정부, 법률	안전Safety	Safety requirements mandated by government,
		Professional society's codes and standards,
		Need for warning labels,
		Design against acceptable degrees of abuse
사용자, 정부	소음Noise	
정부	법, 코드, 규격	
변호사, 정부	제품 배상 책임, 특허	Product liability law suits associated with similar products and why.
		Relevant patents

2.4.1 PDS 문서 개발의 복잡성Complexities of Developing a PDS Document

PDS 문서의 복잡성은 어떤 제품 개발을 하느냐에 따라 달라진다. PDS문서의 복잡성은 Level 1, 2, 3 로 나누고 Level 3이 Level 1보다 더 복잡하다. 어떤 제품 들이 PDS문서 복잡성에 어떻게 연관이 되는지를 아래 예제들을 통하여 알아 볼수가 있다.

2.4.1.1 Level-I:

- 목표는 분명하다.
- 사양이 알려져 있다.
- 우선 순위는 알려져 있다.
- 양산은 생각지 않는다.
- 특허는 중요하지 않다.
- 제한된 내외부 고객이 대상이다.

2.4.1.2 Level-II:

- 목표는 분명하다.
- 사양은 알수 없다.
- 우선 순위는 알수 없다.
- 대량 생산을 생각해야 한다.
- 특허는 중요하다.
- 확장된 내외부 고객이 대상이다.

  예: 대부분의 소비자 제품들.

2.4.1.3 Level-III:

- 목표는 명확하지 않다.
- 일반적인 수요의 문구가 있다.
- 쉽게 생각해 낼 수가 없다.

  예: PCM 히트 싱크에 물과 빈 공간의 분포에 표면 장력과 중력의 상대적 효과를 측정해야 한다.

2.5 컨셉 도출/개념 생성Concept Generation

고객 수요들을 집합하여 제품 사양들을 만들고나면 개발팀은 다음과 같은 질문에 직면하게 된다.

- 이 제품에 성공적으로 적용할 수 있는 기존에 솔루션들은 어떤 것들이 있을까?
- 이 제품의 니즈와 사양을 충분히 충족할 수 있는 어떤 새로운 컨셉이 있을까?
- 컨셉 생성은 어떤 방법을 사용할까?

그림 2.7에서 보는 것과 같이 컨셉들을 도출 하고, Proper Evaluation을 통해서 그중에서 가장 적당한 컨셉을 선정 하는 프로세스를 보여주고 있다. 개념들을 평가한 후 개념들을 개선하는 반복적인 프로세스를 거쳐서 최종적으로 가장 적당한 개념을 선정하게 된다.

제품 컨셉은 기술, 작동 원리, 형태 등의 대략적인 설명으로 어떤 제품인지에 대한 간결한 설명이다. 개념은 일반적으로 스케치 또는 대략 3-D 모델과 간단한 설명으로 표현 할 수가 있다. 일부 개념컨셉은 자연스럽게 엔지니어링 요구 사항으로 연결되어 더 개발이 되게 된다.

개념 생성 프로세스는 고객 요구 및 목표 사양을 바탕으로 시작되어야 한다. 효과적인 팀은 가능한 많은 개념을 생각해내고 그 중 5~20개를 더욱 조사하고 연구하여 새로운 제품을 만들어 간다.

그림 2.8에서 보는 것과 같이 컨셉 도출 프로세스를 통해서 개념을 생성한다. 여기서, 개념 돌출을 위한 5 단계 방법론을 소개한다.

- 1 단계: 문제를 명확히 한다Clarify Problem
- 2 단계: 외부 검색External Search
- 3 단계: 내부 검색Internal Search
- 4 단계: 대안 검색Explore Alternatives
- 5 단계: 반성Reflection

Figure 2.7. 컨셉 도출 (개념 생성) 및 평가 프로세스

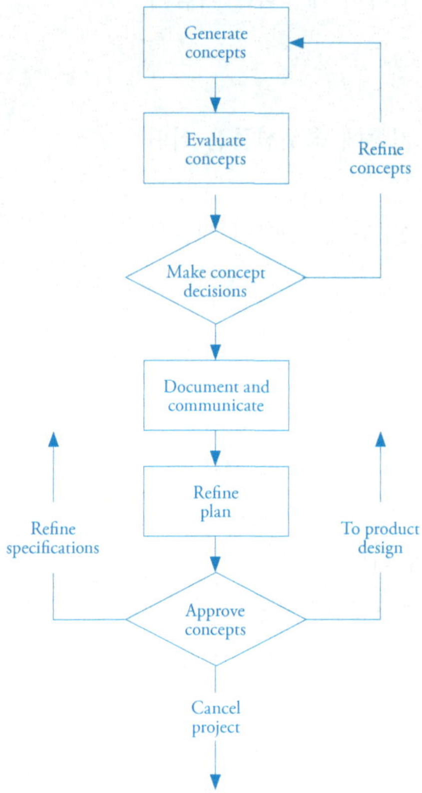

Figure 2.8. 개념 도출 방법

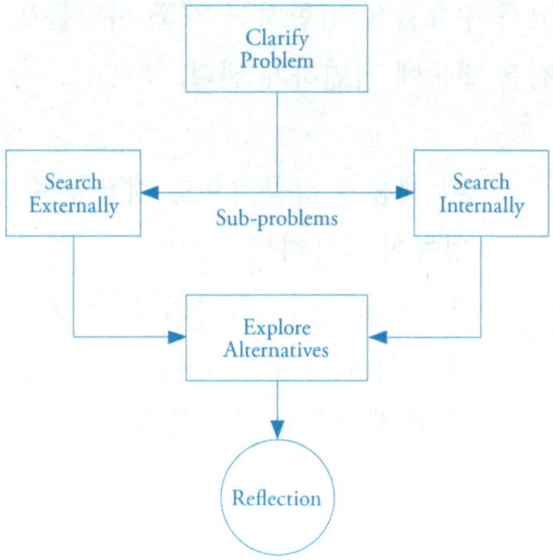

2.5.1 문제를 명확히 한다Clarify Problem

PDS의 모든 사양의 목표를 검토하고 어떤 기능이 필요한지 파악하고 가능한 경우에 한하여 각 기능Function을 간단하게 세분화한다. 이 단계에서 특정 솔루션을 결정하지 않는다. 여기서 기능 분해Functional Decomposition는 매우 중요한 프로세스이다.

예를 들어 컴퓨터를 만든다고 생각해 보자. 이 컴퓨터는 고속 연산 처리 뿐만 아니라, 텍스트, 그래픽, 심볼 및 사운드를 실행하는 프로그래머블 기능을 가지고 있다. 이런 컴퓨터의 프로그래머블 기능

은 입력 기능, 연산 및 명령을 처리하는 기능, 데이터를 저장하는 기능, 결과를 출력하는 테이타 또는 기능을 선택하는 기능 등 여러 기능들로 나누고 세분화 Decomposition 할 수가 있다.

위에서 선택기능을 하는 마우스의 기능Function은 아래 그림과 같이 더 세분화 된다.

또 다른 예로 포장지의 제조과정을 살펴보면

① 저장 공간으로부터 골판지를 빼서
② 골판지를 작업 공간에 밀어넣고
③ 골판지에 접착제를 적용하고
④ 접기 위한 위치에 골판지를 놓고
⑤ 골판지에 주름 마크를 만들고
⑥ 골판지를 구부려서 보강 형태를 만들고
⑦ 골판지속으로 보강 형태 [수동]를 삽입하고
⑧ 골판지플랩 닫는다.

위 공정중에서 4번째 공정을 더 세분화하면 아래와 같다.

④ 접기 위한 위치에 골판지를 놓고

- 판지에 힘을 주어서
- 판지를 가이드하고
- 골판지를 멈추고
- 굽힘을 위해 골판지를 잡아준다.

이 공정을 더 세분화 하면 아래와 같다.

- 옆으로 골판지 동작을 방지한다.
- 위/아래로 골판지 동작을 방지 한다.

일반적으로 좋은 개념은 개인들이 많이 제안하고 개념/컨셉 선택은 그룹의 논의에 의해 결정된다. 제품 개념 생성Product Concept Generation은 외부 조사External Search 및 내부 조사Internal Search를 통해 이루어진다.

2.5.2 외부검색External Search

외부 검색External Search은 넓게 전반적으로 정보를 수집하는 것이다. 이 수집된 정보들을 바탕으로 전반적인 설계 사양들과 설계 단계에서 확인된 문제들에 대한 기존의 해결책을 찾는 것이다. 가능하면 기존의 해결책이나 아이디어들을 이용하면 새로운 솔루션을 개발하는 것보다 시간과 비용을 줄일 수가 있다.

외부검색으로는 기존 기술/제품에 관한 정보 조사, 전문가 자문, 논문 및 문헌 조사, 특허 조사 등이 필요하다.

Figure 2.9 마우스 기능 세분화

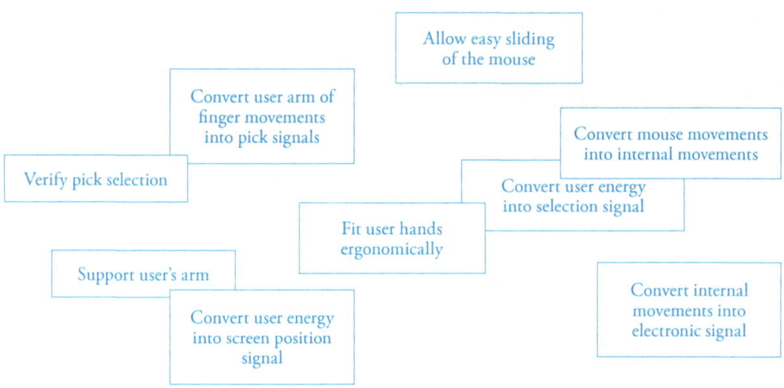

Figure 2.10 골판지

- 기존 경쟁 제품들을 조사하고 벤치마킹을 한다. 경쟁제품보다 더 좋은 제품을 만들수 없다면 빨리 포기 하는 것이 맞다.
- 지식을 가진 전문가는에게 자문을 구한다. 전문가의 도움을 받아서 문제를 빨리 해결한다면 짧은 시간에 문제를 해결 할 수가 있다. 또한 제품을 많이 사용한 경험이 있는 사용자들에게 자문을 구한다.
- 출판된 논문이나, 보고서, 시장 조사서, 문헌들을 참고하고 많은 지적 자료들에서 솔루션을 얻을 수가 있다.
- 특허를 조사해서 문제의 솔루션을 찾아본다. 또한 우리의 개념이 이미 특허로 등록이 되어 있는지도 조사해야 한다. 사용하려고 생각한 개념이 사전에 특허로 보호받고 있다면 피할 방법을 찾아보아야 하고, 그렇지 못하다면 사용권을 취득해야 한다.

2.5.3 내부 검색Internal Search

내부 검색이란 개인 및 팀의 지식과 경험을 바탕으로 창의적인 개념과 솔루션을 생각해 내는 활동이다. 많은 경우 설계 엔지어들이 처음에 하나의 아이디어를 가지고 거기서부터 더 많은 아이디어를 내고 세분화 해 나가는데 이것은 좋은 방법은 아니다. 가능한 많은 아이디를 내놓고 장 단점을 따져 가면서 세분화하고 거기서 솔류션을 찾는게 바람직하다. 브레인스토밍을 통해서 창의적인 개념을 생각해 낸다. 브레인스토밍은 그룹에서 아이디어를 생성하는데 강력한 도구로 Sub-problem에 사용될 수 있다. 이것은 모두 열린 마음으로 행하는 창의적인 활동이다. 브레인스토밍을 통해서 많은 아이디어를 생성하고 제품 사양들을 평가하고, 또 위험 요소들을 평가한다. 이 활동은 개별적으로 또는 그룹으로 수행 될 수 있다.

브레인스토밍을 할 때는 모든 판단을 일시 중단하고, 그래픽 및 물리적 미디어 사용도 권장하고, 서로에게 관심과 놀라움을 표현하고, 서로 충돌을 자제하고, 불가능한 아이디어도 환영하여, 가능한 많은 아이디어가 나올 수 있도록 편안한 환경을 조성해야 한다.

2.5.3.1 브레인스토밍의 기본 규칙Ground Rules

브레인스토밍은 아이디어를 낼 때 아래와 같은 태도와 마음 가짐을 가지고 한다. 중요한 것은 아이디어의 실현성 여부가 아니라 관계가 있는지 여부이다. 이것을 위해 신속하게 깊은 고민없이 아이디어를 내는 것이 필요하다.

- 느긋하게
- 즐겁게
- 비판하지 말고
- 지원한다고 생각하며
- 경계가 없이 완전히 마음을 비우고
- 아이디어 수에는 제한이 없이
- 완전하지 않은 아이디어도 좋고
- 단순한 키워드만 제안해도 좋고
- 평가하거나 없이, 기각하지 않고
- 농담이지? 하는 말은 삼가하고
- 설명은 빠르게몇 초
- 질문은 하지 말고
- 당신이 이해하지 못하는 아이디도 그냥 받아들이고

2.5.3.2 평가는 삼가Avoid Subtle Evaluations

아래와 같이 평가나 질문은 하지않고 의견이나 키워드를 받는다. 삼가할 것은

- 어떻게 할 것입니다.
- 이건 규칙을 위반하지 않나요?
- 그건 좋은 생각입니다.
- 이런 일이 그 생각과 어떻게 다른가요?

2.5.3.3 아이디어 트리거 방법Idea Trigger Method

(1) Phase I: 아이디어 침묵/제거Idea Silent/Purge

이 단계는 아무말 없이 진행한다고하여 침묵 세션이라고도 한다. 이 단계는 아래와 같이 진행을 한다.

- 목적이 선언되고
- 많은 아이디어들을 용지에 빠르게 작성한다.
- 2 분 동안 휴식 휴식을 갖는다.
- 이 과정은 몇 분 동안 계속된다.

(2) Phase II: 아이디어 말하기/촉발Idea Spoken/Trigger

이 단계는 읽고 말하면서 진행한다고하여 말하는 세션이라고도 한다. 이단계는 아래와 같이 진행을 한다.

- 리더는 각 멤버들에게 아이디어를 내라고 한다.
- 팀 구성원은 공유 아이디어를 지운다.
- 각 아이디어는 소리나게 읽혀지고, 이것은 다른 멤버들에게 다른 아이디를 떠오르게 한다. 그때, 빨리 두번째 페이지에 신속하게 적어 놓는다.
- 첫 라운드 후 새로운 아이디어가 트리거되지 않을 때까지 독서 과정을 반복한다.

(3) Phase III: 아이디어 편집Idea Compilation

모든 아이디어를 취합하고 편집하여 분류한 후 배포한다.

2.5.3.4 후속 작업Afterwards

- 더 많은 아이디어를 생성하기 위해 단독으로 작업할 수 있다.
- 유망한 아이디어를 선택하기 위해 각 아이디어을 보다 상세하게 분석 해서 장점과 단점을 기록한다.

2.5.3.5 아이디어 선정Idea Selection

팀은 구상 설계를 위해 하나의 아이디어를 선택한다. 팀 구성원은 중요한 서브 시스템을 식별하고 이러한 서브 시스템에 대한 브레인스토밍 세션을 개최한다.

2.5.4 체계적 탐사Systematic Search

체계적이고 논리적으로 개념들을 탐사를 하고 제품 설계 아이디어를 이끌어 내는 방법으로는 다음과 같은 방법이 있다.

- 개념 분류 트리: 가능한 몇가지 솔루션들을 별개의 분류로 분리하고 비교 정리함
- 개념 조합 테이블: 체계적으로 솔루션 항목들을 조합하여 가능한 방법을 찾음

개념 분류 트리에 한가지 예로 볼트 리프터를 생각해 보자. 그림 2.11에서 보여주는 것과 같이 볼트를 들어 올리기 위해 에너지를 주어야 하고, 그 에너지는 볼트에 전해져서 볼트를 움직이게 한다. 주어지는 에너지는 전기적 에너지, 유압 에너지, 압축공기 등을 생각 할 수 있다. 에너지를 저장 하는 방법을 생각해 보면 그림 2.11과 같이 다양한 방법들을 비교 정리 할수 있다.

또한, 개념의 조합 테이블 예로 파워 네일러를 만들기 위한 개

Figure 2.11. 볼트 리프터

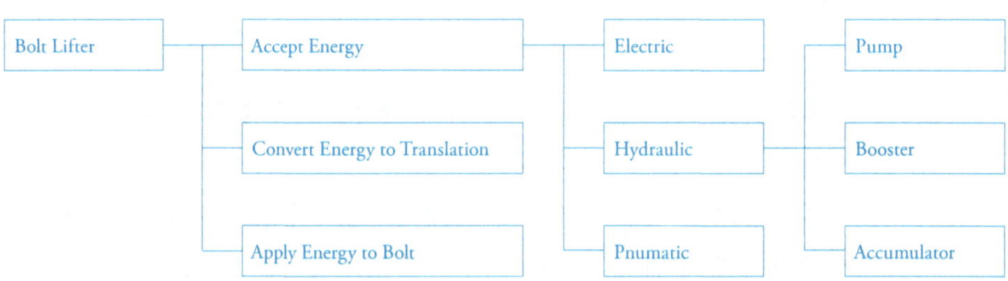

념을 도출하고자 한다. 먼저 개념적으로 파워 네일러에 에너지가 공급되면 파워 네일러는 그 에너지를 써서 여러 못을 박는다. 그림 2.12에서 보는 것과 같이 여러 조합을 통해서 파워 네일러가 실행할 수 있다. 가장 적합한 방법을 이런 조합을 통해서 찾을 수 있다.

Figure 2.12. 파워 네일러 (Power Nailer) 제품 개발을 위한 개념 조합 테이블

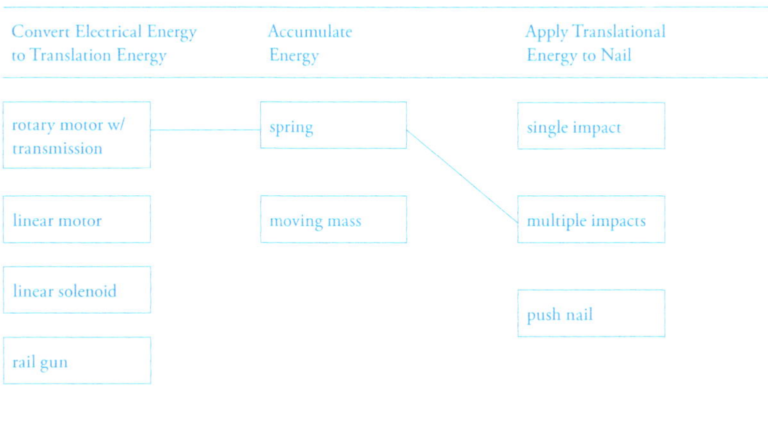

2.5.5 기술 트리Technology Tree

기술개발은 어떻게 하는 것이 완벽할까? 기술개발을 위해서는 제품의 구성요소와 필요기술들을 상세히 세분화하여 제품을 구조적으로 이해하는 것이 필요하다. 이러한 제품의 구조화에 유용한 방법이 기술 트리Technology Tree이다. 기술트리는 제품의 기본원리부터 세부기술처럼 체계적으로 전개하는 것이다. 이를 통해 선택과 집중해야 할 핵심기술을 도출할 수 있다. 이 과정에서 관련 논문, 특허 등 연구정보를 축적할 수 있다.

기술트리는 제품 설계를 위한 핵심기술과 개발할 필요기술을 파악하기 위해서 제품의 목적기능을 설정하고 목적달성을 위한 기본기능을 구분한다. 기본기능의 기능과 특성은 각각이 연구개발 주제의 대상이 될 수 있다. 이러한 기능과 특성은 핵심기술과 관련기술로 세분화되고 각각은 필요기술로 상세화된다. 이와 같은 기술트리는 제품 설계를 고민하는 엔지니어 혼자가 하는 것이 아니라 최소 관련자 3~4명 이상이 참석하여 공동작업을 해야 객관성을 확보할 수 있다. 왜냐하면 기술트리는 목적기능으로부터 필요기술까지 세분화하는 단계별로 관련된 연구정보, 특허, 논문 등 관련자료를 함께 확보해야만 관련기술 전체를 이해할 수 있기때문이다.

일반적으로 최소 3차~4차까지는 필요기술을 세분화하는 것이 권장된다. 세분화된 필요기술들은 다시 관련기술과 관계를 표시한다. 이때 관련기술은 중복될 수 있다. 이렇게 중복되는 관련기술은 최종적으로 개발할 핵심 요소기술이 된다.

예로, Fig. 2.13에 신뢰성이 확보되는 고집적 IC 내장기판 제작에 관한 기술트리 예시를 볼수 있다. Fig. 2.13과 Fig. 2.14에서 보여지는 것 같이, 목적기능에서 기본기능을 3가지로 분류하고, 예로, 1차 기능인 "기판 설계를 최적화한다"는 2차~3차기능까지 세분화할 수 있다. 3차 기능들을 실현하기 위해서는 "공정설계기술" 및 "회로형성기술"의 향상이 필요함을 알수가 있다.

2.6 개념 평가 및 선정Concept Evaluation and Selection

설계는 창안Creativity, 분석Analysis, 평가Evaluation, 개선Improvement 네가지 활동들로 이루어진다. 특히, 개념 설계 단계에서의 평가는 미완성의 아이디어를 평가한다는 점에서 특히 어려운 일이고, 이 평가가 전체 프로젝트의 진로를 좌우 한다는 점에서 무척 중요한 일이다.

2.6.1 개념 평가Concept Evaluation

개념의 평가는 각각의 제품 설계 사양과 비교함으로써 행해진다. 취합된 데이터는 각 개념의 장점과 단점을 결정하고, 가장 좋은 개념안을 선정한다. 그래서 이런 질문들을 하게 된다.

Figure 2.13. 고집적 IC 내장기판 제작에 관한 기술트리 (1차 기능)

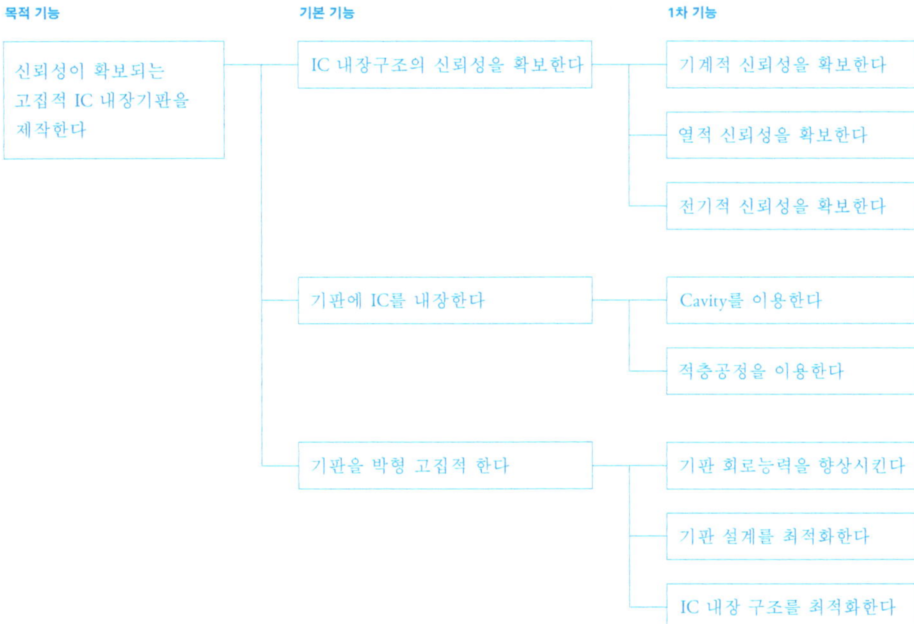

Figure 2.14. 고집적 IC 내장기판 제작에 관한 기술트리 (2차-3차 기능)

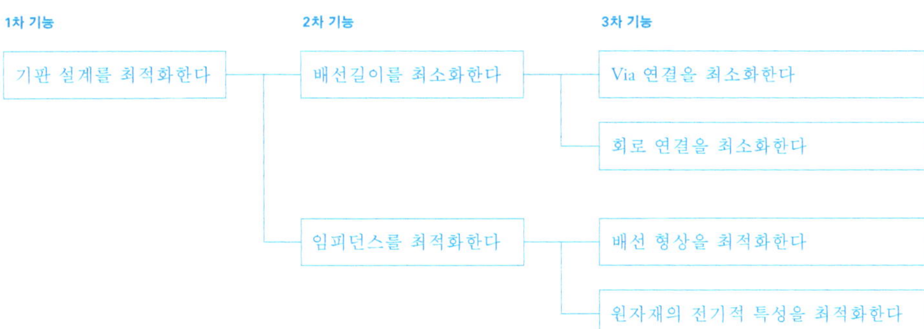

- 최고의 개념을 선택하는 효과적인 방법은 무엇인가?
- 어떻게 평가 팀을 결정하는가?
- 평가 프로세스는 무엇인가?

팀이 평가프로세스 및 평가결과에 합의를 해야한다. 그러기 위해서 팀원들은

- 프로세스에 동의하고
- 프로세스의 결과를 따르고
- 장점에 기반을 둔 토론을 하며
- 본인의 의견만을 주장하지 않고, 합리적인 자세로
- 발견에 중점을 두도록 한다.

2.6.2 의사 결정의 방법Methods of Decision-Making

의사결정은 아래와 같은 여러가지 방법으로 결정할 수가 있다.

- 외부 결정 : 최종 관리자
- 제품 챔피언 : 프로젝트 실무 책임자가 아닌 일반적으로 경영진이 된다. 예를 들어 기업의 부장이 프로젝트 실무 책임자라고 하면 임원이 챔피언이 된다.
- 직관 : 관련 팀원들의 경험에 의한 감각
- 장점과 단점 비교: 토론 및 투표.
- 프로토 타입의 테스트
- 의사 결정 매트릭스: 각 개념에 관한 사양을 평가하고 등수를 정한다

2.6.3 2 단계 방법Two-stage Methodology

다음과 같이 두단계에 걸쳐서 평가를 할 수가 있다.

- 개념 검사Concept screening: 초기 검사$>$ 10 개념, 개념 검사 매트릭스$>$ 5 개념

- 개념 점수화Concept scoring: 개념 점수 매트릭스$<$ 5 개념

2.6.4 초기 검사Initial Screening

다중 투표 방법Multi-vote technique으로 그룹은 가능성이 없는 개념을 제거한다. 이때 각 회원들에게 10 점씩을 할당하고 상위 개념을 선택한다.

2.6.5 매트릭스 방법Matrix Methods

매트릭스 방법을 사용하기 위한 프로세스는 아래와 같다.

첫째, 개념 평가를 위해서는 아래와 같이 평가 기준과 가중치를 설정하여야 한다.

- 평가기준의 결정
- 평가기준별 변수와 단위 확정
- 평가기준의 중요도 판단과 가중치 부여

둘째, 평가대상의 점수 계산과 의사결정 행렬표를 작성한다.
셋째, 개념을 평가하고, 순위를 결정한다.
넷째, 결과에 따라 개념을 개선한다.
다섯째, 개념을 평가하고, 순위를 결정한다.

매트릭스 방법을 사용하여 개념 평가 방법은 다음 장에서 자세히 설명하기로 한다.

2.6.5.1 가중치 설정 방법

여기에 가중치를 설정 하는 한 가지 방법을 소개 한다. 가중치는 아래와 같은 방법으로 설정 할수 있다. 예로, 로보트 청소기를 디자인하고자 한다. 그리고, 제품 설계 기준은 제품의 비용, 중량, 부피, 전력, 안전 및 내구성이다. 가중치 설정을 위해, 먼저, 다음과 같은 방법으로 정렬 된 정사각형 행렬을 준비한다.

1. 표 2.8의 대각선 요소에 대해 "-"를 입력한다. 그리고, 첫 번째 행에서 다른 모든 요소와 비교한다. 만약, 무게가 비용보다 선호되는 경우 비용 열에 셀에 "0"을 입력한다. 마찬가지로 비용이 볼륨보다 선호되는 경우 셀에 "1"을 입력한다. 비용보다 전력이 선호되는 경우 셀에 "0"을 입력한다. 비용보다 안전을 선호하는 경우 셀에 "0"을 넣는다. 비용 대비 내구성이 좋은 경우 셀에 "0"을 넣는다. 행 합계는 비용의 점수이다. 만약, 둘 다 선호하는 경우 "0.5"를 입력한다.
2. 두 번째 행에 대해서 이 과정을 반복한다.
3. 나머지 행을 채우고 행 합계를 계산한다.
4. 합해진 점수에 0이 없도록 모든 점수 값에 1을 더 한다.
5. 스코어를 합산하고 각 점수를 합계로 나눈다. 이것은 각각의 개별 기준에 대한 가중치이다.

아래 표에서, 파란색의 점수들을 선택하면, 나머지 절반은 자동적으로 결정됨을 알수 있다.

Table 2.8 가중치 요소를 결정하기 위한 행렬(Matrix for Deciding Weighting Factors)

Criteria	Cost	Weight	Volume	Power	Safety	Durability	Score	Normalized
Cost	-	0	1	0	0	0	1	1/15
Weight	1	-	1	0	0	1	3	3/15
Volume	0	0	-	0	0	1	1	1/15
Power	1	1	1	-	0	0	3	3/15
Safety	1	1	1	1	-	1	5	5/15
Durability	1	0	0	1	0	-	2	2/15

2.7 개념 평가 방법Concept Evaluation Methods

디자이너는 아이디어를 설계기준에 따라 평가해야 한다. 먼저, 각 아이디어에 대한 설계요건들을 분석하고, 점수화 해서, 각 아이디어에 대한 최종 합계를 비교 한다. 여기에, 한가지 개념 평가 방법을 소개 한다. 먼저, 개념 아이디어는 행에, 설계 기준들은 열에 열거 한다. 그리고, 설계자는 각 설계 기준의 중요도를 결정합니다. 예로, 로보트 청소기 디자인 아이디어들이A Design, B Design, C Design, D Design 있다고 하자. 네가지 개념들을 평가 하기 위해서, 첫째, 설계 항목들에 따라서, 1에서 10의 점수를 주어서가장 안 좋은 것은 1, 가장 좋은 것은 10, 네가지 아이디어들을 평가 한다. 그 결과로 우리는 표 2.9에서 보는 것과 같이 D

Table 2.9 의사 결정 매트릭스(Decision Matrix)

Criteria	A Design	B Design	C Design	D Design
Cost	3	6	3	7
Weight	5	4	7	10
Volume	6	7	4	8
Power	6	7	6	9
Safety	5	7	5	10
Durability	5	8	5	9
Total	30	39	30	53

Table 2.10 의사 결정 매트릭스(Decision Matrix with Weighting Factors)

Criteria	Weighting Factor	A Design	B Design	C Design	D Design
Cost	1/15	0.2	0.4	0.2	0.467
Weight	3/15	1	0.8	1.4	2
Volume	1/15	0.4	0.467	0.267	0.533
Power	3/15	1.2	1.4	1.2	1.8
Safety	5/15	1.667	2.333	1.667	3.333
Durability	2/15	0.667	1.067	0.667	1.2
Total		5.133	6.467	5.4	9.333

Design이 가장 많은 점수 53점을 얻었습을 알수 있다. 둘째, 위 표 2.9에서 얻어진 가중치를 고려 하고, 전체 기준 가중치는 최대 100%가 되도록 한다. 그런 다음 Rating Factor에 Weighting Factor를 곱하면, 표 2.10에 결과를 얻는다. 표 2.10에 결과에 따라서, 가장 높은 등급을 가진 개념D Design은 설정된 설계 기준들을 가장 만족시키는 개념이다.

2.7.0.1 개념 검사 메트릭스Concept Screening Matrix

- 고객의 요구에 대한 개념을 평가하고
- 가장 중요한 기준을 사용하여
- 참조자료 개념을 선택한 후
- 마음에 드는 디자인을 선정하여
- 경쟁력있는 제품을 선정한다.

여기서, 우리는 개념 검사 메트릭스를 예을 들어서 설명 하고자 한다. 표 2.11는 Bolt Lifter의 개념 검사 예를 보여준다. 먼저, Datum은 기준이 되는 개념이나, 현재 사용중인 장비를 선정 한다. 그리고, B, C, D, E, F 개념들을 기준이 되는 Datum과 비교 평가를 한다. 표 2.11에서 보는 대로, 개념 검사 메트릭스의 행은 평가기준을, 열에는 개념들을 나열한다. 그리고, 다음과 같이 평가를 한다.

Table 2.11 개념 검사 예시 (Concept Screening Example)

PDS Criteria	Datum	B	C	D	E	F
Wall Clearance	0	0	0	1	0	-1
Bolt clearance	0	-1	1	1	0	-1
Max Load	0	-1	-1	1	1	-1
Adaptability	0	1	1	0	1	0
Effectiveness	0	0	1	0	1	0
Weight	0	-1	-1	-1	1	-1
Cost	0	0	-1	-1	-1	1
Total	0	-2	0	1	3	-3

- 각 새로운 개념을 현 PDS Datum들과 비교하여
- “더 좋음”에 대해 +1의 점수를 주고
- “더 나쁨”에 대한 -1의 점수를 주고
- “와 같은”에 대한 0의 점수를 주고
- 개념 순의를 정한다.

Table 2.11에서 보는 것 같이, E개념은 +3점수를 얻은 반면, F개념은 -3점수를 얻었다. 이결과에 따라, 우리는 E개념을 최종적으로 선정 할수 있다.

2.7.1 개념 점수 매트릭스Concept Scoring Matrix

개념 점수를 매트릭스로 만들기 위해서는 하나의 기준이 중요하다. 예를 들면, “비용”을 아래와 같이 더 세분화 하지 말아야 한다:

- 비용
- 제조 / 조립의 용이성
- 자재 가용성
- 노동

왜냐하면 기준을 더 세분화를 하면, 기준들이 더 많아져서 평가를 어렵게 한다. 만약 기준을 분해하는 것이 필요한 경우에는 “중요성” 에 따라 다음과 같이 점수화해야 한다.

비용의 중요성 = 5
자료의 중요성 = 2
노동의 중요성 = 2
공구의 중요성 = 1

이 방법은 스코어링 매트릭스에 사용될 수 있다.

2.7.1.1 개념 득점 행렬Concept scoring matrix

주요 기준은 이전과 같이 표시된다. 각 조건에 대한 중요도를 고려하여 가중 계수를 결정하여 QFD에서 수행한다. 예로, 개념 평가는 1점-5점으로 할 수 있다.

- 1 : 참조 개념보다 훨씬 더 나쁨
- 2 : 참조 개념보다 더 나쁨
- 3 : 참조 개념과 동일
- 4 : 참조 개념보다 더 좋음
- 5 : 참조 개념보다 훨씬 더 좋음

2.7.2 대안으로 절대 평가Alternate Absolute Scale Scoring

개념을 1점-5점으로 평가한다.

- 1 : 쓸모없는 - 매우 열등한
- 2 : 별로 - 열등한
- 3 : 허용
- 4 : 좋은 또는 우수
- 5 : 아주 월등함, 뛰어남

예시: TV를 구입 고려Consider buying a TV

예로서, 새로운 TV를 구매 하려고 하며, 그 선택 기준은 다음과 같다.

1) 선택 기준

- 비용
- 화면 크기
- 이미지 선명도
- 보증

- 외양

마켓에 나와 있는 TV들을 조사 한 결과, 다음과 같은 TV 제품들이 조사가 되었다.

2) 후보 TV 제품

- Brand-A, Cost: $350, Size: 25inch, Warrenty: 1year, Image: 0.28 mm, Look: OK
- Brand-B, Cost: $175, Size: 19inch, Warrenty: 6month, Image: 0.19 mm, Look: Beautiful
- Brand-C, Cost: $430, Size: 27inch, Warrenty: 2years, Image: 0.28 mm, Look: Very ugly
- Brand-D, Cost $275, Size 21inch, Warrenty: 1year, Image: 0.15 mm, Look: Ugly

먼저 정해진 선택 기준들에 따라, 위에 TV 제품들을 평가를 실시 하면, 아래와 같은 평가표를 얻을수 있다.

3) 평가표Conversion of Criteria

Table 2.12 평가 조건

	Excell	Good	Adeq	Poor	Useless
Cost	<$200	2-300	3-400	4-500	>$500
Size	>=27"	25-27"	21"-25	19-21"	13-19"
Warranty	>4 year	2,3	1	.75	.25
Image	<0.1 mm	0.15	0.20	0.25	>0.3 mm
Look	Snazzy	Beautiful	Not bad	Ugly	Very Ugly

4) 평가표Evaluations Matrix 개념을 평가하고 순위를 정하기 위해 개념의 중요도에 따라 가중치Weight를 정하고, 각 브랜드의 점수

와 곱한 후 더하여 최종 점수를 확인한다.

Table 2.13 평가표

	Weight	Brand-A	Brand-B	Brand-C	Brand-D
Cost	0.2	3	5	2	4
Size	0.3	4	2	5	3
Warranty	0.1	3	1	4	3
Image	0.3	1	3	1	4
Look	0.1	3	4	1	2
Total		2.7	3.0	2.7	3.4

2.7.3 결과를 반성Reflect on the results

매트릭스 작성 후 원하는 개념이 선택되지 않았을 경우 다음과 같이 결과를 다시 확인할 수 있다. 이러한 과정을 통해 약점을 보강하고 설계를 수정할 수 있다.

- 두 번째 매트릭스 작업을 실행한다.
- 의사 결정 매트릭스를 분석하여 왜 내 설계는 다른 사람들 것보다 낮은 점수를 받았는지를 확인한다.
- 팀이 내가 한 설계의 장점을 간과했는지 확인한다.

2.7.4 Quality Function DevelopmentQFD

QFD는 개발 요구사항VOC와 필요성을 만족시키기 위한 제품 개념을 선정하는데 사용되는 방법론이다. 설계의 모든 과정이 요구사항과 필요성에 연결되는 시각적인 것이며 설계시간을 단축시킬 수 있는 체계화된 방법론인 것이다. QFD는 또한, House of QualityHOQ라고 많이 알려져 있다. House of Quality는 Customer의 요구, 필요성과 같은 주관적인 아이디어를 측정 가능한 요구 사항으로 변환하는 데 사용되는 전달 함수의 한 형태이며, 다이어그램으로 고객 요구와 제품 기능 간의 관계를 보여준다. 여기서 House of Quality를 이용 하여 QFD를 구성하는 네가지 요소는 다음과 같다.

Figure 2.15. QFD의 기본 구조

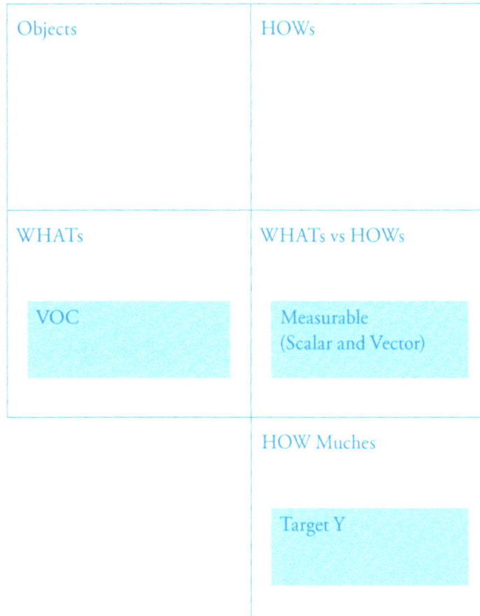

- 제품 목적Objects: 제품에 요구되는 기능과 특성
- 고객 니즈Whats: 수요자의 언어로 표현된 바람직한 특성으로 수요자가 해결되기를 바라는 문제
- 제품 성능Hows: 개발 요구사항을 충족시킬 수 있는 특성. 설계에 영향을 미치는 공정과 실험 변수
- 목표값Target: 수요자가 원하는 특성을 나타내는 수치값

그림 2.16는 야드 잎 블로우어Yard Leaf Blower의 예를 보여주고 있다. HOQ를 통해서, 우리는 Power가 가장 중요한 성능임을 알수 있다.

QFD를 이용한 개념 평가 및 선정은 1차로 제품 성능의 중요사항을 선정하고, 2차로 제품설계의 중요사항을 선정하며, 3차로 공정/실험의 변수선정 순서로 진행하면 된다. 이러한 과정을 안락의자의 예를 들며 설명하도록 한다.

2.7.4.1 제품 성능 중요사항 선정(1차)

(1) 고객 니즈Whats

직접 인터뷰를 하여 수요자의 의견을 취합하고 정하며, 수요자의 의견 중 비슷한 것은 하나의 카테고리로 분류한다. 안락의자의 VOC는 다음과 같다.

- 안락감이 좋아야 한다.
- 등받침 회전각도가 커야 한다.

- 내구성이 우수해야 한다.
- 무게가 가벼워야 한다.
- 가격이 저렴해야 한다.
- 방수기능이 좋아야 한다.

위의 수요자 요구사항은 QFD 표의 왼쪽항에 배열한다. 요구사항의 중요도는 가중치 칸에 1~5점까지 표시한다.

(2) 제품 성능Hows

제품 성능은 수요자 요구를 만족시키기 위한 척도로써 브레인스토밍 기법을 이용하는 것이 좋다. 이것은 수요자 요구를 만족시키는 해결책은 아니며 해결을 위한 중요한 특성을 나타내는 것이다. 수요자의 요구사항을 만족시키는 제품 성능과 단위로는

- 압축강도, Pa
- 각도, degree
- 수명, Hour

Figure 2.16. House of Quality for Yard Leaf Blower

	Customer Importance	Weight	Volume	Power	Safety	Durability
Easy to control or use	6		7			
Easy to move wet leaves	9			9		
Portable	9	9	7			
Low manufacturing and operating cost	7			9	5	8
Target		81	105	144	35	56

- 무게, Kg중
- 가격, $
- 누수율, %

(3) 고객 니즈와 제품 성능 관계Whats vs Hows

소비자의 각각 요구사항과 제품성능의 상관성을 파악하기 위해 상관관계를 점수화한다. 상관관계의 점수는 3단계 내외로 하며 일반적으로 1, 3, 5점으로 평가를 하지만, 1, 3, 9점으로 하여 개념간 차별성을 강조할 수 있다.

- 공백 : 관계가 없음
- 1점 : 수요자 니즈에 미치는 영향이 매우 작은 제품 성능
- 3점 : 수요자 니즈에 미치는 영향이 보통인 제품 성능
- 5점 또는 9점 : 수요자 니즈에 미치는 영향이 매우 큰 제품 성능
-

점수계산은 제품 성능별로 상관관계 점수와 수요자 요구사항의

Table 2.14 수요자 요구사항과 제품 성능의 연관성

수요자 요구사항 / 제품 성능	가중치	압축강도(Pa)	각도(Degree)	수명(Hour)	무게(Kg중)	가격($)	누수율(%)
안락감이 좋아야 한다	1	9	3		1	3	1
등받침 회전각도가 커야 한다	0.7		9			3	
내구성이 우수해야 한다	0.5		1	9	3	3	
무게가 가벼워야 한다	0.3	1	1	1	9	3	
가격이 저렴해야 한다	0.4		3	1	1	9	1
방수기능이 좋아야 한다	0.2				1	3	9
점수		9.3	11	5.2	5.8	12	3.2

가중치를 곱한 후 모두 더하면 된다. 예를 들어 압축강도의 점수는 $1\times9+0.7\times0+0.5\times0+0.3\times1+0.4\times0+0.2\times0=9.3$이 된다.

제품 성능별 점수는 각각 9.3, 11, 5.2, 5.8, 12, 3.2점으로 계산되었다. 가장 높은 점수의 의미는 긍정적이든 부정적이든 수요자 만족에 가장 큰 영향을 미친다는 의미이다. 제품성능 항목은 모두 선택할 수 있으나 그럴 경우 평가할 항목이 많아진다는 문제가 있기 때문에 설계자는 위의 점수를 보며 순서가 타당한지 검토하고 점수차를 고려하여 제품성능 항목을 취사선택하게 된다. 여기서는 누수율이 3.2점으로 현격하게 점수가 낮아서 제외한다.

2.8 상세설계Detail Design

상세설계는 평가되고 선정된 개념에 대해 구체적인 설계를 하는 단계이다. 이 단계에서는 일반적으로 분석 및 시뮬레이션을 통하여 제품 요소들을 위한 적절한 재료를 선택하고, 각 부분들의 정확한 치수 및 공차를 산출한다. 이 프로세스는 정적 또는 동적 부하 응력과 같은 변수들을 계산하는 것을 포함한다. 힘, 온도, 압력, 유체 역학, 전류, 저항, 화학반응 등의 정보가 필요하다. 또한, 설계의 실패가 있는 경우 최소한의 안전을 보장하기 위한 설계 안전 계수를 정한다. 이러한 상세 설계를 위해서 기계요소설계, 기계재료, 표면처리, 최적설계, 기계제도, CAD2D, 3D, CAEFEM 등의 지식이 활용된다. 일반적으로 단순화된 수학적 모델을 활용하거나 각종 핸드북에 소개된 공학식Engineering Formula을 활용하여 설계를 한다. 단, 항공기 설계등과 같이 정밀한 해를 요구하는 경우에는 유한요소해석Finite Element Method과 같은 수치해석기법을 사용한다.

자동차나 항공기 같은 제품들의 설계는 점점 더 복잡하고 어려워지고 있다. 그러므로, 설계 목표를 달성하는 것도 어렵고, 목표에 도달하기 위해 더 많은 반복의 과정들을 거쳐야 된다. 이런 복잡한 제품들은 종합 설계 최적화Multidisciplinary Design Optimization 방법을 사용하여 설계 최적화를 이룰 수가 있다. Figure 2-14에서 보는 것과 같이 다이뮬러 트럭은 최적 설계를 통해 캡 마운트의 무게를 52파운드에서 32파운드로 줄여 대략 33%의 경량화를 달성하였다. 이러한 상세설계 단계에는 제작방법도 정해야 한다. 엔지니어링 제품은 일반적으로 몇 가지 제작의 수준과 제작 기술들을 사용한다. 선택된 제조 방법에 영향을 미치는 요인은 시간을 포함, 소재, 비용 및 제조되는 수량이다.

Figure 2.17. 제품 상세 설계 흐름도

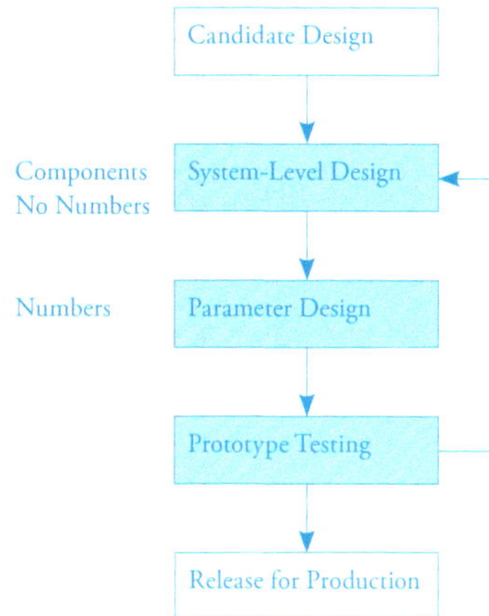

이 절에서는 상세설계를 위해 QFD를 이용한 제품 설계 중요사항을 선정하는 방법과 실험방법 효율적으로 관리할 수 있는 실험계획법Design of Experiments, 설계변수가 제품기능에 미치는 영향수준을 평가할 수 있는 파라메타 설계법으로 다구찌법Taguchi Method(Taguchi [1985])을 소개한다. 또한 상세설계의 구현을 위해 반드시 고려해야할 제조 프로세스Manufacturing Process를 살펴본다.

Figure 2.18
캡 마운트 최적 설계
(Daimler Truck Ammerica)

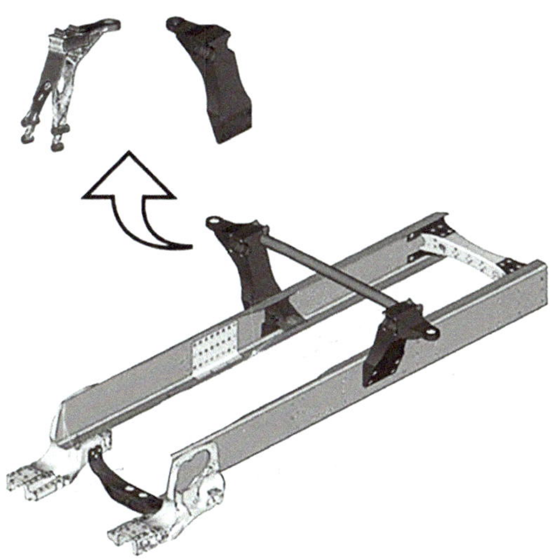

2.8.1 QFD를 이용한 제품 설계 항목 선정 (2차)

(1) 설계 개념의 생성

위의 개념 평가와 선정에서 수행한 QFD를 이용하여 제품설계의 중요 사항을 선정할 수 있다. 이것을 위해서는 실험을 위한 개념을 먼저 결정해야 한다. 그래야만 실험 설계의 구체적인 항목이 도출될 수 있기 때문이다. 이 단계는 제품 성능과 해결책을 연결하는 단계라고 할 수 있다. 개념 생성은

① 문제를 작은 부분으로 분해하고

② 나눠진 각 부분간의 관계를 분석하고

③ 나눈 결과와 가정한 내용을 문서화하여 생성된다.

위의 방법을 구체적으로 살펴보면 아래의 그림과 같다. 이와 같은 개념 생성 방법은 팀원이 모두 이해하고 합의할 때까지 반복적으로 수행되며 이 과정에서 가장 중요한 것이 브레인스토밍이나 트리즈Triz 등을 활용한 활발한 토론과정이다.

(2) 개념의 선정

위의 1차 QFD의 예를 든 안락의자의 개념을 먼저 선정해보자. 팀원간

Figure 2.19. 개념의 생성

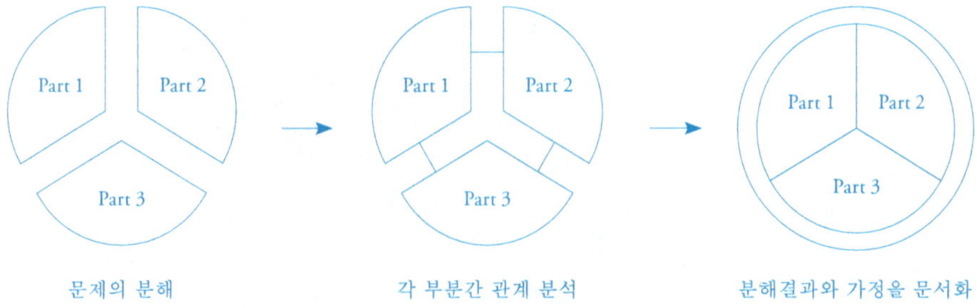

에 활발한 토론을 거쳐

- 안락한 수준의 쿠션감과 반복적 쿠션을 유지하기 위해 탄성력이 좋은 소재를 적용한다.
- 누워서 편히 잘 수 있도록 최대한 회전 각도를 확보한다.
- 한번 사면 장기간 사용할 수 있도록 간단하고 튼튼한 구조를 설계한다.
- 가정주부가 손쉽게 이동시킬 수 있도록 경량 소재를 사용한다.
- 보급의 확대를 위해 KS규격품을 부품으로 적용한다.

Figure 2.20. 개념의 생성 방법

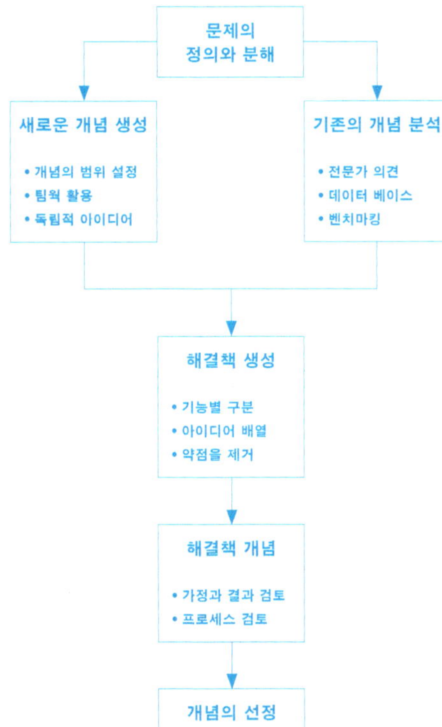

(3) 개념에 근거한 제품 설계 항목 도출

위에서 도출한 설계 개념이 반영된 제품 설계 항목으로 쿠션 강도, 등받이 회전판, 프레임 강도, 프레임 무게, 부품의 KS 규격품으로 선정한다. 이후 1차 QFD와 동일한 방식으로 제품 설계 항목의 점수를 계산하면 된다. 이렇게 계산된 점수를 고려하여 제품 설계 항목을 결정하면 되는데 수요자 VOC와 연관성, 설계 개념의 충실한 반영정도, 점수의 순위, 실험 난의도, 실험 비용 등이 선정의 기준이 된다. 예를 든 안락의자의 경우 100점이 넘는 항목으로 선정하고 이 중에서 KS 부품의 경우 특별히 실험을 하지 않아도 되기 때문에 제외하여 최종적으로 쿠션강도, 등받이 회전판, 프레임 강도를 선정하였다.

이와 같이 2차 QFD는 1차 QFD에서 결정한 제품 성능을 만족시키기 위한 제품 설계 항목을 결정하는 것이다. 결정된 제품 설계 항목의 변수는 3차 QFD에서 결정된다.

Table 2.15 제품 성능과 제품 설계 항목의 연관성

제품 성능 / 설계 항목	점수	쿠션강도	등받이 회전판	프레임 강도	프레임 무게	부품의 KS규격품
압축 강도	9.3	9		3		
각도	11		9			
수명	5.2	1		9		
무게	5.8		1	3	9	
가격	12	1	1	1	3	9
점수		101	117	104	88	108

2.8.2 QFD를 이용한 실험 변수 선정 (3차

3차 QFD는 제품 설계 항목으로부터 설계 변수를 결정하기 위해 실시된다. 이 단계에서 결정된 설계 변수는 바로 실험을 위한 변수가 된다. 설계 변수 도출은 실험 프로세스를 고려해서 결정되야 한다. 실험 프로세스는 향후 제조 프로세스로 연결될 수 있다. 실험을 위한 각 단계에서 가능한 모든 투입Input과 예상되는 결과Output을 나열하고 투입항목 중 설계 변수를 결정한다.

안락의자의 구성요소는 프레임앉힘판, 손잡이, 발판, 등받이, 등받이 회전판, 쿠션, 그외 부속부품으로 구성된다. 설계 프로세스 또는 제조 프로세스를 생각해보면 프레임을 설계, 등받이 회전판 설계, 쿠션 설계를 위한 투입과 결과를 Figure 2.23와 같이 정리할 수 있다. 이중 투입의 7개 항목은 모두 설계 변수가 된다.

예시에 적시한 제품 설계 변수는 7개인데 만약 7개가 넘어갈 경우에도 실험과 제조를 고려할 때 최대 5~7개 이내로 선정하는 것이 적절하다. 본 예시에서는 점수를 고려하여 프레임소재, 프레임 사이즈, 회전판 회전각도, 쿠션 구조로 4개를 선정한다. 이와 같이 결정된 4개의 설계 변수는 실제 실험으로 수행하여 검증한다.

Figure 2.21. 2차 QFD를 위한 준비

수요자 요구사항 / 제품 성능	가중치	압축강도 (Pa)	각도 (Degree)	수명 (Hour)	무게 (Kg중)	가격 ($)	누수율 (%)
안락감이 좋아야 한다	1	9	3		1	3	1
등받침 회전각도가 커야 한다	0.7		9			3	
내구성이 우수해야 한다	0.5		1	9	3	3	
무게가 가벼워야 한다	0.3	1	1	1	9	3	
가격이 저렴해야 한다	0.4		3	1	1	9	1
방수기능이 좋아야 한다	0.2				1	3	9
점수		9.3	11	5.2	5.8	12	3.2

제품 성능 / 설계 항목	점수					
압축 강도	9.3					
각도	11					
수명	5.2					
무게	5.8					
가격	12					
점수						

지금까지 살펴본 QFD의 목적과 절차를 정리하면 다음과 같다. 3차에 걸쳐 수행된 QFD를 통해 수요자의 요구사항으로부터 수행할 제품 설계 변수가 결정되었다. 이제는 제품 설계 변수 각각을 어떠한 조건으로 실험할 것인지를 결정하고 실험하면 되는데 이때 사용되는 것이 실험계획법Design of Experiments과 파라메타 설계이다.

Figure 2.22. 3차 QFD를 위한 준비

제품 성능 / 설계 항목	점수	쿠션강도	등받이 회전판	프레임 강도	프레임 무게	부품의 KS규격품
압축 강도	9.3	9		3		
각도	11		9			
수명	5.2	1		9		
무게	5.8		1	3	9	
가격	12	1	1	1	3	9
점수		101	117	104	88	108

설계 항목 / 설계 변수	점수
쿠션 강도	101
등받이 회전판	117
프레임 강도	104
프레임 무게	88
점수	

Figure 2.23. 안락의자의 설계 프로세스 예시

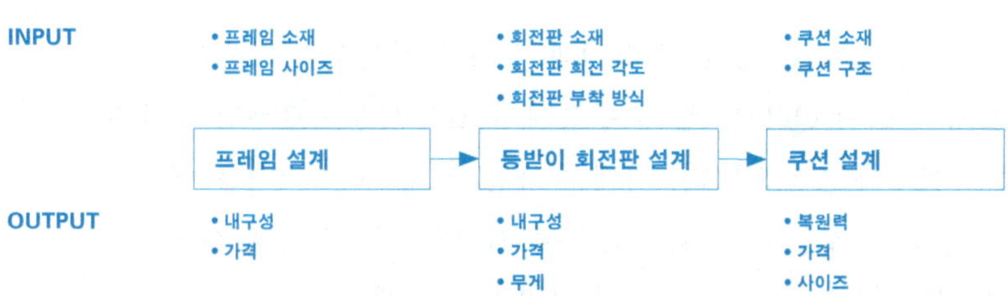

2.8.3 강건 설계Robust Design

강건 설계는 1950년 초 다구찌 겐이찌 박사가 시작한 다구찌법의 다른 이름으로 1980년 초 미국자동차 산업에 도입되어 생산성향상에 큰 기여를 했다. 강건 설계는 어떠한 사용조건과 제조환경온도, 습도, 설비 노후도, 설비 공차, 부품 마모, 부품 공차, 작업자의 숙련도 등에서도 제품이 제기능을 발휘하도록 하는 설계를 의미한다. 강건 설계의 이해를 돕기위해 예를

Table 2.16 제품 설계 항목과 제품 설계 변수의 연관성

설계 항목 / 설계 변수	점수	프레임 소재	프레임 사이즈	회전판 소재	회전판 회전각도	회전판 부착방식	쿠션 소재	쿠션 구조
쿠션 강도	101						9	9
등받이 회전판	117		1	3	9	3		
프레임 강도	104	9	9			3		3
프레임 무게	88	9	9					
점수		1728	1845	351	1053	663	909	1221

Table 2.17 1차, 2차, 3차 QFD 목적과 방법

	1차 QFD	2차 QFD	3차 QFD
목적	수요자의 요구사항을 제품 성능제품 개발사항으로 변환	제품 성능으로부터 제품 설계 항목을 결정	제품 설계 항목에서 구체적인 설계 변수를 결정
방법	수요자 요구사항 조사	설계 개념 선정	설계제조 프로세스의 Input, Output 분석
	수요자 요구사항 우선순위 결정	제품 설계 항목 도출	설계 변수는 최대 5-7개 범위로 결정
	제품 성능제품 개발사항 도출	제품 성능과 제품 설계 항목의 연관성 결정	제품 설계 항목과 설계 변수의 연관성 결정
	수요자 요구사항과 제품 성능 연관성 결정	제품 설계 항목 선정	실시할 설계 변수 선정
	제품 성능 선정		

Figure 2.24. 3차 QFD를 위한 준비

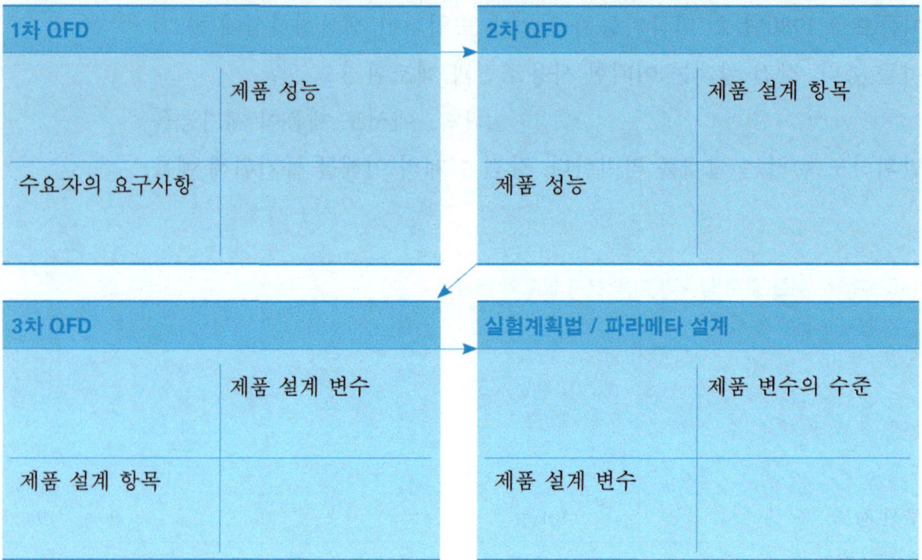

들어보자. 컴퓨터를 장시간 사용하면 열이 발생한다. 컴퓨터 CPU에서 발열하는 것인데 발열현상은 컴퓨터의 성능저하의 가장 큰 원인이다. 이러한 발열은 하나의 '증상'이자 '현상'이다. 이 문제를 해결하고자 냉각 펜을 사용하고, CPU에 냉각시트를 붙이고, 냉각 펜의 성능을 향상시키는 등의 노력은 증상을 낮추거나 없애는 미봉책에 불과하다. 엔지니어들은 제품개발을 할 때 이러한 '증상'을 '문제'로 정의하고 증상을 없애는 것을 문제해결이라 판단하곤 한다. 그러나 이후 사용조건이 바뀌거나 시간이 지나거나 컴퓨터가 노후되거나 하면 다시 증상이 재발되는 경우는 매우 많다. 왜냐하면 이러한 '문제해결'이 근본적인 문제해결이 아니기 때문이다. 따라서 우리는 모든 조건에서 항상 일정한 성능을 발휘하는, 즉 발열문제가 발생하지 않는 최적설계를 해야만 한다. 이것을 위해 파라메타 설계는 매우 유용한 방법이다.

2.8.3.1 강건설계의 특징

일반적인 제품설계는 설계를 하고 생산을 하는 순차적인 'Over-

The-Wall'방식이다. 제품을 설계한 후 검사/평가를 통해 시스템을 검증한다. 이때 제품설계가 미흡할 경우 다시 제품설계를 진행하는 것을 만족할 때까지 반복한다. 이렇게 제품설계가 완료되면 공정설계를 하고 생산을 진행한다. 만약 생산단계에서 문제가 발생할 경우 다시 제품설계가 실시되기도 한다. 강건설계가 기존 제품설계와 다른 점은 설계와 생산을 동시에 고려하는 설계방식으로 검사/평가 후 다시 제품을 설계하는 반복적인 작업이 필요하지 않다는 것이다. 그만큼 제품설계의 완전성을 목적으로 하는 것이다. 강건설계는 제품설계를 위해 파라메타 설계와 허용차 설계를 한다. 이것은 이후 다시 상세히 설명하도록 한다.

2.8.3.2 품질의 의미

강건설계는 설계오류를 제거하여 기회비용을 최소화하는 것이 목적이다. 결국 최종 생산되는 제품의 품질을 설계단계부터 고려해야 한다. 품질은 소비자 관점과 설계자 관점이 다르다. 소

Figure 2.25. 강건설계의 특징

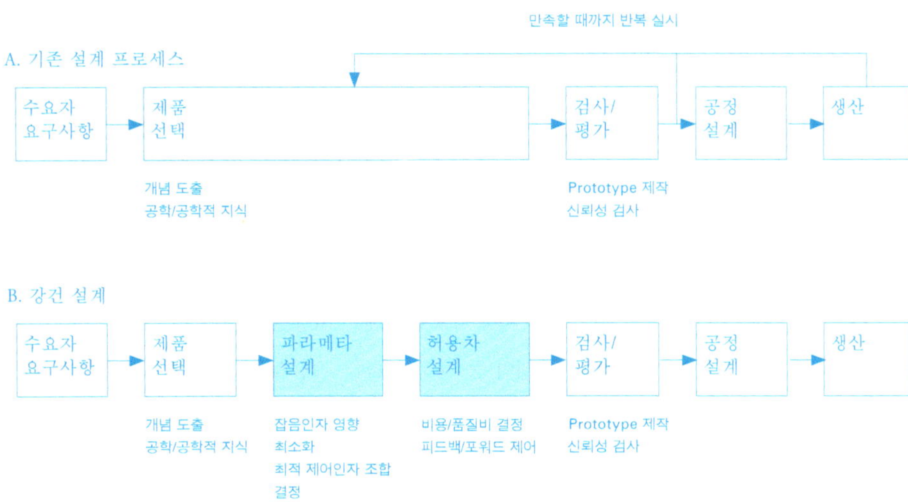

비자는 구매자 입장에서 품질을 보지만 설계자는 생산자 입장에서 보기때문이다.

설계자 관점의 품질은 세가지 원인에 의해 발생하며 이러한 원인을 '잡음Noise'라고 한다.

- 환경 잡음: 제품의 사용 조건온도, 습도의 변화 등
- 시간 잡음: 사용기간에 따라 발생하는 노화, 마모 등
- 생산 잡음: 생산조건의 불완전성으로 발생하는 불량 작업자 변동, 생산기계 변동, 공정조건 변동 등

이러한 잡음에서 생산 잡음은 효과적인 관리로 개선할 수 있는데 환경 잡음이나 시간 잡음에 따른 품질문제는 생산 이후에 발생하는 것으로 직접적인 소비자의 불만을 초래하여 제품 신뢰도를 저하시키게 된다. 또한 A/S등을 통해 개선하기위해 많은 시간과 노력이 필요하다. 따라서 설계단계에서 환경 잡음 뿐만 아니라 시간 잡음이나 생산 잡음을 고려해서 고장을 방지하고, 제조비용을 최소화해야 한다.

이때 잡음을 직접적으로 제거하거나 통제하는 설계는 많

Table 2.18 소비자와 설계자의 품질

	소비자	설계자
특징	소비자가 원하는 것	소비자가 원하지 않는 것으로 설계자가 개선해야 하는 것
내용	외관, 기능, 가격	기능고장, 유지비용, 오염
	소비자 수입과 관계	시장 점유율 및 제품 경쟁력을 결정
	제품의 사양과 시장 규모를 결정	고장을 방지하는 방법
	경영, 마케팅, 영업 등 제품전략과 관련됨	제품의 품질 산포를 줄이는 방법 생산비용을 줄이는 방법
	공학기술에 의해 결정되지 않음	공학기술에 의해 결정됨

은 경비와 노력이 필요하고 현실적으로 매우 어렵다. 오히려 잡음을 그대로 둔채 잡음과 관계없이 품질을 높이기위해 제품과 공정설계를 하는 것이 기술적, 경제적 관점에서 매우 중요하다.

다시 말하면 기존 제품설계는 품질수준을 높이기 위해 좁은 범위의 사용잡음 조건하에서 설계를 하게된다. 그러나 강건설계는 넓은 범위의 사용조건과 제품의 전 수명기간내 일정한 품질수준을 유지하기 위한 것이다.

Figure 2.26. 강건설계에 의한 품질확보를 위한 사용조건

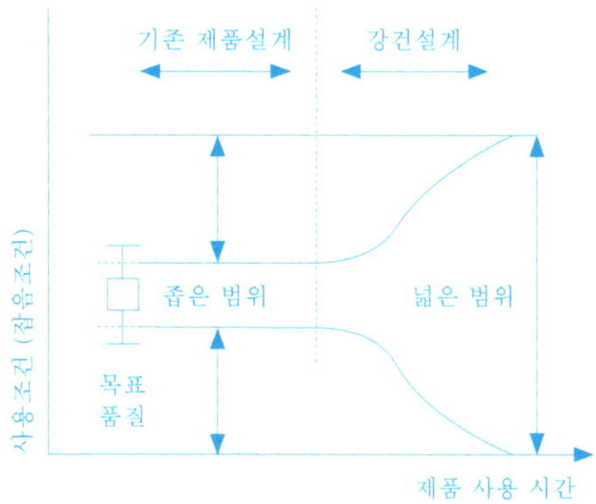

2.8.4 파라메타 설계

설계는 시스템 설계, 파라메타 설계, 허용차 설계의 순서로 진행한다.

- 시스템 설계: 전문지식, 기술, 경험을 통해 목적기능을 갖는 제품의 원형대략적인 형태을 개발하는 것으로 일반적으로 설계변수의 최적조건 설계를 시도하지 않음
- 파라메타 설계: 제품성능이 잡음에 둔감하도록 설계변수의 최적조건을 구하는 것으로 강건설계의 대상이 됨
- 허용차 설계: 파라메타 설계에 의해 최적 설계변수를 정했으나 제품성능이 만족되지 않을 때 수행되며 비용이 발생하기 때문에 부득이 한 경우만 실시됨

파라메타 설계는 허용오차가 매우 작거나 고가인 부품을 사용하거나 엄격한 공정조건으로 생산하는 것은 바람직하지 않다. 이미 설명한 것처럼 이런 조건으로 생산된 제품은 다른 조건잡음에서 품질을 유지하지 못할 가능성이 높기때문이다. 파라메타 설계를 고민하는 시점은

- 신제품 개발시 최소비용으로 최고의 성능을 확보하고자 할 때
- 고질적 불량과 같은 치명적 문제에 직면하여 이 문제를 반드시 해결해야 할 때
- 설계와 공정조건 개선에 많은 비용이 필요할 때
- 설계변수의 조건을 최적화할 때
- 공정조건을 최적화할 때

파라메타 설계는 다음과 같은 목표들을 가지고 행해진다.

- 품질 특성치의 산포를 줄인다.
- 제품의 성능 변동이 잡음에 민감하게 변화 하지 않게 설계 변수의 최적 조건을 구한다.
- 평균치 이동이 목표치에 접근 하도록 한다.
- 평균치에 영향을 주는 설계 변수들을 선택 하여 목표치에 접근하도록 하는 설계변수들의 조건을 구한다.

파라메타 설계의 의미를 아래 그림 2.27에 예를 가지고 설명할 수 있다. 만약, 품질 목표 *y*를 생산 조건 *A*를 변화 하여 제어 하려고 한다. 그림 2.27에서 보듯이, 이때는 생산조건*A0*을 20±10%의 매우 정밀하게 제어를 하면, 우리는 60±10% 오차범위를 갖고 있는 품질 목표값*y*를 얻을수가 있다. 만약, 생산조건*A1*이 50±10%라고 하면 품질값은 40±5% 수준으로 목표값에 많이 부족하다. 그러나, 파레메타 설계에 의하면, 동일한 생산조건*A1*에서도, 다른 설계변수 *B*를 채택하여 변화를 취하면, 정밀하지 않은 생산조건에서도 품질 목표값을 달성할 수 있다. 이것이 파라메타 설계의 목표가 된다.

2.8.4.1 손실함수와 Signal to Noise비S/N비

강건설계의 핵심 개념으로 손실함수와 S/N비를 이해해야 한다. 일반적으로 제품의 양품과 불량 판단은 Fig. 2.28a와 같이 목표값과 ±오차를 기준으로 규격하한~규격상한 범위내면 양

Figure 2.27. 파라메타 설계의 의미

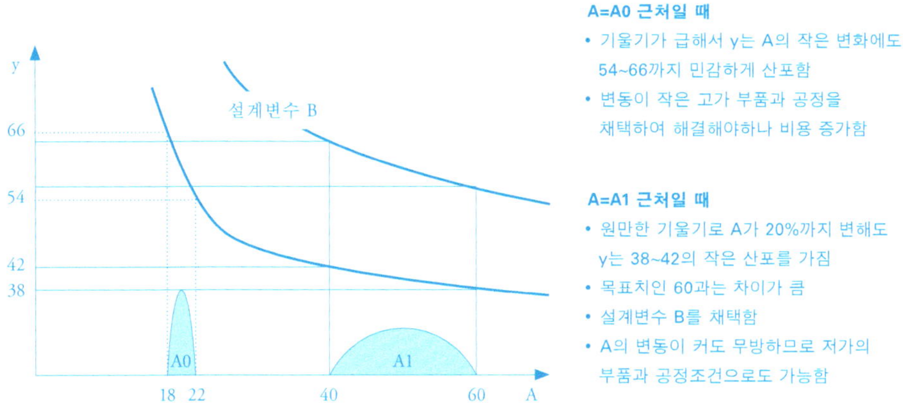

품이고 벗어나면 불량으로 판단한다. 예를 들어 볼트를 가공할 때 양품판단 지름이100±5mm이라고 하면, 목표값y_0은 100mm가 되고 규격하한은 95mm, 규격상한은 105mm가 된다. 이때 정확하게 100mm를 가공한 경우나 95mm 또는 105mm로 가공한 경우나 모두 양품으로 판단하고 우열을 가리지 않는다. 이러한 판단에는 분명 문제가 있다. 정확한 지름가공 여부와 무관하게 기준에만 들어오면 모두 양품판단을 하는 것도 문제지만, 99.49mm 또는 105.1mm와 같이 아깝게 규격을 벗어난 것과 규격 경계의 양품들간에 품질수준 차이는 매우 작기때문이다. 그래서 일반적으로 ±오차를 줄이는 것으로 가공정밀도를 높이고자 하는데, 이렇게 되면 공작기계의 정밀도를 높여야하고, 작업자의 숙련도를 높여야하고, 가공소모품의 교체주기를 짧게 해야한다. 무엇보다 불량률이 상승하여 제조경쟁력이 떨어지는 문제가 있다. 이러한 품질판단 기준에 문제점을 보완하고자 도입된 것이 손실함수 개념이다. 손실함수의 개념은 Fig. 2.28b에서 잘 나타내고 있다. 손실함수에서는 목표값을 기준으로 ±오차가 커질수록 불량에 따른 손실이 증가한다는 것이다. 손실함수에는 특성이 목표값에서 멀어지면 손실이 제

Figure 2.28. 손실 함수 방식

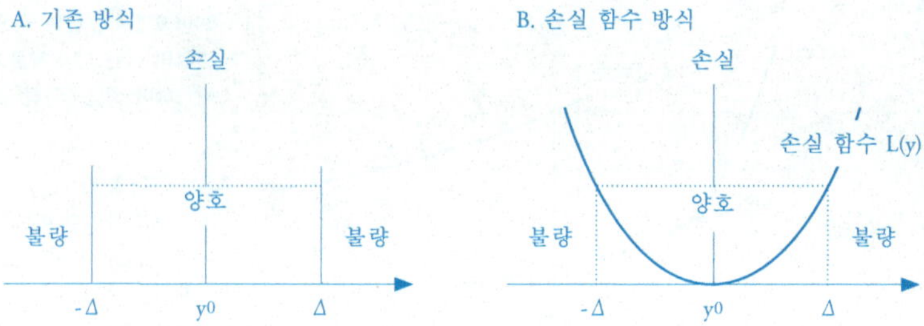

곱값으로 증가한다.

품질을 y, 목표값을 y_0라 하고, 손실 $L(y)$는 다음과 같다.

$$L(y) = k(y - y_0)^2 \tag{2.1}$$

위에서 k는 품질손실계수이다. 여기서, 우리는 $y = y_0$일 때 손실은 0이고, 목표치 y_0에서 멀어질수록 손실은 2차함수의 값으로 커진다는 것을 알수 있다.

품질손실계수 k는 규격 상한치에서 유도할 수 있다. Figure 2.28에서 보여지듯, 규격 상한 한계치는 $y = y_0 + \Delta$이다. 그 규격상한 한계치에서 손실 S는 다음과 같다.

$$S = k(y - y_0)^2 = k\Delta^2 \tag{2.2}$$

따라서, 품질 손실 계수는

$$k = S/\Delta^2 \tag{2.3}$$

예) 위의 볼트가공을 다시 설명해 보자. 볼트지름 100mm, 허용오차 ±10mm, 불량시 보상비 1000원이라고 하면, 품질손실계수 S는 $k = 1000$원$/10^2\text{mm}^2 = 10$원$/\text{mm}^2$ 이다. 따라서, 손실함수는 다음과 같다.

$$L(y) = 10(y - 100)^2 \quad (\text{원}) \tag{2.4}$$

위에 공식에 따르면, 볼트지름이 100mm이면 손실은 0원이고, 볼트지름이 101mm와 105mm이면 모두 양품이지만 손실비용은 각각 10원과 250원이 된다.

예) Smart Phone Charger의 전원회로의 기능은 220V AC를 12V DC로 변환하는 것이다. 출력전원이 12V일 때 Charging 기능이 최적이 되도록 회로설계가 이루어진다. 즉, 출력전압 y가 12V로부터 벗어나면 손실이 발생한다. 그리고, 손실 $L(y)$는 $L(y) = k(y - 12)^2$ 이다.

비례상수 k는 다음과 같이 구한다. 목표값 12V로부터 얼마나 벗어나면 Charger으로서의 기능을 하지 못하는가를 알아본다. 출력전압이 12V 에서 ±2V 이상 벗어나면 Charger를 바꾸거나 Charger를 수리 해야 한다. 이 때의 교환구매나 수리비용의 평균을 10,000원이라고 하자. 그러면 벗어남의 크기 $(y - 12)$가 2가 되었을 때 손실 $L(y)$가 10,000원이 됨으로 비례상수 k 는 $k = 10{,}000 / 4 = 2500$ 이다. 따라서, 손실함수 $L(y)$는 다음과 같다.

$$L(y) = 2500(y - 12)^2 \quad (\text{원}) \tag{2.5}$$

2.8.4.2 Signal to Noise S/N 비

통신 공학에서 통신의 품질은 신호가 얼마만큼 선명한가로 나타낼 수 있으며, 그 값으로 Signal/Noise로 계산되는 S/N비를 사용한다. Taguchi 박사는 품질 공학에서 품질 데이터를 중시하여, 품질 데이터의 선명도를 S/N비로 나타내어, 그것을 품질관리에 적용 하자고 제안 했다. 품질 공학에서, 신호는 제품품질의 목표를, 잡음은 제품을 생산할 때 품질에 영향을 주는 모든 인자를 의미한다.

강건설계는 잡음인자을 줄이는 것이 아니라 시그널을 높이는 설계를 통해 S/N의 값을 높이는 것이 목표가 된다. 라디오 예를 들면 많은 잡음인자들건물, 높은 산, 자동차, 많은 전자파 등은 제어하는 것이 어렵거나 거의 불가능하다. 이때 주파수를 높여서, 즉 시그널을 높여서 깨끗한 음질을 듣는 것이 S/N값을 높이는 것이 된다.

S/N비는 아래와 같이 정의 하고, 망소, 망대, 망목특성으로 정의할 수 있다.

$$\eta = 10\log\left(\frac{\text{Signal분산}}{\text{Noise분산}}\right) \tag{2.6}$$

위에서 η단위는 데시벨dB이다. 여기서, 10배를 한 것은 사용하기 편리한 수치로 만들기 위한 것이며, log를 취하는 것은 데이터의 가법성을 높이기 위함이다. 분자인 Signal분산은 평균치의 제곱에, 분모인 Noise분산은 데이터의 표준편차Standard Deviation of a Sample의 제곱에 해당된다. 즉, S/N비가 크다는 것은 데이터의 산포가 작다는 것을 의미며, 어떤 경우에도 S/N비는 클수록 좋다. 특성치 대신 S/N비를 다루는 품질공학에서는 모든 초점이 산포의 감소, 즉 균일한 품질을 목표로 하는 것이 된다. 위에 S/N비는 특성에 따라 계산식이 다르게 표현 된다.

망소특성

작으면 작을수록 좋은 특성으로, 예로, 불량율, 휨, 소음 등이 해당된다. 망소특성은 평균치가 작아지면 변동도 작아지는 경향이 있으므로, 평균치의 해석이 라는 관점에서도 타당하다. 그러나, 평균치는 같아도 변동이 작거나 큰 것이 있으므로, 이 S/N비로 변환하여 해석하는 쪽이 합리적이다. 평균치도 변동도 작을수록 S/N비는 커진다. 망소특성의 S/N비는 다음과 같다.

Figure 2.29. 망소 특성

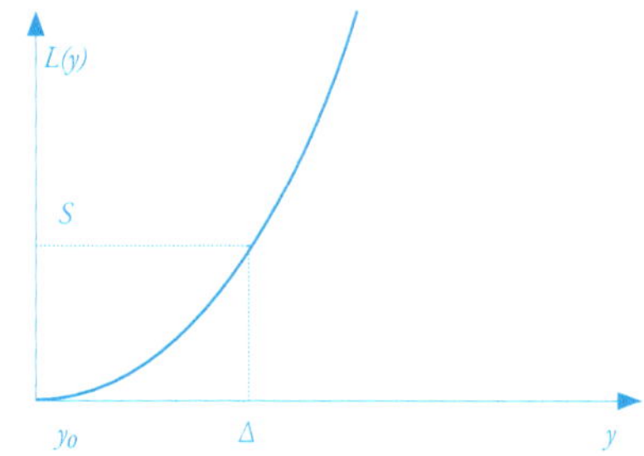

망소특성의 목표값은 제로 ($y_0 = 0$) 이므로, 품질값 ty와 목표값 y_0과의 차이의 제곱은 $(y - 0)^2 = y^2$ 이다. 이 경우, 손실 함수는

$$L(y) = k_1 y^2 \tag{2.7}$$

위에서 $k_1 = S/\Delta^2$ 이다.
그리고, n개의 데이타에서 얻어진 경우, 개 당 평균 손실 함수는 다음과 같다.

$$L(y) = k_1 \left(\frac{1}{n} \sum_{i=1}^{n} y_i^2 \right) \tag{2.8}$$

위에서 목표값과의 차이의 제곱인 y_i^2 의 평균을 $\overline{y^2}$로 나타내면, $\overline{y^2}$는 다음과 같다.

$$\overline{y^2} = \frac{y_1^2 + {y_2}^2 + \cdots + {y_n}^2}{n} = \frac{1}{n} \sum_{i=1}^{n} y_i^2 \tag{2.9}$$

품질공학에서는 $1/\overline{y^2}$를 S/N비 라고 정의한다. 실용적으로는 이 값에 log를 취하고 10배 한 것을 decibel 단위의 S/N비라고 하며 η로 나타내고, η여기서는 망소특성의 S/N비는 다음과 같다.

$$
\begin{aligned}
\text{망소특성의 S/N비} &= 10\log(1/\overline{y^2}) \\
&= -10\log(\overline{y^2}) \\
&= -10\log\left[\frac{1}{n}\sum_{i=1}^{n} y_i^2\right]
\end{aligned} \tag{2.10}
$$

망대특성

크면 클수록 좋은 특성으로 제품의 내구성, 자동차 안전성, 인장강도, 접착강도등이 예가 된다. 평균치는 클수록, 변동은 작을수록 S/N비는 커진다. 그러므로, 망소특성 y^2의 역수 $1/y^2$는 망대 특성이 된다. 이 경우, 손실 함수는

$$
L(y) = k_2\left(\frac{1}{y^2}\right) \tag{2.11}
$$

위에서 $k_2 = S\Delta^2$ 이다.

그리고, n개의 데이타에서 얻어진 경우, 개 당 평균 손실 함수는 다음과 같다.

$$
L(y) = k_1\left(\frac{1}{n}\sum_{i=1}^{n}\frac{1}{y_i^2}\right) \tag{2.12}
$$

그래서, 품질의 역수의 제곱평균을 $\overline{y^2}$으로 나타내면

$$
\overline{y^2} = \frac{1/y_1^2 + 1/y_2^2 + \cdots + 1/y_n^2}{n} = \frac{1}{n}\sum_{i=1}^{n}\frac{1}{y_i^2} \tag{2.13}
$$

$$
\begin{aligned}
\text{망대특성의 S/N비} &= 10\log(1/\overline{y^2}) \\
&= -10\log(\overline{y^2}) \\
&= -10\log\left[\frac{1/y_1^2 + 1/{y_2}^2 + \cdots + 1/{y_n}^2}{n}\right]
\end{aligned} \tag{2.14}
$$

망목특성

특정한 값을 가져야 하는 특성으로, 어떤 정해진 목표치가 최적이며 목표치 보다 작아도 커도 바람직 하지 않는 것이 망목특성이다. 예로 자동차 부품을 들수 있다. 부품들은 은 목표치를 갖고 제조 되며, 부품의 설계 치수공차가 있다. 망목특성에서 목표치가 y_0이고, 이 경우, 손실 함수는

$$L(y) = k_1(y - y_0)^2 \tag{2.15}$$

위에서 $k_1 = S/\Delta^2$ 이다.

그리고, n개의 데이타에서 얻어진 경우, 개 당 평균 손실 함수는 다음과 같다.

$$L(y) = k_1\left[\frac{1}{n}\sum_{i=1}^{n}(y_i - y_0)^2\right] \tag{2.16}$$

위에서 목표값과의 차이의 제곱인 $(y_i - y_0)^2$의 평균을 $\overline{y^2}$로 나타내면, $\overline{y^2}$는 다음과 같다.

Figure 2.30. 망대 특성

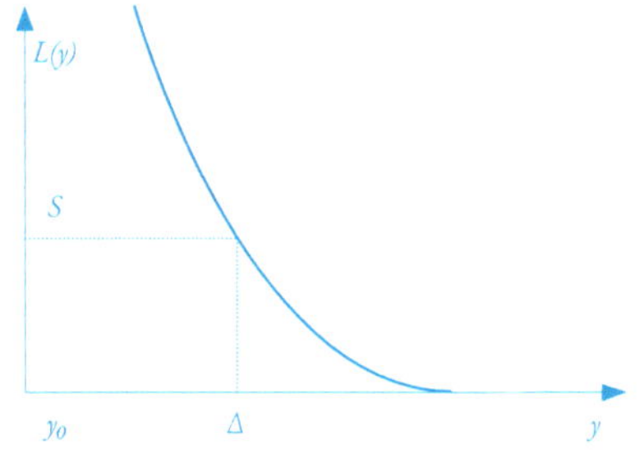

Figure 2.31. 망목 특성

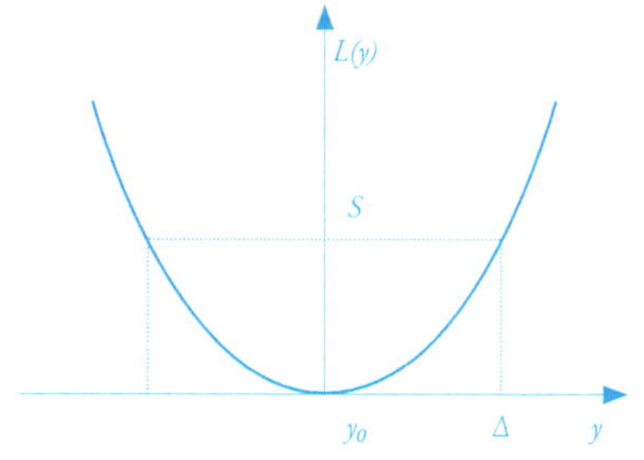

$$\overline{y^2} = \frac{1}{n}\sum_{i=1}^{n}(y_i - y_0)^2 \tag{2.17}$$

그러므로, 손실 함수로부터 유도된 망목특성의 S/N비는 다음과 같다.

$$\text{망목특성의 S/N비} = -10\log\left[\frac{1}{n}\sum_{i=1}^{n}(y_i - y_0)^2\right] \tag{2.18}$$

만약 y_i값들이 음수가 섞여 있거나, 위에 계산 공식은 y_i의 평균이 0에 가까운 경우는 아래 공식을 사용 한다.

$$\text{망목특성의 S/N비} = 10\log\left[\frac{(\overline{y^2} - \sigma^2)/n}{\sigma^2}\right] \tag{2.19}$$

위에서

$$\sigma^2 = \frac{1}{n-1}\sum_{i=1}^{n}(y_i - \bar{y})^2 \tag{2.20}$$

그리고,

$$\bar{y} = \frac{y_1 + y_2 + \cdots + y_n}{n} = \frac{1}{n}\sum_{i=1}^{n} y_i \tag{2.21}$$

강건설계는 설계자가 이와 같은 망소, 망대, 망목특성을 결정하고 S/N비를 계산하여 S/N비가 크게 하는 설계변수 조건을 선정하면 된다. S/N비를 사용한 설계를 하면 다음과 같은 장점이 있다.

- 평균이나 조건의 차이만으로 품질을 판단하는 오류를 범하지 않는다.
- 설계의 재현성이 우수하다.
- 어떠한 설계변수가 목표값에 영향을 많이 주는지 판단할 수 있다.
- 제품성능에 대한 설계변수에 대한 영향도 해석이 쉽다.

2.8.5 실험계획법Design of Experiments

실험계획법Design of Experiments은 효율적인 실험 방법을 설계하고 결과를 정확히 분석하는 것을 목적으로하는 통계학의 응용 분야이다. 로널드 피셔가 1920년대에 농업 실험에서 영감을 얻어 발전시킨 후 의학, 공학, 실험 심리학과 사회학에 널리 적용되었다.

일반적으로 처리 계획, 계획의 수립, 자료의 분석법 및 결과 해석법을 합하여 실험계획법이라고 한다. 주어진 여건에서 정보를 극대화할 수 있도록 처리를 구성하는 분야를 처리 계획Treatment Design이라 하고, 실험 오차Experimental Error를 제어Control하면서 처리의 효과를 정확히 추정하여 효율적인 가설검정으로 할 수 있도록 처리의 배치 방법Method of Treatment Allotment을 연구하는 분야를 계획의 수립Construction of Design이라고 한다.

2.8.5.1 실험 계획의 목적 및 장점

실험 계획의 장점

제품 품질 향상이나 불량률 감소를 위해 많은 실험을 수행하게 된다. 이 때 실험 횟수가 증가하면 실험에 소요되는 시간과 비용도 커지게 된다. 공정이 복잡할수록 실험 횟수가 기하급수적으로 증가하게 된다. 따라서 적은 횟수의 실험으로 성과를 얻는 것은 제품 개발과 생산에서 중요하다.

실험 계획의 장점은 실험 횟수를 줄이고, 전역 조건에서 최적 조건을 찾을 수 있고, 재현성 높은 연구를 수행할 수 있다는 것이다. 또한, 실험 상황에 따른 적절한 실험 계획법을 적용하여 실험 목적과 효율성을 높일 수 있다.

실험 계획의 목적

실험계획의 목적은 실험을 실시한 후에 데이터의 형태로 얻어지는 반응값 또는 특성값에 대하여 영향을 미치는 원인이 어떠한 관계로 되어있는지를 수학적, 통계적으로 규명하는 것이다.

이러한 실험 계획은 검정과 추정, 오차항 추정, 최적 반응 조건 결정 등의 문제에 활용될 수 있다. 검정과 추정은 어떤 원인이 반응에 유의한 영향을 주는가를 파악하고, 그 영향의 크기를 양적으로 구하는 것이다. 오차항 추정은 작은 영향을 미치는 원인들이 전체적으로 영향을 주는 정도와 측정 오차의 영향을 파악하는 것이고, 최적반응조건의 결정은 유의한 영향을 미치는 원인들이 어떠한 조건에서 최적의 반응을 얻을 수 있는가를 찾는 것을 의미한다.

이러한 실험의 결과에 따라서 작업 표준을 설정하기도 하고, 원료, 장치, 측정 방법 등을 선택하는 기준을 제공한다.

2.8.5.2 실험 계획의 순서

실험 계획은 일반적으로 Fig. 2.32과 같은 순서로 이루어진다.

(1) 실험 목적의 설정

실험을 통하여 얻고자 하는 목적을 명확히하는 단계이다. 목적이 분명해야 그에 맞는 실험 계획의 수립이 가능하다.

(2) 특성치 선택

실험 목적과 직결된 실험의 반응치를 특성치로 선택한다. 측정이 어려운 특성치는 대용 특성치를 선정하기도 한다.

(3) 인자와 인자 수준의 결정

특성치에 영향을 주는 인자와 인자 수준을 결정하는 단계이다. 모든 인자를 고려하는 것이 이상적이지만 고려하는 인자가 많을수록 필요한 실험 횟수가 증가하게 된다. 따라서, 실험 목적을 달성할 수 있는 최소의 인자를 선정해야한다. 시행착오 없이 적절한 인자를 선정하기 위해서는 전문지식이나 경험이 필요하다. 선택된 인자에 대하여 실험 목적에 맞추어 수준수를 선택한다. 수준수가 많을수록 정밀한 요인분석이 가능하지만 인자수가 많은 경우와 동일하게 실험횟수를 증가시키는 원인이 되므로 적절한 선택이 필요하다.

Figure 2.32. 실험 계획의 순서

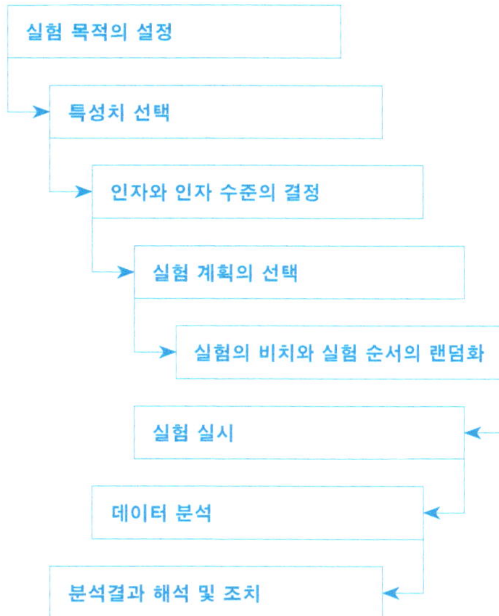

(4) 실험 계획의 선택

실험 목적, 인자수와 인자 수준수 등이 결정되면 적합한 실험 계획을 선택한다. 이 단계에서 실험 환경이나 실험 재료의 특성 등을 고려하여야 한다.

(5) 실험의 비치와 실험 순서의 랜덤화

인자와 수준을 실험 조건에 배치하는 단계이다. 이 단계에서 실험 조건을 랜덤화하여 의도하지 않은 효과에 의한 영향을 배제한다.

(6) 실험 실시

계획된 실험을 차례로 수행한다. 정확한 실험을 위해 실험 수행

절차에 대한 작업 표준을 만들고 실험을 수행한다.

(7) 데이터 분석
실험 결과를 분산분석, 통계적 검정과 추정, 상관분석, 회귀분석 등 통계적 방법을 이용하여 분석한다.

(8) 분석결과 해석 및 조치
분석한 결론이 가지고 있는 기술적인 의미를 파악하고, 실험 결과를 통해서 최적조건이 얻어지면 이 조건에서 특성치에 대한 추정을 실시한다. 최적 조건에 대한 확인 실험을 통하여 재현성을 확인한다.

2.8.5.3 실험 계획의 원리
실험 계획의 기본 원리는 다음과 같다.

(1) 랜덤화의 원리Principle of Randomization
선정된 인자 이외에 다른 원인들이 실험 결과에 영향 미치는 것을 방지하기위한 방법이다. 랜덤화가 잘 되지 않은 실험에서는 예상하지 못한 원인이 결과에 영향을 미칠 수 있다. 인위적인 배치를 막기 위하여 난수표나 주사위 등을 활용한다.

(2) 반복의 원리Principle of Replication
실험이 한번 수행된 경우 실험 오차가 결과에 큰 영향을 미치 가능성이 있다. 따라서, 각 수준의 조합에서 실험을 여러 번 수행할수록 오차항의 자유도를 크게하고, 오차 분산이 고정도로 추정되어 실험 결과의 신뢰성을 높일 수 있다. 반복 회수가 크면 좋으나, 이는 비용과 시간이 필요하므로 실험 목적과 조건에 맞추어 선택이 필요하다.

(3) 블록화의 원리Principle of Blocking

실험에 따라서는 시간이나 공간 등의 차이가 실험에 미치는 영향도 검증이 필요하다. 이러한 경우 전체 실험을 시간과 공간 등으로 분할하여 블록화하면 각 블록 내에서 시간, 공간 등 실험 환경이 균일해진다. 블록이 하나의 인자가 되어 효과가 분리되므로 총 변동에서 블럭간의 변동을 제외시키고 균일한 블록 내의 다른 인자들의 변동만이 남게 되어 고정도의 결과를 얻을 수 있다.

(4) 교락의 원리Principle of Confounding

인자가의 교호작용에 대한 검증이 필요없는 경우 2인자 교호작용이나 고차의 교호작용을 블록과 교락시키는 방법으로 실험의 효율을 높일 수 있다. 주효과와 2인자 효과를 구분할 필요가 있을 경우에는 이를 고려하여 실험 계획을 수립하여야한다. 교락법에는 완전 교락법과 부분 교락법 등이 있다.

(5) 직교화의 원리Principle of Orthogonality

요인의 배치가 서로 독립이 되도록 하는 것을 직교성을 갖는다고 이야기한다. 여기서 직교는 기하학에서 직교를 의미하고, 두 벡터가 직교하는 경우 그 내적이 0이 된다. 요인의 배치를 벡터의 요소라고할 때 두 벡터간의 내적이 0이되도록 배치하게된다. 직교성을 갖는 실험 계획으로 데이터를 구하면 동일한 실험에 대하여 보다 검출력과 정도가 좋은 추정을 할 수 있다.

교호작용 중 무시될 수 있는 것을 주효과와 교락시켜 실험의 크기를 줄일 수 있는 실험 계획을 짜도록 고안된 표를 직교배열표Tables of Orthogonal Arrays라고 한다. 직교배열표는 이러한 요인간의 직교성을 이용하여 만들어 놓은 표이다.

2.8.5.4 직교표Tables of Orthogonal Arrays를 이용한 실험 계획법

다양한 실험계획법 중에서 이론적인 배경없이도 적용가능한 직교배열표를 활용한 실험 계획법에 대하여 설명한다. 직교배열표Tables of Orthogonal Arrays는 앞에서 설명한 직교화의 원리를 사용하여 적은 실험회수와 해석의 간편성, 실험결과의 재현성, 많은 인자를 포함시켜서 개선효과가 큰 장점을 갖는다.

예를 들어, 공정 변수가 10개이고, 각 공정 변수의 수준이 3개인 경우를 고려해 본다. 공정 변수의 최적 수준 결정하기 위하여 모든 조합으로 실험을 수행하려면 3^{10}=5,904,910회의 실험이 필요하다. 그러나 $L_{27}(3^{13})$ 직교표를 사용하면 27번의 실험으로 공정 변수의 영향을 분석할 수 있다. 실험 계획을 적용한 경우와 적용하지 않는 경우의 제품 개발 속도 및 효율성에서 큰 차이가 있게된다.

직교배열표는 $L_8(2^7)$과 같이 표시한다. 여기서 L은 Latin squares의 첫글자를 의미하고, L 다음의 8은 전체 실험 횟수, 2는 인자 수준의 수, 7은 최대로 사용할 수 있는 인자의 수를 나타낸다. 예를 들어 $L_{18}(2^1 \times 3^7)$은 2수준 인자 1개와 3수준 인자 7개까지 사용 가능하고, 18회의 실험이 필요하다는 의미이다.

잘 알려진 직교표는 다음과 같다. 이 중에서 실험에 적절한 직표배열표를 선택하여 실험계획에 활용하게 된다.

2수준: $L_4(2^3)$, $L_9(2^7)$, $L_{12}(2^{11})$, $L_{16}(2^{15})\cdots$
3수준: $L_9(3^4)$, $L_{18}(2 \times 3^7)$, $L_{27}(3^{13})\cdots$
변형: $L_{16}(4^5)$, $L32(2^1 \times 4^9)$, $L_{64}(4^{21})\cdots$

$L_8(2^7)$의 직교배열표를 예로 들어 직교배열표의 원리를 살펴보자. 표 2.19는 $L_8(2^7)$의 직교배열표를 나타낸 것이다. 최대 7개의 인자 효과를 조사할 수 있다. 어떤 임의의 2개 열을 선택하더라도 (1,1), (1,2), (2,1), (2,2)의 조합이 각각 2개씩이다. 열들이 균형잡혀 있고, 서로 수직하여 두 열끼리 내적값이 0이 된다. 2.20 표는 직교배열표의 교호 작용을 나타낸 것이다. 주 효과 이외의 교호 작용은 개수는 많지만 결과에 미치는 영향은 작다.

직교배열표의 강건성

Robustness

직교표에 의한 실험방식은 인자들을 극단적으로 변화시킨 조건에서 특정 인자의 효과주효과를 비교하므로 직교표를 사용해서 도출한 최적조건이 파일롯 규모나 공장 규모에서도 비교적 잘 맞는다. 이러한 직교배열표의 강건성을 더욱 발전시킨 것이 다구찌 강건설계다구찌 방법이다.

Table 2.19 $L_8(2^7)$의 직교배열표

실험번호	1	2	3	4	5	6	7
1	1	1	1	1	1	1	1
2	1	1	1	2	2	2	2
3	1	2	2	1	1	2	2
4	1	2	2	2	2	1	1
5	2	1	2	1	2	1	2
6	2	1	2	2	1	2	1
7	2	2	1	1	2	2	1
8	2	2	1	2	1	1	2

2.8.5.5 직교배열표의 이용 예

여러 개의 설계 인자를 갖는 설계 문제에서 실험계획법을 활용한 최적 설계 인자를 결정하는 것을 간단한 예를 통해 살펴보자. 그림과 같은 구조의 종이 헬리콥터에 대하여 비행 시간을 최대화하는 설계문제에 대하여 직교배열표를 이용한 실험 계획법을 적용해보자. 왼쪽의 종이를 자르고 접어서 오른쪽과 같은 종이헬기를 만든다. 7개의 인자를 2수준으로 결정하면 모든 경우에 대해 실험하려면 128개의 종이 헬기를 만들어야한다. 그러나

Table 2.20 $L_8(2^7)$의 직교배열표의 교호효과

구분		개수	비고
주 효과	A, B, C, D, E, F, G	7	85%
2인자 교호작용	A×B, A×C, A×D, …	21	10%
3인자 교호작용	A×B×C, A×B×D, …	35	5% 주효과와 교락시킴
4인자 교호작용	A×B×C×D, A×B×C×E, …	35	
5인자 교호작용	A×B×C×D×E, A×B×C×D×F, …	21	
6인자 교호작용	A×B×C×D×E×F, A×B×C×D×E×G, …	7	
7인자 교호작용	A×B×C×D×E×F×G	1	

Table 2.21 종이헬기의 인자와 인자수준

인자	수준	인자 번호	수준번호 1	수준번호 2
날개 길이	짧다, 길다	6	길다	짧다
날개 폭	넓다, 좁다	2	좁다	넓다
날개 각도	수평, 45도	4	45도	수평
회전축 길이	짧다, 길다	3	짧다	길다
회전축 폭	넓다, 좁다	1	넓다	좁다
보조날개	펴기, 접기	7	펴기	접기
중심추수	1개, 2개	5	1개	2개

Table 2.22 $L_8(2^7)$의 직교표

실험번호	1	2	3	4	5	6	7
1	1	1	1	1	1	1	1
2	1	1	1	2	2	2	2
3	1	2	2	1	1	2	2
4	1	2	2	2	2	1	1
5	2	1	2	1	2	1	2
6	2	1	2	2	1	2	1
7	2	2	1	1	2	2	1
8	2	2	1	2	1	1	2

Table 2.23 $L_8(2^7)$의 직교표

실험번호	1	2	3	4	5	6	7
실험 순서	7	2	1	8	3	4	5

$L_8(2^7)$직교배열표를 이용하면 8개의 종이 헬기로 최적의 종이헬기를 선정할 수 있다.

(1) 실험 목적의 설정

다양한 설계 인자를 갖는 종이헬기의 2m 높이에서 낙하시 비행 시간을 최대화한다.

(2) 특성치 선택

종이헬기의 비행 시간에 영향을 미치는 설계 인자는 날개 길이, 날개 폭, 날개 각도, 회전축 길이, 회전축 폭, 보조날개, 중심추 개수의 7개로 선정하였다.

(3) 인자와 인자 수준의 결정

7가지 특성치를 인자로 선정하고, 인자의 번호와 수준은 주사위와 동전을 사용하여 랜덤하게 지정한다. Table 2.21은 그 결과를 나타낸 것이다.

(4) 실험 계획의 선택

Table 2.22와 같이 $L_8(2^7)$ 직교표를 이용하여 실험을 계획한다.

(5) 실험 순서의 랜덤화

인자들의 수준 조합인 실험 조건의 랜덤화 순서 결정한다. 주사위, 동전, 두꺼운 책 쪽번호의 10의 자리 등으로 실험 순서를 랜덤화 한다. Table 2.23은 실험 순서의 랜덤화한 것을 나타낸 것이다.

(6) 실험 실시

실험 수행 절차에 대한 작업 표준을 만들고 실험을 수행한다. Fig. 2.23은 실험 계획에 의해 제작된 종이헬기를 나타낸 것이다. 이러한 헬기에 대하여 2m 높이에서 비행시간을 5회 반복 측정하였다. Table 2.24는 그 결과를 나타낸 것이다.

Fig. 2.33 종이 헬기

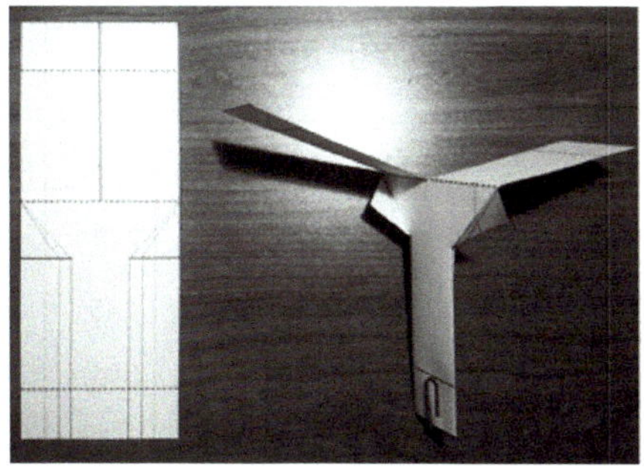

(7) 데이터 분석

각 인자의 수준별 비행 시간 합은 각 인자에 대하여 수준이 1인 경우 비행시간의 합과 수준 2인 경우 비행시간의 합을 각각 계산하여 아래에 기입한다. Table 2.25는 실험 결과를 수준별로 분석한 결과이다.

2.8.5.6 분석결과 해석 및 조치

앞의 실험 결과를 통해 얻은 최적 조건은 각 인자에서 비행시간이 큰 수준의 인자를 사용하는 것이다. 앞의 실험 결과에서 최적의 종이헬기는 Table 2.26과 같다. 또한, 각 인자가 결과에 미치는 중요도 순서는 Table 2.29와 같이 구할 수 있다. 여기서 날개폭, 날개길이, 날개각도, 보조날개, 회전축길이=중심추수, 회전축폭 등의 순서로 결과에 큰 영향을 미치는 것을 알 수 있다.

이번 실험에서는 우연히 8번 실험의 결과가 최적의 결과가 되었으나 일반적인 경우는 실험하지 않은 조건에서도 최적의 결과가 도출될 수도 있다. 즉, 실험은 8가지 경우에 대해서 수행했지만, 그 결과 분석을 통하여 128가지 중에서 최적인 해를 찾게된다. 이러한 경우 최적의 모델에 대한 성능을 확인하기 위하여 최적모델을 만들고 이에 대한 추가 실험이 필요하다. 최

Table 2.24 종이헬기 실험 측정 결과

실험 번호	실험 순서	회전축 폭	날개 폭	회전축 길이	날개 각도	중심 추수	날개 길이	보조 날개	비행 시간 (초)					
									1	2	3	4	5	6
1	7	넓다	좁다	짧다	45	1	길다	펴기	0.99	1.08	0.94	0.93	1.11	1.01
2	2	넓다	좁다	짧다	수평	2	짧다	접기	0.90	0.84	0.93	0.77	0.99	0.89
3	1	넓다	넓다	길다	45	1	짧다	접기	1.09	1.14	1.23	1.06	1.10	1.12
4	8	넓다	넓다	길다	수평	2	길다	펴기	1.39	1.39	1.49	1.46	1.34	1.41
5	3	좁다	좁다	길다	45	2	길다	접기	1.01	1.04	1.11	0.94	0.99	1.02
6	4	좁다	좁다	길다	수평	1	짧다	펴기	0.74	0.82	0.84	0.83	0.77	0.80
7	6	좁다	넓다	짧다	45	2	짧다	펴기	1.01	1.04	1.05	1.06	1.02	1.04
8	5	좁다	넓다	짧다	수평	1	길다	접기	1.66	1.66	1.72	1.66	1.66	1.67

Table 2.25 종이헬기 실험 측정 결과

인자	회전축 폭		날개 폭		회전축 길이		날개 각도		중심 추수		날개 길이		보조 날개	
	수준	비행 시간	수준	비행 시간	수준	비행 시간	수준	비행 시간	수준	비행 시간	수준	비행 시간	수준	비행 시간
	1	1.01	1	1.01	1	1.01	1	1.01	1	1.01	1	1.01	1	1.01
	1	0.89	1	0.89	1	0.89	1	1.12	1	1.12	1	1.41	1	1.41
	1	1.12	1	1.02	1	1.04	1	1.02	1	0.80	1	1.02	1	0.80
	1	1.41	1	0.80	1	1.67	1	1.04	1	1.67	1	1.67	1	1.04
	2	1.02	2	1.12	2	1.12	2	0.89	2	0.89	2	0.89	2	0.89
	2	0.80	2	1.41	2	1.41	2	1.41	2	1.41	2	1.12	2	1.12
	2	1.04	2	1.04	2	1.02	2	0.80	2	1.02	2	0.80	2	1.02
	2	1.67	2	1.67	2	0.80	2	1.67	2	1.04	2	1.04	2	1.67
수준별 합계	1	4.43	1	3.71	1	4.60	1	4.19	1	4.61	1	5.11	1	4.26
	2	4.53	2	5.25	2	4.36	2	4.77	2	4.35	2	3.85	2	4.70
차	1-2	-0.09	1-2	-1.53	1-2	0.25	1-2	-0.58	1-2	0.25	1-2	1.27	1-2	-0.44
최적 수준	2		2		1		2		1		1		2	

Table 2.24 종이헬기 실험 측정 결과

실험 번호	실험 순서	회전축 폭	날개 폭	회전축 길이	날개 각도	중심 추수	날개 길이	보조 날개	비행 시간 (초) 1	2	3	4	5	6
1	7	넓다	좁다	짧다	45	1	길다	펴기	0.99	1.08	0.94	0.93	1.11	1.01
2	2	넓다	좁다	짧다	수평	2	짧다	접기	0.90	0.84	0.93	0.77	0.99	0.89
3	1	넓다	넓다	길다	45	1	짧다	접기	1.09	1.14	1.23	1.06	1.10	1.12
4	8	넓다	넓다	길다	수평	2	길다	펴기	1.39	1.39	1.49	1.46	1.34	1.41
5	3	좁다	좁다	길다	45	2	길다	접기	1.01	1.04	1.11	0.94	0.99	1.02
6	4	좁다	좁다	길다	수평	1	짧다	펴기	0.74	0.82	0.84	0.83	0.77	0.80
7	6	좁다	넓다	짧다	45	2	짧다	펴기	1.01	1.04	1.05	1.06	1.02	1.04
8	5	좁다	넓다	짧다	수평	1	길다	접기	1.66	1.66	1.72	1.66	1.66	1.67

Table 2.25 종이헬기 실험 측정 결과

인자	회전축 폭		날개 폭		회전축 길이		날개 각도		중심 추수		날개 길이		보조 날개	
	수준	비행 시간	수준	비행 시간	수준	비행 시간	수준	비행 시간	수준	비행 시간	수준	비행 시간	수준	비행 시간
	1	1.01	1	1.01	1	1.01	1	1.01	1	1.01	1	1.01	1	1.01
	1	0.89	1	0.89	1	0.89	1	1.12	1	1.12	1	1.41	1	1.41
	1	1.12	1	1.02	1	1.04	1	1.02	1	0.80	1	1.02	1	0.80
	1	1.41	1	0.80	1	1.67	1	1.04	1	1.67	1	1.67	1	1.04
	2	1.02	2	1.12	2	1.12	2	0.89	2	0.89	2	0.89	2	0.89
	2	0.80	2	1.41	2	1.41	2	1.41	2	1.41	2	1.12	2	1.12
	2	1.04	2	1.04	2	1.02	2	0.80	2	1.02	2	0.80	2	1.02
	2	1.67	2	1.67	2	0.80	2	1.67	2	1.04	2	1.04	2	1.67
수준별 합계	1	4.43	1	3.71	1	4.60	1	4.19	1	4.61	1	5.11	1	4.26
	2	4.53	2	5.25	2	4.36	2	4.77	2	4.35	2	3.85	2	4.70
차	1-2	-0.09	1-2	-1.53	1-2	0.25	1-2	-0.58	1-2	0.25	1-2	1.27	1-2	-0.44
최적 수준	2		2		1		2		1		1		2	

Table 2.26 최적의 종이 헬기 인자 수준

인자	회전축 폭	날개 폭	회전축 길이	날개 각도	중심 추수	날개 길이	보조 날개
최적 수준	좁다	넓다	짧다	수평	1	길다	접기

Table 2.27 각 인자가 결과에 미치는 영향의 중요도

인자	회전축 폭	날개 폭	회전축 길이	날개 각도	중심 추수	날개 길이	보조 날개
수준별 차이	-0.09	-1.53	0.25	-0.58	0.25	1.27	-0.44
중요도	7	1	5	3	5	2	4

Table 2.28 최적 종이 헬기에 대한 확인 실험

낙하 시간 (초)					
1	2	3	4	5	평균
1.66	1.66	1.72	1.66	1.66	1.67

Fig. 2.34 실험 계획법에 의한 종이 헬기의 제작

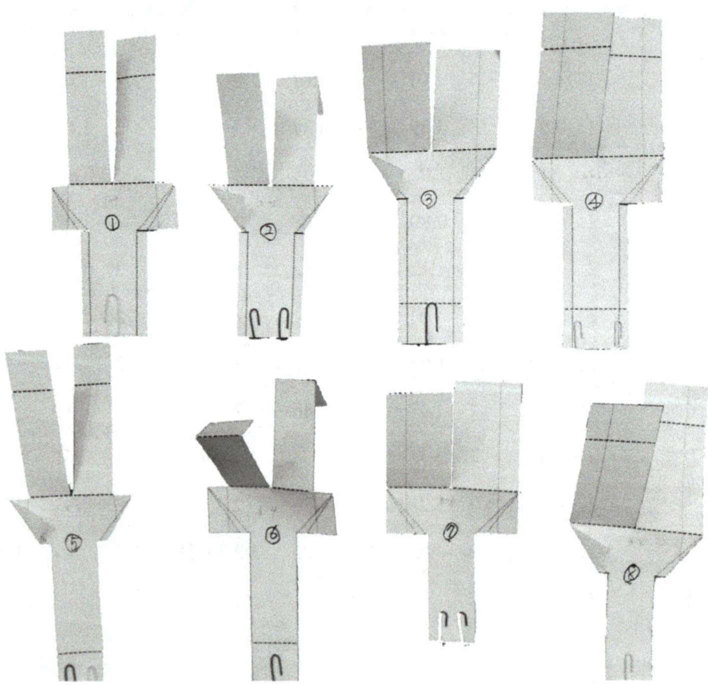

적 모델에 대한 확인 실험 결과는 Table 2.31에 작성하고 그 성능에 대한 확인 실험을 하였다.

2.8.6 실험계획법과 강건설계 실시 예

(1) 문제 정의

지금까지 설명한 실험계획법과 강건설계를 사용하여 최적설계를 한 예를 들어보자. 반도체용 PCB는 그림과 같이 제조공정에서 휨warpage가 발생한다. 이러한 휨은 고질적인 불량 중 하나로써 휨을 최소화하기위해 설계팀은 설계조건을 2가지로 제안하였다. CAE기술에 의해 계산을 해보면 설계조건 2가 휨이 적게 발생하였다. 그러나 여전히 휨은 커서 개선이 필요했다.

Table 2.29 설계팀이 제시한 설계조건 2개

	설계조건 1	설계조건 2
회로층 두께, ㎛	12	18
절연층 두께, ㎛	35	40
SR 두께, ㎛	16	20
절연 재료 종류	Material A	Material B

Table 2.30 직교배열표에 따른 설계조건

회로층 두께	절연층 두께	SR 두께	절연 재료 종류
12	35	16	Materal A
12	35	20	Materal B
12	40	16	Materal B
12	40	20	Materal A
18	35	16	Materal B
18	35	20	Materal A
18	40	16	Materal A
18	40	20	Materal B

(2) 실험계획법 적용

주어진 설계조건에서 최적의 설계조합을 도출하기 위해 실험계획법의 직교배열표 L8(42) 을 적용하여 설계조건 8개를 선정하였다.

- 설계조건(파라메타) 4인자 : 회로층 두께, 절연층 두께, SR두께, 절연 재료 종류
- 파라메타 수준
  회로층 두께: 12, 18㎛
  절연층 두께: 35, 40㎛
  SR 두께: 16, 20㎛
  절연 재료 종류: Material A, Material B

(3) S/N비 계산

PCB 휨의 작으면 작을수록 좋은 설계이므로 S/N비 계산은 망소특성을 사용하였다. 주어진 설계조건에서 파라메타 4인자의 주효과를 Figure 2.36과 같이 그래프로 분석하였다. 그래프 분석에는 통계 전용 SW인 minitab이 사용되었다. 그래프에서 Y축은 계산된S/N비 값으로 S/N비 값은 클수록 좋은 설계가 된다. X축은 파라메타별 수준을 나타내었다. 분석결과에 의하면 회로층 두께는 얇을수록12㎛, 절열층 두께는 두꺼울수록40㎛, SR층 두께는 얇을수록16㎛, 절연 재료 종류는 Material B일 때 휨이 적게 발생하였다. 그래프의 기울기는 각 인자의 휨에 대한 영향도를 의미한다. 즉, 기울기가 가장 큰 절연 재료 종류가 가장 큰 영향을 미치는 파라메타이다.

(4) 최적설계 조건 선정

파라메타 4인자의 수준에서 휨을 줄이는 조건을 선정하면 최적 설계조건이 된다. 따라서 처음 설계조건과 달리 새로운 조건이 제시되었다.

Fig. 2.35 반도체용 PCB의 휨불량

Figure 2.36. 파라메타 4인자의 SN비

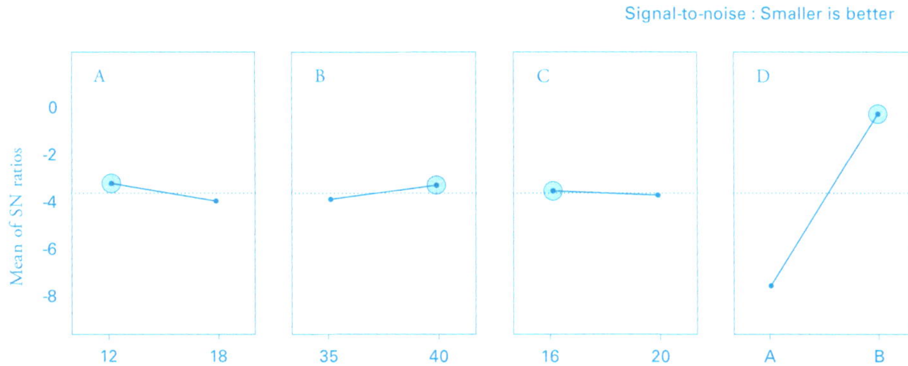

Table 2.31 직교배열표에 따른 설계조건

	설계조건 1	설계조건 2	설계조건 3
회로층 두께, ㎛	12	18	12
절연층 두께, ㎛	35	40	40
SR 두께, ㎛	16	20	160
절연 재료 종류	Material A	Material B	Material B

2.8.7 제조 프로세스Manufacturing Process

2.8.7.1 제조 프로세스 설계의 필요성

상세설계 단계에는 설계된 제품을 생산하는 제조 프로세스에 대한 설계도 함께 수행되어야 한다. 결국 설계는 제조를 통해 실현되기 때문이다. 제조 프로세스는 개념설계를 제작하는 시제품 제조와 양산품을 제조하는 양산 제조로 구별할 수 있다. 엔지니어들에겐 시제품 제작을 고민할 때 시제품 전용 설비를 이용할지, 양산 설비를 이용할지도 매우 고민스런 부분이다. 왜냐하면 제품 설계의 최종 목표는 양산이기 때문에 양산 설비를 이용하여 시제품을 제작한다면 시제품 제작단계에서 양산시 문제점들을 사전에 점검할 수 있기때문이다. 그러나 현실적으로 양산 설비를 이용하는 것은 제품의 생산을 멈춰야하기 때문에 매우 어렵다. 설계자들은 상세 설계 단계에서 설계고민해야할 제조 프로세스에 대한 고민해야 한다.

- 제조를 위한 자원은 무엇인가? 확보되었는가?
- 공정별 설비는 어떻게 배치할 것인가?
- 설비는 수동, 반자동, 완전 자동 중 무엇으로 할 것인가?
- 설계된 제품을 주어진 설비로 과연 제조가 가능한가?
- 설비가 없다면 구매해야 하는지, 새롭게 제작해야 하는지
- 제조 프로세스의 원가분석은 되었는가?

제조 프로세스는 생산하기 위해 하나 이상의 투입물이 변환되는 공정이나 절차를 말한다. 제조 프로세스는 다음의 경우에 의사결정을 해야한다.

- 새로운 제품이나 서비스를 제공할 경우
- 기존 제품이나 서비스에 대한 품질을 개선할 경우
- 수요자의 요구사항에 변화가 있을 경우
- 현재의 성과가 저조하거나 개선해야할 필요가 있을 경우
- 제품의 품질, 생산능력, 제조 프로세스내 설비의 변화, 재고의 변화가 있을 경우

2.8.7.2 제조 프로세스의 종류

제조 프로세스는 산출량Throughput과 고객화Customization을 만족

Figure 2.37. 제조 프로세스

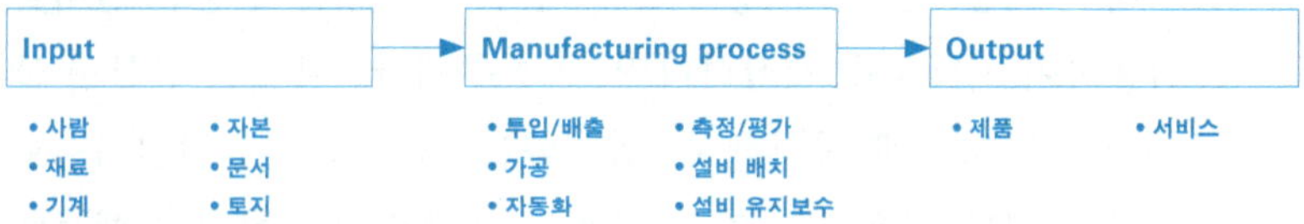

시키기 위해 네가지로 구분된다. 산출량은 1회의 제조 프로세스로 생산되는 제품과 서비스의 양을 말하고, 고객화는 고객의 요구사항에 따라 제품과 서비스가 달라지는 정도를 말한다.

- 프로젝트Project 프로세스
- 단속 프로세스Intermittent 프로세스
- 라인Line 프로세스
- 연속Continuous 프로세스

(1) 프로젝트 프로세스

제조에 막대한 비용이 수개월 정도에 단기간에 소요되는 선박 건조와 같이 산출량이 매우 작고 고객화가 높다고 판단될 때 적용된다.

(2) 단속 프로세스

비연속적 제품 생산 방식으로 여러 종류의 제품을 각각 다른 방식으로 제조하는 것이다. 일정 수준의 산출량이 확보되는 제품과 서비스를 다양하게 생산할 수 있어 주문 생산 방식으로 활용된다. 재고가 없다는 장점이 있다.

(3) 라인 프로세스

산출량이 많고 제품과 서비스가 대부분 표준화되었을 때 적용된다. 대량생산이 가능하지만 재고가 발생한다.

(4) 연속 프로세스

산출량이 많고 제품과 서비스의 표준화가 매우 높을 때 적용된다. 제품 생산을 위한 중간재가 설비내에서 중단없이 흘러가는 형태이다. 철강이나 정유와 같이 설비가 중단없이 24시간 연속적으로 가동되는 장치산업이 해당된다. 연속 프로세스는 초기 설비 설치비용이 막대하며 중단되었을 경우 재가동에 매우 많

Fig. 2.38 Drawing of Clock Escapement

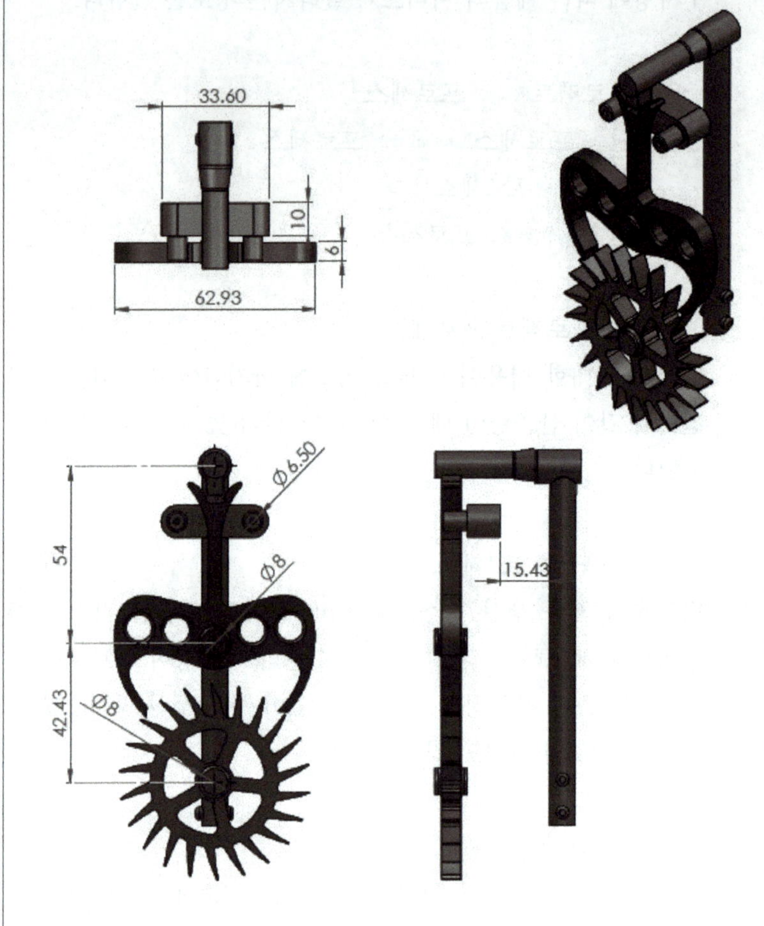

Description:	Escapement Assembly		
Project:	3D Systems	Material:	VisiJet 3D Crystal
SolidWorks Student Edition. For Academic Use Only.		Scaling:	4:5
		Units:	mm

은 비용이 발생한다.

2.8.8 상세 설계를 위한 도구들

설계자들이 상세 설계를 위해 활용할 수 있는 컴퓨터를 이용한 설계 도구들이 있다. 현대에는 도면제작을 위한 CADComputer Aided Design 프로그램과 CAEComputer Aided Eigneering 프로그램이 대표적이다.

- CAD

  일반기계, 조속, 자동차, 플랜트, 전기 전자, 건축 토목 등 다양한 분야에서 정확하고 신속하게 작업을 하고 반복작업이 용이해서 설계 효율성을 크게 높일 수 있는 도구이다. 대표적 범용 CAD 프로그램은 Autodesk사미국의 AutoCAD이지만 필요에 따라 Microstation미국와 CADian한국 등 다양한 프로그램이 개발되어 사용되고 있다. 기계분야에는 전문화된 전용 CAD 프로그램으로 Catia, Pro Engineers, NX, Solidworks 등이 있다. 전용 프로그램들은 2D 도면과 3D형상을 설계할 때 활발하게 적용되고 있다. 예로, Fig. 2.38에서 시계 Escapment 설계 도면을 볼수 있다.

- CAE

  CAE는 컴퓨터를 이용하여 현상을 해석하고 분석하기 위한 수치해석으로 일반적으로 시뮬레이션이라고 말한다. 제품의 상세 설계단계에 적용하면 실험에 비교할 때 짧은 시간에 많은 경우를 예측할 수 있기 때문에 활발하게 활용되고 있다. CAE를 수행하기 위해서는 설계자들은 공학에 대한 충분한 이해가 있어야 한다. “Garbage in Garbage out”이란 말이 있다. CAE를 설명하는 매우 유명한 말인데 쓰레기를 넣으면 쓰레기가 나온다는 말이다. 따라서CAE는 수치해석이므로 정확하고 합리적인 정보를 프로그램에 입력할 때 정확한 결과를 얻을 수 있다. 이것이 실험과 가장 큰 차이점인데 실험은 현실적으로 결과에 항상 편차가

Figure 2.28. 손실 함수 방식

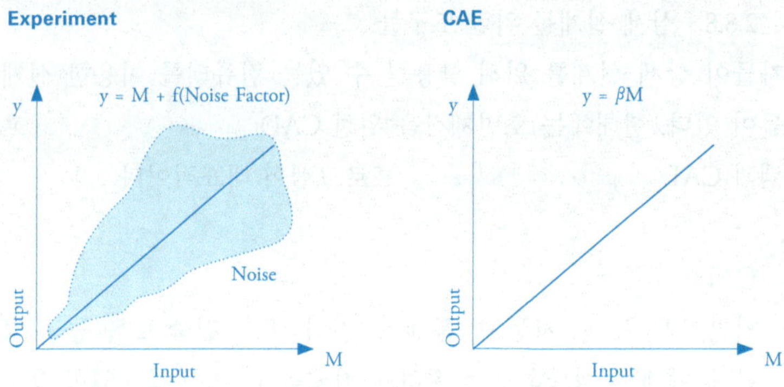

발생하기 때문이다. CAE에는 유한요소법FEM, Finite Element Method과 유한차분법FDM, Finite Differance Method가 있다.

2.8.8.1 CAE 절차 – 유한요소법의 경우

CAE는 설계대상을 모사전처리, Pre process하고 계산한 후Solving 분석하는Post process의 3단계로 진행된다. 설계자는 모사 단계에서 형상과 해석조건을 정확하고 합리적으로 입력해야한다. 계산 단계에서는 설계 목적에 따라 적절한 해석방법을 선정할지 결정해야하는데 이때 깊은 공학 메카니즘에 대한 이해가 필요하다. 마지막으로 분석 단계에는 해석에 필요한 다양한 그림이나 그래프와 같은 결과물들을 도출한다.

- Pre process – CAD 모델링
- Pre process – 유한요소 모델링 및 해석조건 입력
- Soving – 범용 전문 프로그램이 컴퓨터환경에서 수행되며 계산된다.
- Post process – 해석결과 분석

Table 2.32 실험과 CAE의 장단점

	Experiment	CAE
평가 조건	평가 프로세스, 작업자, 재료 등 많은 노이즈 요소가 있음	노이즈 요소가 없음
가정	실제 상황으로 가정이 없음	입력조건에 많은 가정이 있음
소요 시간과 비용	실험용 시편을 제조하고 다양한 조건으로 평가하는데 제조설비, 작업자, 공간, 평가장치 등 많은 시간과 비용이 필요함	컴퓨터, 관련 프로그램과 숙련된 엔지니어만으로 단시간에 적은 비용으로 많은 경우의 조건을 평가할 수 있음
평가 조건의 변경	조건이 결정되면 변동이 어려움	변동이 쉬움

Figure 2.40. CAE의 3단계 절차(반도체 패키지 해석의 경우)

Pre procedure (Input)	Geometry	Material	Initial condition	Boundary condition
	Substrate Package Layer thickness Circuit density etc.	Elastic modulus CTE Poission's ratio Conductivity Specific heat Density etc.	Residual stress Residual strain Residual warpage Temperature etc.	Temperature Force(loading) Heat transfer coeff. etc.
Solver (Calculation)				
	Linear analysis Nonlinear analysis -Nonlinear geometry -Nonlinear boundary -Nonlinear material	Elastic-plastic analysis Creep analysis	Viscoelasticity analysis Viscoplasticity analysis	Heat transfer analysis Thermomechanical coupled analysis
Post procedure (Output)				
	Deformation	Temperature distribution	Stress -Normal stress -Shear stress -Von Mises stress	Strain -Elastic strain -Plastic strain -Elastic strain energy density -Plastic strain energy density

Fig. 2.41 Pre process 단계의 CAD 모델링

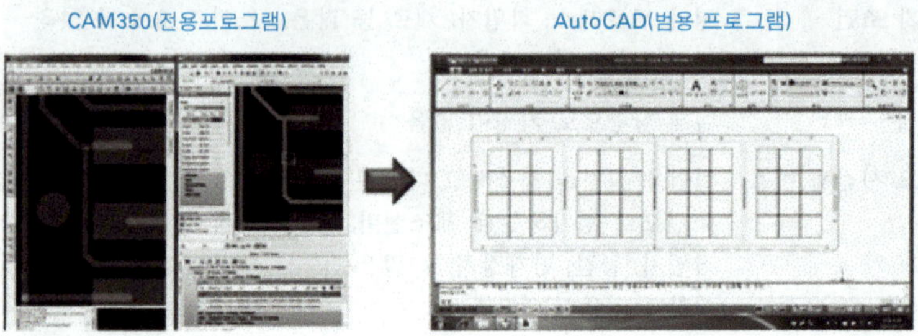

Fig. 2.42 Pre process 단계의 유한요소 모델링 및 해석조건 입력

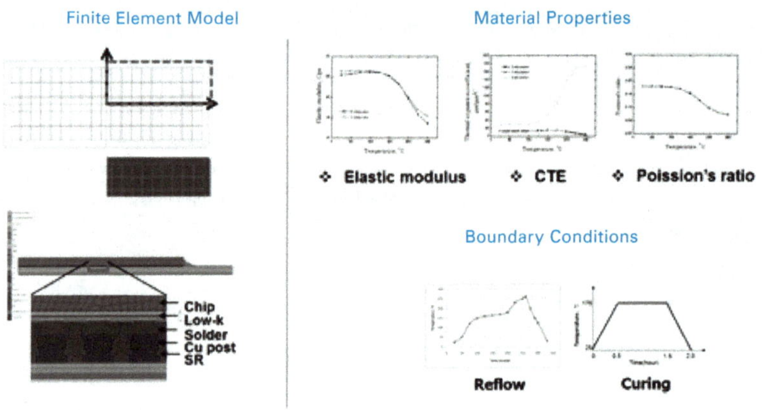

2.8.8.2CAE 프로그램 종류

CAE 프로그램은 종류가 전문 분야에 따라 매우 다양하다. 현재 사용되고 있는 범용 프로그램은 자체적으로 많은 분야에 적용되고 있는데 분야로 세분화하면 다음과 같다. • 선형, 비선형 정적 해석 • 동적 해석 • 접촉, 충돌, 파괴 해석 • 피로 해석 • 유체 해석 • 진동, 소음 해석 • 열-기계 coupled 해석 분야별 대표적인 CAE 프로그램은 다음과 같다. 물론 Table 2.33에 소개하지 않은 많은 전용 프로그램들이 있다는 점을 밝혀둔다.

2.8.8.3 CAE 기술과 강건설계를 적용한 사례

80년대 미국 월풀사의 엔지니어들은 봉타잎의 세탁기를 개발하는데 개발기간 단축에 많은 어려움을 겪었다. 무려 33주가 소요되었는데 시제품을 제작하고 평가하는데 많은 시간이 걸렸기 때문이었다. 이때 설계자들은 34개의 잠재적 설계변수를 선정하고 강건설계를 수행하였다. 이때 평가는 CAE기술로써 유한요소법을 사용하였다. 변형과 응력특성은 구조해석으로, 수직봉의 진동은 동적해석으로, 생산공차 특성은 공차해석으로 진행한 것이다. 이 결과 개발기간은 33주에서 19.5주로 단축되었는데 그 과정에서 세탁기의 물사용량을 50%로 줄이고 에너지

Fig. 2.43 Post process 단계의 변형과 응력 해석결과 분석

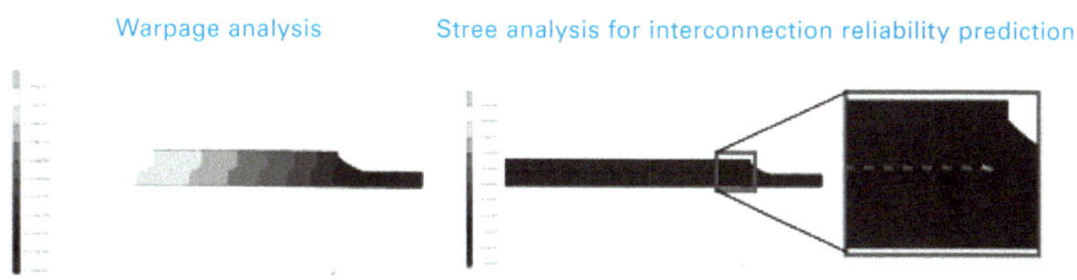

Fig. 2.44 Post process 단계의 해석결과를 강건설계에 의한 S/N비로 분석

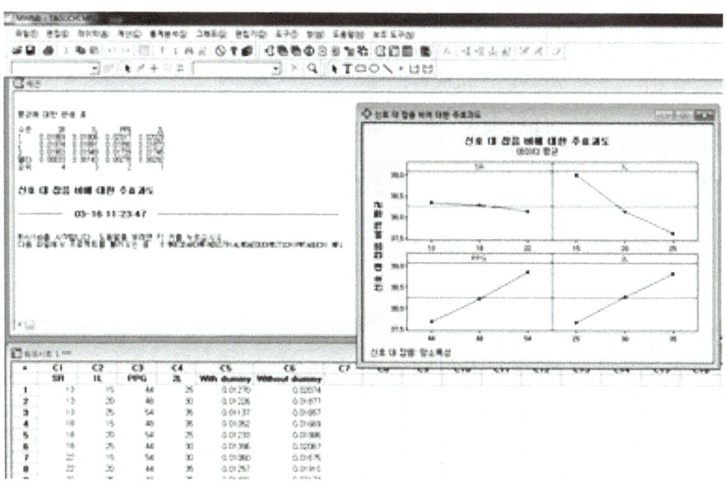

Fig. 2.45 Post process 단계의 해석결과를 강건설계에 의한 S/N비로 분석

효율은 66%를 상승시켰다. 그해 월풀사의 세탁기는 소비자선정 가장 우수한 봉타입 세탁기로 선정되었다.

Table 2.33 대표적인 범용 CAE 프로그램의 종류

	프로그램 명	주요 적용 분야
전산 유체 역학	FBLDVEW	복합 유체 역학
	FDAP	유체역학 해석 패키지
	ANSYS/Fluent	유체역학 해석 패키지
	PHONICS	유동, 멀티페이스 화학반응
유한요소 솔버	ABAQUS	선형, 비선형 구조, 동적, 열해석
	ANSYS	선형, 비선형 구조, 동적, 열해석
	MSC/MARC	선형, 비선형 구조, 접촉, 동적, 진동, 열해석
	Nastran	구조해석
유한요소 모델링	HYPERMESH	유한요소 전후처리 시스템
	ICEM CFD/CAE	3D 그리드 생성
	MSC/PATRAN	개방형 MCAE 통합 모델

PART III

설계 프로젝트 관리
Design Project Management

Part 3. 설계 프로젝트 관리 Design Project Management

3.1 프로젝트 성공을 위한 조건

프로젝트를 성공적으로 관리하려면 프로젝트를 시작할 때 목표를 처음부터 정확하게 정의하고 전 팀원들과 공유해야 한다. 이렇게 해야만 팀원간 갈등이 발생하더라도 프로젝트 목표의 우선순위를 이용하여 조정할 수 있다.

프로젝트는 시작되면 최소 수개월의 기간동안 진행되면서 팀원간 갈등, 문제해결의 어려움, 자원의 부족이나 변동, 경쟁제품의 출현 등 많은 어려움이 예상된다. 이와 같은 문제로 프로젝트는 진행되면서 개발 내용이 수정되면서 개발기간이 지연되는 사례가 종종 발생한다. 이때 소비자의 미래수요를 예측하는 것은 프로젝트의 어려움을 해결하는데 매우 중요하다. 프로젝트 착수초기에 제품에 대한 미래수요를 예측하는 것은 프로젝트의 등대와 같은 역할을 한다. 따라서 프로젝트 진행과정에도 제품에 대한 수요조사는 주기적으로 진행하는 것이 중요하다. 기업은 수요조사나 경쟁사조사 등을 3개월이나 6개월 주기로 진행하는 것이 일반적이다. 만약 수요조사를 통해 개발의 내용을 변경할 필요가 있을 경우 또다른 제품 개발로 대응하면 된다. 삼성 갤럭시폰의 시리즈나 애플 아이폰의 시리즈는 좋은 사례가 된다.

3.2 프로젝트 마스터 플랜Master Plan

Table 3.1 소비자와 설계자의 품질

	PDS	개념 도출	개념 평가	상세 설계	시작 & 시험	문서
Jan						
Feb						
Mar						
Apr						
May						
…			…		…	
Team	10 hrs	10 hrs	…		…	
David	1	2	…		…	
Mark	2	1	…		…	
Joe	1	2	…		…	
Total	14 hrs	15 hrs	…		…	

모든 설계 프로젝트는, 주요 설계 프로세스의 작업에 대한 마스터 플랜이 있다. 그 주요 테스크들은 아래와 같다.

1. 제품 설계 사양
2. 개념 도출외부 검색 , 내부 검색
3. 개념 평가 및 선택
4. 상세 설계
5. 프로토 타이핑 및 테스트
6. 문서

일반적인 마스터 프랜 간트 차트를 Table 3.1에서 볼수가 있다.

설계 프로세스의 제 1 단계로서 "프로젝트 계획"을 추가 할수도 있다. 또한, Milestone을 추가하면 마스터프랜은 아래와 같다.

1. 제품 디자인 사양

2. PDS 설계 검토 및 보고서20XX년 1월 15일
3. 개념 도출외부 검색, 내부 검색
4. 개념 평가 및 선택
5. 최종 개념 설계 검토 및 보고서20XX년 3월 1일
6. 상세 설계
7. 프로토 타이핑 및 테스트
8. 첫 번째 프로토 타입의 테스트 및 평가20XX년 5월 1일
9. 설계 검토 및 프로토 타입 평가 검토20XX년 5월 15일
10. 문서

프로젝트 마스터 플랜은 프로젝트 성공적 수행을 위한 각 단계별 해야 할 일과 주요 점검사항 및 중간결과물을 파악할 수 있는 수행계획서를 작성해야 한다. Table 3.2는 마스터 플랜 칸트 차트의 한 사례이다.

3.3 프로젝트 하위 계획Lower-Level Plans

위에 마스터 프랜에 테스크들과 Millestone에 따라 각 테스크는 더 세분화 하여 계획을 세운다. 예를 들면 PDS 관련 테스크는 아래와 같은 테스크들로 더 세분화 해서 나눌 수가 있다.

1. 고객 식별
2. 고객 인터뷰
3. PDS 기준 및 우선 순위 선정
4. 기술 사양을 정의측정
5. 벤치마킹 대상 선택
6. HOQ 개발
7. PDS 보고서 작성
8. PDS 보고서를 검토
9. 스폰서의 의견에 따라 PDS 보고서 수정

Table 3.2 프로젝트 마스터 플랜

대분류	중분류	소분류	업무 담당자	난이도	1주	2주	…	예상 문제점	해결 방안	완료 일자
시험기 구조 설계	시험기 구조 모델링	모델링 변환		고				모델링 생성 어려움	간략화 작업 진행	
	시험기 구조해석	구조해석		고				구속조건 결정	업체와 협의	
				고			…	스프링 모델링	Spec.별 상수 계산	
	시험기 진동 해석	진동해석		고				가진 조건	진동해석 사례 조사	
				고				모드 해석 조건 선정	모드해석 사례 조사	
	결과 보고서	보고서 작성		하				없음	없음	

Table 3.3 PDS 간트 차트

	고객 식별	고객 인터뷰	PDS 기준 및 우선 순위 선정	기술 사양을 정의 (측정)	…	Total
Jan-1						
Jan-7						
Jan-14						
Jan-21						
…						
Donald	4	6	3	6	…	19
Neal	4	6	3	0	…	13
Lee	2	8	3	4	…	17
Total	10	20	9	10		

일반적인 PDS 간트 차트를 Table 3.3에서 볼수가 있다.

3.4 설계 프로젝트 관리자Design Project Managers

3.4.1 설계 프로젝 관리자가 해야 할 일

1. 테스크를 식별 한다.
2. 계획을 만들고, 업데이트 한다.
   - 시퀀스 테스크
   - 시간을 할당
   - 사람과 자원을 할당
3. 진행 상황을 모니터링 및 보고 한다

3.4.2 프로젝트 관리자의 어려움

1. 경영층은 직면한 현안에서 우선순위와 자원배분에 대한 의사결정에 어려움을 겪게 된다. 이것은 프로젝트의 계량화와 정당화가 어렵기 때문이다.
2. 특히, 신제품 개발의 경우는 신제품 개발효과가 늦게 나타나기 때문에 신제품 개발에 대한 의사결정은 우선순위에서 낮게 나타나기도 한다. 일반적으로 단기적 성공에 업무를 치중하는 경영진들은 신제품 개발을 등한시하기도 한다.
3. 효율적인 개발은 아이디어, 설계, 예측기술, 평가기술, 마케팅 등 조직이 시스템적으로 참여해야 하는데 조직간 핑퐁식 업무진행이 될 경우 효율적 개발은 불가능해진다.
4. 개발을 진행할 때 고객니즈의 변화 등에 따라 개발목표가 바뀌는 경우가 종종 발생한다. 이 경우, 개발기간의 지연, 개발비용 상승 등으로 인해 개발목표 달성을 실패하는 결과를 초래한다.

5. 프로젝트에 참여하는 인력들이 각각 여러 개의 업무를 동시에 수행할 경우 집중력이 저하되어 업무효율이 떨어지게 된다. 업무가 많아지면 미팅과 보고 등 상황파악에 많은 시간이 소요되기 때문이기도 하다. 따라서 프로젝트 참여 인력들이 업무에 집중할 수 있도록 관리해야 한다.

3.5 프로젝트 계획 6 단계Six Steps in Project Planning

1. 단계-I: 테스크 식별Step-I: Identify tasks
2. 단계-II: 작업 목표 서술Step-II: State task objectives
3. 단계-III: 시간과 인력을 예측Step-III: Estimate time and personnel
 호프스 태터의 법칙: "비록 호프스 태터의 법칙을 고려해서, 계획을 세워도, 항상 당신이 예상 했던 것 보다, 더 오래 걸립니다." 호프스태터의 법칙을 생각 하며, 누가 무엇을 얼마나 걸려서 할것인가를 계획 한다.

4. 단계-IV: 작업 순서를 만듬Step-IV: Develop a sequence for the tasks. 가장 쉬운 방법은 간트 차트이다.
5. 단계-V: 견적 비용, 시간, 자원Step-V: Estimate costs, times, resources
6. 단계-VI: 평가 및 위험 관리Step-VI: Evaluate and manage Risks

3.6 테스크Tasks

3.6.1 테스크는 무엇인가? (디자인 프로젝트의 맥락에서)

테스크는 진행 상황을 보아야 하고, 특정 결과를 만들어는 활동이다. 다음 것들은 테스크에 포함 시키지 않는다.

1. 테스크를 수행하는 수단

2. 프로젝트와 관련이 없는 일
3. 구체적인 결과물 또는 Deadline이 없는 일
4. 명확하게 정의되지 않은 일

- 테스크
  1. 3 개념에 대한 장단점을 찾아내는 일
  2. 최고의 개념을 평가 및 선택하는 일
  3. 가게에서 충격 흡수를 가져오는 일프로젝트와 관련
  4. 3 충격 흡수 기술의 목록을 작성하는 일

- 테스크로 볼수 없는 것들:
  1. 회의 소집수단
  2. 개념을 논의하기 위해 회의를 갖는 일의미
  3. 회의에 피자를 가져오는 일프로젝트와 관련이없는
  4. 충격 흡수 장치 연구막연한-구체적인 결과

3.6.2 프로젝트 계획 차트Project Planning Chart

일반적인 프로제트 계획 차트를 Table 3.4 에서 볼수가 있다.

3.6.3 테스크는 팀에 의해 정의지며, 일반적으로 최소한 다음 5Ws을 포함한다

1. 작업은 무엇입니까?What is the task?
2. 누가 그것을 할 것인가?Who is going to do it?
3. 언제까지?By When?
4. 어떤 형식으로 결과를 보고 할것인가?In What format the results are to be reported?
5. 왜 수행Why is it done?

3.6.4 테스크 목록에 다음을 포함한다

Table 3.4 프로젝트 계획 차트

	Task-1	Task-2	Task-3	Task-4	Task-5	Task-6
Jan						
Feb						
Mar						
…			…			
…			…			
Cory	10 hrs	10 hrs				
Jade/Matt	15 hrs	20 hrs				
Oliver	4 hrs	8 hrs				
Design	5 hrs	0 hrs				
…			…			

1. 그것을 수행하는 방법How it is done
2. 그것은 지불하는 방법How it is paid for
3. 누가 작업에 도움을 줄 수 있나?Who can assist with the task
4. 리스크 평가(어떤 시나리오 경우)Risk Assessment(What if scenarios)

3.7 리스크 평가 및 관리Risk Assessment and Management

리스크는 뭔가 심각한 잘못이 일어날 확률이다. 프로젝트를 수행하는 과정에 예상되는 문제점이 발생할 가능성을 줄여야만 프로젝트 실패 가능성을 줄일 수 있다.

3.7.1 기술 리스크 관리Technical Risk Management (TRM)

기술 위험 관리 4 단계 방법TRM 4-step Methodology은 다음과 같다.

1. 리스크 식별
2. 리스크 평가

3. 리스크 완화
4. 리스크 모니터링

3.7.2 리스크 식별Risk Identification

리스크 식별은 그룹으로 이루어지는 것이 좋다. 브레인 스토밍 방법을 사용하여 리스크를 식별하고 더 이상 리스크 요소가 발견되지 않을 때까지 계속 반복한다.

3.7.3 리스크 평가Risk Assessment

위험 사건의 발생하는 확률Probability은 얼마나 될까? 발생하는 확률 채점은 여러 수준을 기반으로 할 수 있으며, 아래와 같이 5 단계로 측정 할수 있다.

1. 거의 없다Unlikely: 발생 가능성이 10% 미만 이다.
2. 약간 있다Seldom: 드물게 발생 가능성이 낮지 만 완전히 배제되지는 않는 위험.
3. 보통이다Occasional: 발생 가능성이 50/50에 가까운 위험.
4. 약간 높다Likely: 발생 확률이 60-80% 인 위험은 가능한 것으로 분류 할 수 있다.
5. 매우 높다Definite: 프로젝트 실행 중에 거의 확실하게 나타날 수있는 위험. 백분율을보고 있으면 문제를 일으킬 가능성이 80% 이상인 위험이이 범주에 해당한다.

리스크가 발생할 때 예상되는 결과Severity는 아래와 같이 나눌 수가 있다.

1. 무시할 수 있다Negligible: 프로젝트의 전반적인 진행에 거의 영향을 미치지 않는 위험.
2. 심각하지 않다Marginal: 위험이 약간의 손상을 가져 오지만 손상 정도가 너무 크지 않으며 프로젝트의 전반적인

진행 상황에 큰 영향을 미치지 않을 경우.

3. 심각하다Critical: 많은 손실을 초래할 수있는 매우 위험하고, 치명적인 경우.
4. 치명적이다Catastrophic: 프로젝트를 완전히 실패 할수있는 위험이며 위험 관리 중에 최우선 적이어야 한다.

디자인 프로젝트에서 그 결과들은 시간, 예산, 제품 회의 PDS 목표 등으로 표현 할수 있다.

3.8 리스크 완화 계획Risk Mitigation Plan

프로젝트 실패의 확률을 낮추기위해 리스크를 감소시켜야 한다. 이를 위해 정확한 평가가 해야한다. 이를 위해 필요한 것은 다음과 같다.

1. 분석
2. 시뮬레이션
3. 실험
4. 발표 된 연구, 통계 자료

Table 3.5 리스크 점수 매트릭스 (Risk Scoring Matrix)

	매우 높다	약간 높다	보통이다	약간 있다	거의 없다
치명적이다	E[a]	E	H[b]	H	M[c]
심각하다	E	H	H	M	L[d]
심각하지 않다	H	M	M	L	L
무시할 수 있다	M	L	L	L	L

a Extreme Risk / b High Risk / c Medium Risk / d Low Risk

Part IV

시제품 제작 및 시험
Prototyping and Testing

Part 4. 시제품 제작 및 시험Prototyping and Testing

제작된 시제품들은 시험을 통하여 평가Evaluation의 단계를 거치게 된다. 최종설계Final Design를 초기 설계기준Original Design Criteria과 비교하는 단계로써 설계가 PDS를 정말로 만족하는지 확인한다. 시제품Prototype에 대한 시험평가를 수행하여 성능을 평가하고, 유사 제품과의 경쟁력을 분석하며, 제품의 경제성 분석과 보수유지Maintenance 용이성 등도 평가한다. 평가 결과 문제가 발생하는 이를 반영하여 설계를 수정하고 재평가한다.

4.1 시제품 제작

시제품은 제품 설계를 최종 점검하는 단계로 상당한 시간과 노력을 필요로 한다. 일반적인 시제품 제작을 위한 가공은 선반, CNC밀링 등의 공작기계를 사용하여 선삭가공, 평삭가공, 드릴링가공, 연삭가공 등이 일반적이다.

최근에는 3D 프린팅 기술이 신속하고 제품 형상과 동일한 형태의 시제품 제작에 활용되고 있다. 3D 프린팅 기술은 매우 얇은 층을 연속적으로 적층하면서 3차원 물체를 만드는 제조기술이다. 반면 밀링가공과 절삭가공은 피삭재를 제거하면서 형상을 만드는 방법이다. 밀링가공, 절삭가공 모두 컴퓨터로 제어되기 때문에 정밀한 가공이 가능하지만 피삭재 제거방식은 제품의 복잡한 내부형상은 구현하지 못한다. 반면, 3D 프린팅 기술은 적층방식이므로 복잡한 내부형상을 가공할 수 있는 장점이 있다. 반면 3D 프린팅 기술은 제작 속도가 느리고, 적층된 층간의 미세 단이 발생하여 표면이 미려하지 못하며, 프린팅 소재의 제약으로 가공제품이 제한적이며, 고강도 소재는 제조 가격이 매우 높다는 단점도 있다.

3D 프린팅 기술의 제작 프로세스는 다음과 같다.

- 모델링Modeling: 2D, 3D CAD 소프트웨어를 사용하여 3차원 모델링과 3D 스캐너의 파일은 각각 STL 과 PLY형식을 갖는다. 예로, 3D 시계 Drawing을 Fig. 4.2에서 볼수 있다.
- 프린팅Printing: 3차원 형상파일을 실제 물체를 만드는 공정이다. 다양한 소재의 분말으로 연속적인 층을 만들고 적층하여 제품 형상을 완성한다. 프린팅 공정은 형상의 정밀도, 크기, 복잡성에 따라 최대 몇일의 시간이 걸리기도 한다. 예로, Portland 주립대학 학생들이 Capstone Project에서 3D Printing으로 제작한 시계

Fig. 4.1 3D Drawing of Clock

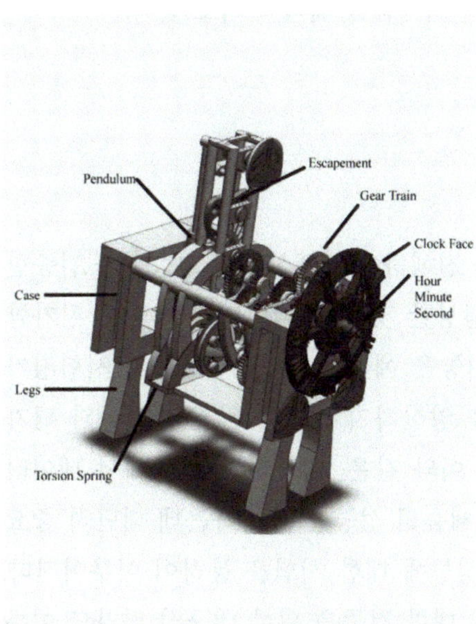

Fig. 4.2 3D Printing으로 제작된 시계

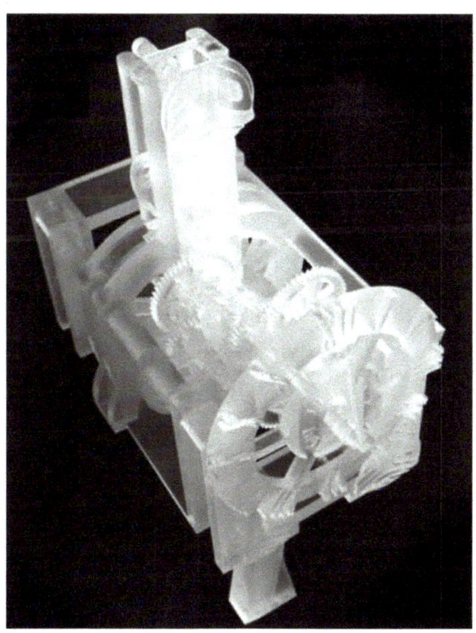

를 Fig. 4.2에서 볼수 있다. 이 시계는 조립을 하지 않고 단 한번에 프린팅으로 완성을 했다.

- 후공정Finishing: 프린팅으로 제작된 물체는 필요할 경우 후공정을 거친다. 표면연마나 외형도색 등을 할 수도 있고 인쇄된 부품들을 조립하는 공정도 진행될 수 있다.

최근에는 3D 프린팅 기술의 놀라운 발전으로 많은 소비재를 가정에서 손쉽게 제작할 수 있고, 구동이 가능한 자동차를 실제 크기로 만들 수 있는 단계까지 진화했다. 이러한 이유로 3D 프린팅 기술은 제 3의 산업혁명으로 불리며, 산업 전반에 걸쳐 제조 기술의 큰 변화를 가져올 것으로 예상되고 있다.

예로 일반적인 자동차의 시제품을 제작하는 방법으로 진흙으로 외형을 모사한다. 오랜 경험을 가진 숙련된 디자이너들이 정밀한 수작업으로 제작하기 때문에 상당한 시간과 비용이 소요되기 때문에 시제품의 다양성에 한계가 분명히 존재한다. 반면 컴퓨터를 이용한 모델링과 3D 프린팅 설비로 제작하게 되면 신속한 모델링 변경이 가능하고, 신속하게 다양한 시제품을 만들수 있다. 3D 프린팅 기술로 제작된 운전이 가능한 실제 크기의 자동차 시제품을 제작 하기도 한다.

4.2 시제품 평가

시제품을 제작하면 시험평가를 진행하여 제품설계의 적합성을 검증한다. 실험으로 어떤 데이터를 생성할 것인지, 데이터는 어떻게 평가할 것인지, 평가된 결과로 어떤 기능을 예측할 수 있는지 등이 시험평가의 주요 목적이다. 실제 제품을 양산하기 전에는 많은 시제품과 평가 데이터가 매일 생성되고 있다. 이와 같은 '데이터의 홍수'에서 데이터를 합리적으로 분석하는 것은 제품의 성능을 평가하는데 대단히 중요하다. 이러한 평가는 기능 및 성능에 대한 시험을 통하여 이루어진다. 기능/ 성능 시험 이외에 수명에 대한 검증을 위한 내구성 평가도 이루어진다. 이 단계에서는 제어계측/제어공학과 신뢰성공학 등의 지식이 필요하다. 신뢰성공학의 주요 도구로써 엔지니어들에게 필요한 것이 통계적 분석이다. 통계 는 매우 복잡하고 난의도가 높은 학문으로 엔지니어들이 통계에 대해 깊은 이해도를 가질 필요는 없다. 실제 제조 현장에서는 생성된 데이터를 다양한 형태로 분석해주는 통계전용 소프트웨어가 활용되고 있어 엔지니어들이 쉽게 활용할 수 있기 때문이다. 통계의 이해는 제품 성능을 예측하고 향후 개발 방향성을 결정하는 논리적 근거가 된다는 점에서 엔지니어들은 제품 개발과 평가에 활용할 수 있도록 기본적인 이론에 대한 이해나 통계 소프트웨어의 활용 능력을 가져야 한다.

이것을 위해 먼저 통계적 사고에 대한 이해가 필요하다. 통계적 사고는 다음을 이해하는 것으로부터 출발한다.

① 모든 제품은 상호 관계된 프로세스의 결합으로 생산된다. 예를 들어 열처리 공정만 보더라도 재료 투입, 가열, 냉각 등으로 이루어져 있다.

② 모든 프로세스는 반드시 산포가 존재한다.

③ 제품 생산은 프로세스내 존재하는 산포를 파악하고 산포를 감소하는 활동이다.

Fig. 4.3 Post process 단계의 해석결과를 강건설계에 의한 S/N비로 분석

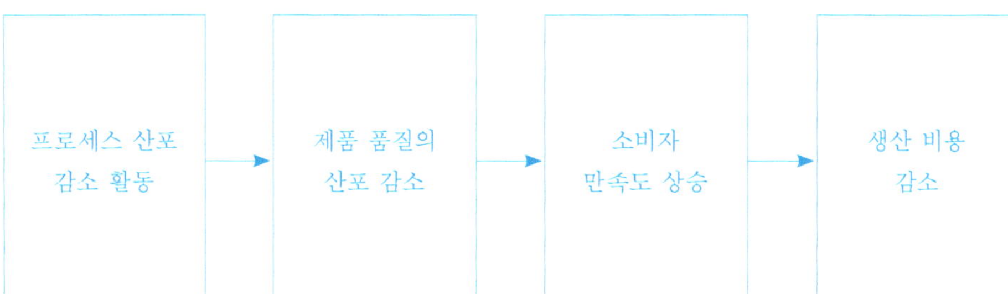

(1) 평균Mean과 산포Varation

평균을 설명하는 대표적 사례가 강을 건널 때이다. 만약 강의 평균 수심이 140cm일 때 신장 180cm인 사람은 안전하게 건널 수 있을까? 어쩌면 익사할 수 도 있다. 왜냐하면 평균 수심에는 수심이 발목에도 미치지 않는 강의 초입 깊이도 포함되기 때문이다. 즉, 가장 깊은 강의 수심은 200cm를 넘을 수도 있다. 이와 같은 사례와 같이 데이터에서 평균만을 고려하는 것은 매우 위험하다. 평균은 데이터의 수준을 왜곡할 가능성이 매우 높다.

엔지니어들은 반드시 모든 데이터의 분포상태를 살펴야 한다. 데이터의 분포는 산포로 표현된다. 제품의 성능데이터는 산포가 작은 것이 좋다. 시험을 통해 얻어지는 데이터는 동일한 조건이라도 다양한 원인에 의해 차이가 난다. 산포가 발생하는 것이다. 따라서 시제품 평가로 제품의 성능을 정확하게 예측하려면 평가데이터의 산포를 줄이는 노력을 해야한다. 산포를 줄이기 위해서는

- 실수없는 제품 설계
- 정밀한 제조 공정과 시제품 품질
- 정확한 측정

등이 필요하다.

Fig. 4.4은 과녁에 10발의 화살을 쏘았을 때 획득한 점수의 예이

Figure 4.4. 데이터의 산포

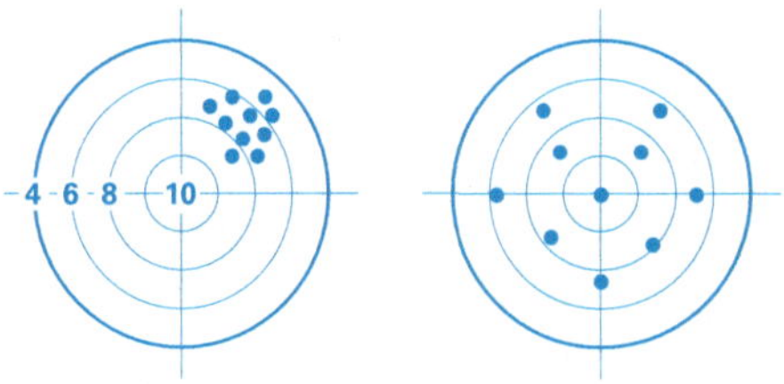

Figure 4.5. 데이터 개선 활동

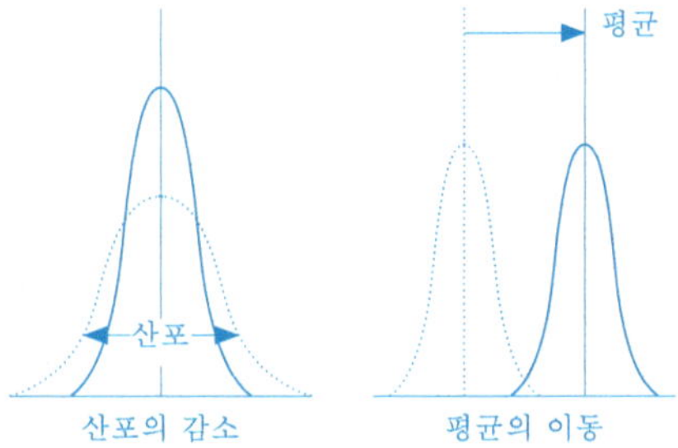

다. 점수의 평균은 B선수가 A선수보다 높다. 평균 점수로 보면 B선수가 우수한 선수라고 할 수 있다. 그러나 정말 B선수가 우수한 선수일까? 그렇지 않다. 왜냐하면 B선수의 점수는 산포가 크기 때문이다. 산포가 크다는 것은 데이터의 원인파악이 어렵다는 것을 의미한다. 결국 향후 점수가 높아질 가능성은 산포가 작아 데이터의 원인파악이 쉬운 A선수가 높다. 따라서 데이터의 정확성을 향상시키기 위해서는 산포를 일으키는 원인들을 제거하여 데이터의 산포를 줄이는 것이 가장 중요하다. 산포가 줄어들면 원하는 수준의 평균을 맞추기 위해 설계변경, 공정조건 개선 등의 개선활동을 하면 된다.

Figure 4.6. 모집단과 표본의 관계

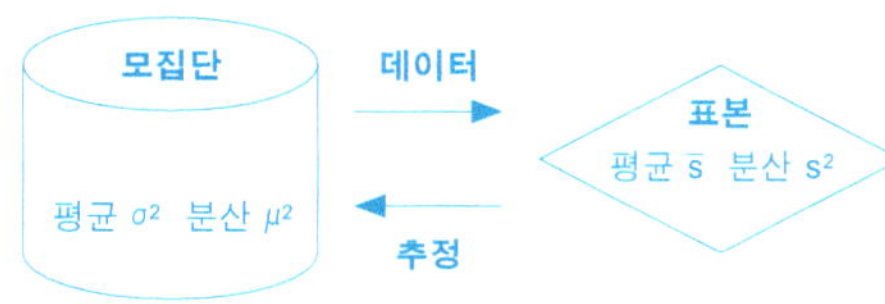

(2) 데이터 분석

데이터 분석을 위한 통계의 주요요소는 다음과 같다.

- 모집단: 평가대상이 되는 제품군이나 시제품 총량으로 전수 평가의 대상이다.
- 변수: 제품군이나 시제품군의 성능을 변화시키는 특성치
- 표본: 모집단의 성능 평가를 위해 선정된 모집단의 축소형, 샘플링 평가의 대상이 된다.
- 추측: 표본에서 얻은 정보를 활용하여 모집단을 특성을 예측하고 표준화하는 것
- 신뢰도: 추측의 합리성을 검증하는 것

시제품 평가는 전수 평가가 아닌 샘플링 평가의 성격이 있다. 샘플링 평가를 위해서는 가장 중요한 것이 모집단의 특성을 합리적으로 대변하는 샘플링을 잘 하는 것이다. 샘플링이 잘되면 표본의 평균과 산포 분석을 통해 모집단의 특성을 추정하게 된다.

대표적인 예가 여론조사이다. 대한민국 인구모집단를 대상으로

여론을 파악하는 것은 많은 시간과 노력이 필요하다. 이때 인구의 분포를 대변하는 1000명표본을 대상으로 여론조사를 하고 의견을 분석통계한 후 대한민국의 의견으로 예측추측한다. 이때 반드시 여론조사의 신뢰도 구간을 언급한다.

따라서 시제품을 제작한 후 통계적으로 평가하는 것은 향후 예상되는 제품모집단의 샘플을 사전에 평가하고 제품의 성능을 과학적으로 예측하는 것이다. 이러한 시제품의 평가결과는 다시 설계단계로 반영되어 대량 생산시 제품 불량의 가능성을 사전에 방지하는 기능을 하게 된다.

PART V

문서
Documentation

Part 5. 문서Documentation

평가가 끝난 개발 프로젝트는 발표Presentation의 단계를 갖는다. 설계자가 고객에게 그의 방안이 옳다는 것을 설득시키는 단계로서 다음의 형식을 활용한다.

- 보고서written: 서류, 컴퓨터 파일
- 구두oral
- 도식graphical: 스케치, 도면

이 단계는 엔지니어가 간과하기 쉬우나 프로젝트가 성공하기위해 중요한 단계이므로 소홀히 다루어서는 안된다. 또한, 프로젝트가 진행되는 동안 쌓인 노하우와 지식을 향후 활용될 수 있도록 정리하는 것도 중요한 단계이다. 업무가 바쁜 경우 이를 소홀히 하기 쉬우나 이를 소홀히 하면 지난 과제의 실패를 반복하게 되므로 과제가 마무리되면 반드시 정리하는 시간을 갖도록 한다.

일반적으로 리포트는 아래와 같은 항목으로 구성된다.

- 요약Executive Summary
- 개요Introduction
- 목적Mission Statement
- 문제 분석관련 사전 작업 또는 연구 등을 포함:
  - 고객의 식별
  - 고객의 의견 및 인터뷰

- PDS
- QFD

- Design Concepts
- Concept Selection
- Final Design
- Evaluations and Future Considerations
- References
  - 제작 사양
  - Bill of Materials
  - Detailed Drawings 및 세부 사항
  - 계산을 지원하거나 결과를 모델링
  - 고객이 요구하는 기타 자료

Detailed Drawings

엔지니어들은 제품 개발의 전 단계에서 수시로 보고서를 작성하게 된다. 보고서는 팀활동에 매우 중요한 소통수단인 것이다. 이때 1장 이내로 요약된 보고서를 작성하도록 노력해보자. 엔지니어가 설명할 많은 내용과 데이터를 1장으로 압축하는 것은 결과 쉽지않다. 그러나 1장 보고서의 효과는 매우 높다. 그것은 1장 보고서가 제품 개발을 충분하게 이해해야만 작성이 가능하고, 보고서를 읽는 사람에게 분명한 의사를 전달할 수 있기때문이다. 다음은 1장 보고서의 예시이다.

Table 5.1 보고서 구성의 예

<table>
<tr><td>작성일</td><td>2016년 10월 27일</td><td>보존 기간</td><td>2년</td></tr>
<tr><td>제목</td><td colspan="3">자동차 경량화를 위한 알루미늄 브레이크 페달의 최적설계</td></tr>
<tr><td>요약</td><td colspan="3">브레이크 페달 소재를 열처리된 Al-Mg 합금으로 변경하고 형상최적 설계를 하여 기존 steel 페달과 동등한 강도와 35%경량화를 달성함</td></tr>
<tr><td>배경</td><td colspan="3">환경규제조건을 만족하고 차별화된 자동차 경량화 기술을 확보 자동차 경량화를 위한 Al-Mg 합금의 적용 가능성 검증 필요</td></tr>
<tr><td>결과</td><td colspan="3">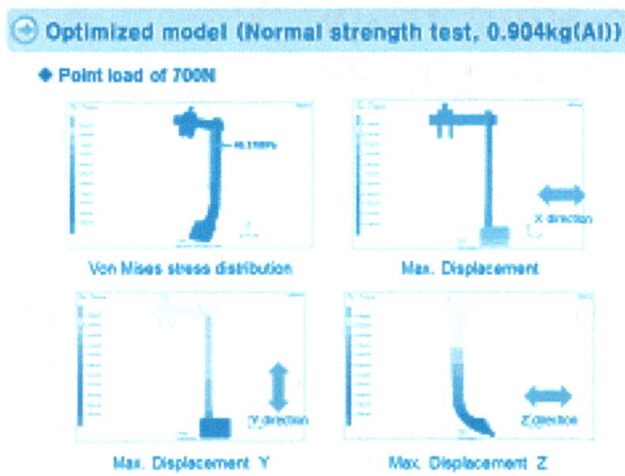

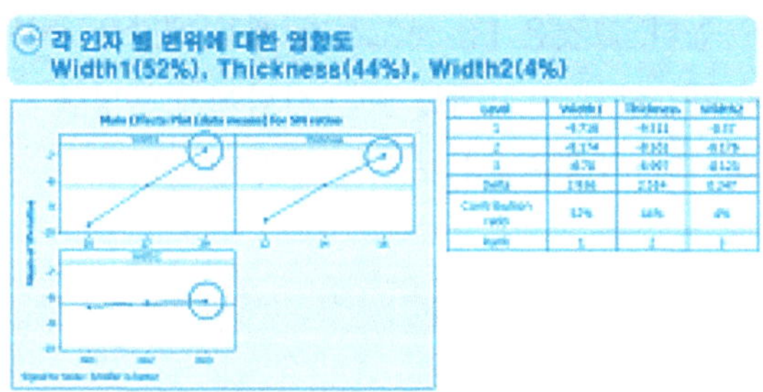
</td></tr>
<tr><td>시사점 및 방향성</td><td colspan="3">자동차 경량화를 위한 Al-Mg 합금의 적용가능성은 확보
브레이크 페달외 윈도우 와이퍼 등 다양한 부품으로 적용 가능성 확인
제품 개발을 위한 다이캐스팅공정 및 금형설계의 최적화 필요</td></tr>
<tr><td>작성자</td><td colspan="3">기계공학과 홍길동</td></tr>
</table>

Part VI

Future of Engineering Design Technology

Part 6. 공학 설계 기술의 미래 Future of Engineering Design Technology

이번 장에서는 앞으로의 공학 설계 기술 변화를 알아보고자 한다. 이를 위하여 우선 공학 설계를 포괄하는 제품의 개발환경이 어떻게 변해가고 있는지에 대해 우선 기술한다. 그리고 변화하는 제품 개발환경에 대응하기 위하여 향후 공학 설계 기술들에 대해 알아본다.

6.1 제품 개발환경의 변화

신상품 개발New Product Development에 있어 사용자 중심의 혁신User-centered Innovation의 중요성이 날로 강조되고 있다. 기존의 제품 개발 관점에서 제품의 개발자로서의 설계자, 설계팀 그리고 기업들은 시장에서 경쟁력이 있는 제품의 개발을 위해서 최신 기술의 적용, 원가의 절감과 결함을 최소화하는 품질 관리 등의 활동에 중점을 두었다. 하지만, 날로 심화하는 시장에서의 경쟁과 다양하고 복잡해지는 소비자의 요구, 그리고 정보통신기술information and communications technology의 보급으로 확산하고 있는 새로운 제품 생산방식 등은 공학 설계와 관련하여 제품 개발자의 관점의 근본적인 변화를 유도하고 있다.

6.1.1 공학 설계 기본 관점의 변화

제품 개발의 핵심이라 할 수 있는 공학 설계도 기존의 '기술 중심적' 시각에서 벗어나 제품의 사용자를 중심으로 그와 연관된 다양한 이해관계를 고려해야 한다.

이와 관련하여, Vredenberg et al. [2001]은 기존의 제품 설계 접근방식과 새로운 사용자 중심의 설계와의 차이점을 Table 6.1과 같이 정리하였다.

Table 6.1 기존의 공학설계 접근법과 사용자 중심의 접근법의 비교 (출처: Vredenberg et al.[2001])

Traditional Approach	User-Centered Design
Technology driven	User driven
Component focus	Solution focus
Limited multidisciplinary cooperation	Multidisciplinary team work
No specialization in user experience	Specialization in user experience
Some competitive focus	Focus on competition
Development prior to user validation	Develop only user validated designs
Product defect view of quality	User view of quality
Limited focus on user measurement	Prime focus on user measurement
Focus on current customers	Focus on current and future customers

Table 6.1에서 나타낸 바와 같이, 가격경쟁력, 효율, 품질 그리고 제품의 다양성이 제품의 주요 경쟁 요소로 여겨지는 기존의 설계 접근방식과는 다른 사용자 중심의 설계를 위해서는 실제 사용자와 사용자의 경험에 초점을 맞추어야 한다. 이를 위해서, 설계자는 사용자의 요구를 정확히 이해하는 것이 무엇보다도 중요하다. 따라서, 사용자의 요구 사항에 대응할 수 있는 제품 설계 사양 정하고 각각의 사양 항목에 대한 기술적 해결방안들을 제시하는 데 있어 기존의 효율과 논리적 분석에 기반을 둔 공학적 문제 해결 방법을 넘어 통합적 창조적 사고의 과정과 방법으로의 변화를 요구하고 있다. 다시 말해, 사용자 중심의 설계는 잠재적 사용자에게서 얻어진 불확실한 정보를 통해 제품의 개념을 정의하는 단계에서부터 설계자를 포함한 제품개발팀에게 통찰력 있는 종합을 통한 창조적 능력을 요구한다(Kang and Lee [2014]). 이러한 요구에 대하여 대책을 마련하고 지원하기 위해, 다양한 분야의 학자와 실무자

들은 기존의 Stage gate(Cooper [1990])로 대표되는 순차적Waterfall 제품개발 방식을 개선하거나, 디자인 싱킹Design Thinking과 같은 새로운 방법들을 제안하고 있다(Brown [2009]; Tschimmel[2012];Thoring and Muller [2011]).

6.1.2 지능형 연결제품과 공학설계

최근의 센서 기술과 데이터 전송 및 정보처리 기술의 획기적인 발전은 공학 설계에도 큰 영향을 미치고 있다. Porter와 Heppelmann(Porter and Heppelmann[2014]; Porter and Heppelmann [2015])는 정보기술IT의 혁신적인 발전을 바탕으로 한 새로운 형태의 지능형 연결 제품들Smart, Connected Products의 출현의 영향과 그로 인한 전반적인 기술적, 사회적 변화에 관해 기술하였다. 특히, 물리적 하드웨어와 소프트웨어, 정보통신기술의 결합으로 새롭게 요구되는 제품을 위한 필수적인 설계 시 고려해야 할 사항들에 대해 다음과 같이 기술하였다.

- 저비용 제품 다변화 기존에 제품 다변화를 위하여 다양한 부품들을 준비, 생산하는 것은 큰 비용을 요구한다. 이에 반해, 지능형 연결 제품은 물리적 하드웨어와 소프트웨어 플랫폼을 기반으로 물리적 부품들의 변경 또는 교체 없이 펌웨어Firmware의 변경으로 제품의 다변화를 추구할 수 있다.
- 새로운 사용자 경험 지능형 연결 제품은 사용자에게 디지털화된 접속장치를 제공함으로써 물리적 제어장치보다 더욱 직관적이고 유연한 환경을 제공한다. 그리고 통신장치와 센서를 이용하여 원격에서 제품을 제어하는 것을 가능하게 한다.
- 품질 유지와 관리의 연속성 통신장치와 센서는 사용자와 기업이 원격에서 제어, 모니터링이 가능하게 할 수 있다. 따라서, 사용자가 제품을 구매한 이후 사용 중에도 기업은 원격에서의 소프트웨어 개선작업을 통해 제품이 최신 성능을 갖도록 할 수 있다.
- 상호 운영성 통신장치를 통한 제품의 연결은 다른 제품과 연결을 통해 더 큰 상위의 시스템을 구성할 수 있다. 이를 통하여 기업은 자사 제품 간의 또는 다른 기업의 제품들과의 연결을 통한

정보의 교환할 수 있게 하여 소비자에게 제공할 수 있는 가치를 증가시킬 수 있다.

따라서 앞으로 지능형 연결제품의 개발을 위한 공학 설계는 위에 기술한 사항들을 고려하여 설계에 반영하여야 할 것이다.

6.1.3 생산기술의 발전과 개인 맞춤형Mass Customization 제품의 보편화

마지막으로, 자동화 기술의 발달로 인하여 제품의 생산기술은 종래의 소품종 대량생산Mass Production 체제에서 개인 맞춤형Mass Customization 또는 개인화Personalization 상품의 생산이 가능하도록 하여 설계, 공정, 그리고 물류 등 제품 개발 과정 전반에 영향을 미치고 있다. 기존의 소품종 대량생산 체제에서는 단일 제품을 위한 생산 설비들이 한 번 설치되어 생산을 시작하면, 정해진 생산계획에 따라 정해진 제품의 생산량의 생산이 완료될 때까지 변경이 쉽지 않다. 이에 반해, 최근에는 제품 생산에 필요한 설비들에 통신 지능화 기술이 결합하여 제품 주문량의 변화에 따라 실시간으로 유연하게 대응할 수 있게 되었다. 궁극적으로 소비자 맞춤형 제품의 생산이 가능해지도록 실시간 주문 생산 시스템으로 발전하여, 소비자가 원하는 제품을 주문하는 즉시 생산이 가능해질 수 있다. Table 6.2는 앞서 이야기 한 생산기술의 발전에 따른 단계별 차이점을 나타낸 것이다.

이러한 생산기술의 발전은 제품의 개발조직들이 빠르게 변화하는 시장 또는 소비자 기호에 대해 즉각적으로 제품의 개발 혹은 생산에 반영하는 것을 가능하게 한다. 다시 말해, 앞서 언급한 사용자 중심의 제품개발을 실현하는 것이 더욱 중요해졌다. 따라서, 제품 개발에서의 공학 설계 또한 이러한 생산기술의 변화로 예상되는 영향들을 고려해야 한다.

앞서 살펴본 공학 설계 동향의 변화를 바탕으로 향후 공학 설계와 연관된 새로운 기술들은 다음과 같이 정리할 수 있다.

Table 6.2 생산기술 발전에 따른 단계 별 차이점

	Mass Production	Mass Customization	Personalization
Production Goal	Scale	Scale Scope	Scale Scope Value
Desired Product Characteristics	Quality Cost	Quality Cost Variety	Quality Cost Variety Efficacy
Customer Role	Buy	Choose Buy	Design Choose Buy
Production System	Dedicated Mfg Systems (DMS)	Reconfigurable Mfg Systems(RMS)	On-Demand Mfg Systems(OMS)

6.1.4 클라우드 기반의 통합 설계 시스템

컴퓨팅 기술과 통신 기술의 혁신을 기반으로 클라우드 기반 설계 시스템의 보급이 확장되고 있으며 공학 설계 프로세스에서 일반화되고 있다. Wu et al. [2015]에 따르면, 클라우드 기반 설계Cloud-based design; CBD 시스템은 공학 설계 관련 작업을 클라우드 컴퓨팅, 어디서나 접속할 수 있는 모바일 컴퓨팅 기술서비스 지향 아키텍처 & Web 2.0 및 복잡한 정보들을 처리할 수 있는 정보 기술Semantic Web Technology 등으로 연결하여 분산 협업 환경을 통해서 지원하는 시스템을 의미한다.

과거에는 컴퓨터 지원 설계 및 응용해석Computer Aided Design & Engineering; CAD&E) 소프트웨어들이 하나의 독립적인 고성능 컴퓨터에 설치되어 제한된 수의 설계자들만이 사용할 수 있었다. 게다가 복잡한 형상의 데이터를 공유하는 데 있어 데이터의 크기와 호환성을 항상 고려해야 했다. 하지만, 계산과 그래픽 처리 등 컴퓨팅 기술과 정보통신 기술의 발전으로 인하여 현재의 설계 지원 시스템들은 앞서 언급한 과거의 한계를 벗어나게 되었다. 예를 들어, 2010년 이후 최근의 설계 소프트웨어들은 클라우드 상의 서버에 설치된 설계지원 시스템을 설계자들이 각자의 단말장치를 통하여 접속해서 사용할 수 있도록 하고 있다. 따라서 접근 권한을 가지고 있는 다수의 설계자가 동시에 작업을 분산하여 협업할 수 있는 환경을 제공하고 있다. 또한, 설계 지원 시스템들이 상호 호환 또는 통합되는 경향이 있으며, 제품의 설계부터 최종 제품의 생산에 이르는 각각의 설계 지원 관련 업무들을 일괄적으로 관리할 수 있는 제품수명주기관리Product Lifecycle Management 관련 소프트웨어들이 상용화되어 있다. Table 6.3은 상기 언급한 설계지원 시스템의 진화과정과 각각의 특징들을 나타낸다.

Table 6.3: 컴퓨터 지원 설계 시스템의 진화 (출처: Wu et al. [2015])

Time	Configuration	Characteristics
1960s	Centralized	Standalone System
		Operate on large and expensive computers
		Generate 2D drawings with a light pen on a CRT monitor
1970s	Centralized	Standalone System
		Operate on affordable personal desktop computers
		Perform 3D solid modeling
1980s	Distributed	Thin server +thin client
		Light-weighted client mechanism
		Hard to be implemented on the Internet
1990s	Distributed	Strong server + thin client
		Light-weighted client mechanism
		Adopt the application service provider(ASP) model
		Easy to be implemented on the Internet
2010s	Distributed	Cloud computing-based
		Virtualization
		Multi-tenancy
		Social media
		Ubiquitous access
		Software-as-a-Service
		Pay-per-use

향후의 클라우드 기반 통합 설계 시스템은 가상 물리 시스템Cyber-physical systems, 사물인터넷Internet of things 및 빅데이터Big Data 기술들과 결합하여 공학 설계 활동을 지원할 것이다. 우선 가상 물리 시스템 기술은 실제의 물리적 기기들과 소프트웨어를 통해 구현되는 가상의 시스템을 통합하는 기술을 말한다. 예를 들어, 자동차나 휴대용 단말기와 같은 물리적 제품에 장착된 센서들로부터 얻어지는 다양한 정보들을 컴퓨터를 통해 구현된 가상의 시스템을 통해 처리하여 제품이 설계자와 사용자의 의도대로 동작하도록 할 수 있다. 공학 설계 시스템에서는 가상 시스템과 물리적 기기 간의 상호작용으로 얻어진 새로운 정보들을 클라우드 기반의 통합 설계 시스템으로 전송하여 정보들을 저장하여 차후 새로운 제품설계에 반영하거나 가상 시스템상의 정보를 갱신하는 등 다양한 방법을 통해 제품의 가치를 향상할 수 있다. 사물인터넷 기술은 앞서 기술한 지능형 연결 제품 설계의 중요한 요소로써 제품에 설치된 다양한 센서를 통해 얻을 수 있는 사용자의 제품 사용 특성을 분석할 수 있고, 다수의 지능형 연결 제품 간에 통신을 가능하게 할 수 있다. 그로 인하여, 사용자가 제품을 사용하는 데 있어 센서로부터 얻어지고 컴퓨터 시스템으로 처리되어 가공된 새로운 정보를 이용하여 새로운 서비스를 제공함으로써 사용자의 편의성 증대, 지속적인 품질 유지 등 제품의 가치 향상의 기회를 증대할 수 있다. 마지막으로, 빅데이터 기술은 사물인터넷 기술과 소셜 미디어를 통해 얻은 시장 정보와 제품 개발 활동을 통해 축적된 제품 관련 정보 등 다양하고 방대한 정보를 제품을 사용하고 유지하는 데 필요한 의미 있는 정보를 포착하는 기술을 말한다. 따라서, 이 기술은 클라우드 기반 설계 지원 시스템과 연결되어 잠재적 시장의 변화와 사용자의 잠재된 다양한 요구조건들을 파악하여 차후 설계에 반영할 기회들을 제공한다.

6.1.5 가상 및 증강 현실 기반 설계 기술

앞장에서 기술한 클라우드 기반 설계 지원 시스템의 발전과 더불어, 가상 현실Virtual Reality 및 증강 현실Augmented Reality 기반의 설계 기술은 앞으로의 제품 개발의 여러 분야에서 적용될 수 있다.

특히, 공학 설계 분야에서 VR 기반의 설계 기술은 우선 개념 설계 시 개발하려는 제품의 개략적인 형상과 기능들에 대해 더욱 직관적인 3차원의 시각 정보를 제공하여 물리적인 시제품Physical Prototype의 제작을 최소화할 수 있다. 또한, 제품 개발에 관계된 사용자를 포함한 다수 이해관계자의 이해를 돕는 데 쓰일 수 있다. 상세 설계를 통해 작성되는 각각의 요소 부품의 3차원 형상 정보 혹은 솔리드 모델Solid Model들은 기존에 개념 설계에서 작성된 개념 모델을 기준으로 검토 갱신되어 개발 제품의 가상 조립 모델Assembly Model을 구성한다. 이때, 설계자는 물리적 시제품을 제작하지 않고 가상 조립 모델을 통해서 요소 부품 간의 간섭이나 기능성을 보다 직관적으로 검토할 수 있다. 또한, 제품의 개발 조직은 클라우드 기반의 협업 환경을 통해서 개발 제품에 대한 공통의 이해 발전시키고, 이를 바탕으로 다수의 설계자가 가상 조립 모델을 만들고 수정하는 데 있어 효율적으로 분업할 수 있는 의사소통의 수단으로 사용할 수 있다.

AR 기반 설계 환경은 구글 글라스Google Glass와 같은 특수한 영상 장치를 이용하여 실재의 이미지나 배경의 화상 정보 위에 개발 제품의 가상 입체 솔리드 모델과 그 모델들과 관련된 부가적 정보들을 투영하여 설계자 또는 사용자에게 실생활에서 제품이 어떻게 위치되고 사용되는지에 대한 다양한 정보를 제공한다. 다시 말해, 현실 세계와 가상의 정보를 결합하는 기술이라 할 수 있다. 따라서, 제품의 설계 시 필수적인 정보들을 실제의 상황과 함께 제공함으로써 사용자를 포함한 제품 개발에 관련된 이해당사자들의 이해를 높일 수 있으며, 의사결정에 도움을 줄 수 있다.

6.1.6 쾌속 시제품 조형기술

기존의 선형적, 순차적인 제품 개발 과정은 반복적인 시제품Prototype의 제작, 시험 그리고 개선 활동을 통한 최선의 해결방법을 찾는 과정으로 바뀌고 있다. 이러한 제품 개발 과정의 변화는 컴퓨터 기반 설계Computer Aided Design 및 응용해석Computer Aided Engineering 기법과 함께, 3D 프린터와 CNCComputerized Numerically Controlled Machining Tools로 대표되는 쾌속 시제품 조형기술Rapid Prototyping로 인하여 가능하게 되었다.

Table 6.4: 쾌속 조형기술 발전에 따른 수용단계 별 적용분야 (출처: Rayna andStriukovan [2016])

Adoption Stage	Design	Tooling	Manufacturing	Distribution
Rapid Prototyping	☑			
Rapid Tooling	☑	☑		
Direct Manufacturing	☑	☑	☑	
Home Fabrication	☑	☑	☑	☑

특히, 제품 개발팀은 시제품을 사용함으로써 제품 개발 시 가상의 3D 시제품과 물리적 시제품을 동시에 반복적으로 생성비교함으로써 CAD 시스템 상의 제품 형상 정보를 쉽게 갱신할 수 있다. 또한, 제품의 사전 평가에 소요되는 절차를 간결하게 함으로써 제품 개발 기간과 비용 등을 절감할 수 있다. 예를 들어, 물리적 형상을 가진 시제품은 제품 개발의 여러 단계에서 제품 개발팀 내의 다양한 전문 분야을 가진 팀원들이 개발하고 있는 제품에 세부적인 요소들에 대한 공통적인 이해를 증진시킬 수 있다. 그리고, 제품 개발 단계의 초기부터 시제품을 이용하여 제품의 품질을 확인하고 결점들을 조기에 파악하여 보완할 수 있다.

아울러, 쾌속 시제품 조형기술은 사용자가 필요한 제품의 형상 정보를 인터넷을 통하여 구매하여, 가정이나 제품이 이용되는 현장에서 직접 생산할 수 있는 단계까지 이를 것으로 예상된다. 이러한 단계에서는 제품의 생산과 유통 과정들과 마찬가지로 현재와는 전혀 다른 제품의 개발 과정을 고려해야 할 것이다. Table 6.4는 쾌속 조형기술 발전에 따른 수용단계 별 적용분야들을 나타낸다.

부록 A

실행을 위한 프로젝트 관리 양식

- [양식 1] 기획안NABC 형식
- [양식 2] 팀구성과제명, 개발배경, 개발목표, 팀장, 팀원, 기간, 소요비용
- [양식 3] VOC 조사: SWOT분석
- [양식 4] VOC 조사: 기술로드맵
- [양식 5] 제품 설계Spec
- [양식 6] 컨셉 도출Cause and effect diagram
- [양식 7] 개념 평가 및 선정HoQ
- [양식 8] 개념 평가 및 선정기술트리
- [양식 9] 개념 평가 및 선정점수 매트릭스
- [양식 10] 시제품 제작 및 시험시험데이터관리서
- [양식 11] 리스크관리 승인서
- [양식 12] 리스크 관리서

부록 A. 실행을 위한 프로젝트 관리 양식

[양식 1] 기획안NABC 형식

- NABC 형식의 기획안은 1장이내, 개조식으로 작성한다.
- 기획안을 뒷받침하는 자료는 별첨으로 첨부한다.
- Powerpoint로 작성할 경우 각 1장씩, 총 5장으로 작성한다.

Table A.1: 기획안

표지	제목 일시 제안자 소속, 성명
Need (개발배경)	통계자료, 개발사례 등을 인용하여 객관성을 확보한다. 다양한 그림, 그래프 등 시각자료를 사용한다. VOC를 바탕으로 개발목표를 서술한다.
Approach (해결방법)	개발목표를 달성하기 위한 해결방법에 대해 기술한다. 가능한 구체적으로 서술하되, 반드시 실행가능해야만 하는 것은 아니다. 개발에 소요되는 비용, 인력, 장비 등을 기술한다.
Benefit (기대효과)	개발시 기대되는 효과를 가능한 정량적으로 서술한다. 개발효과를 금액으로 표현할 수 있으면 좋다.
Competitor (경쟁사분석)	개발목표에 맞는 유사한 개발사례 등을 조사해서 서술한다. 경쟁사는 국내외 기업의 유사제품, 연구보고서, 논문 등이 해당될 수 있다.
첨부	NABC를 보충할 수 있는 자료를 추가할 수 있다.

[양식 2] 팀구성과제명, 개발배경, 개발목표, 팀장, 팀원, 기간, 소요비용

- 1장이내, 개조식으로 작성한다.

Table A.2: 팀구성

<table>
<tr><td>과제명</td><td></td><td>팀구성</td><td>팀장
팀원</td></tr>
<tr><td>개발배경</td><td></td><td>개발기간</td><td></td></tr>
<tr><td>개발목표</td><td></td><td>소요비용</td><td>시험평가 비용
샘플제작 비용
팀운영 비용 등
구체적으로 계산된 비용을 기입한다.</td></tr>
<tr><td colspan="4">년 월 일
OOOOO과 홍길동</td></tr>
</table>

[양식 3] VOC 조사: SWOT분석

내부 현황분석을 통해 도출된 강점Strengths과 약점Weakness, 외부환경분석을 통해 도출된 기회Opportunities과 위협Threats을, 다음 예제의 질문을 통해서, 정리 하고, 그 요인들에 따른 전략적 시사점을 도출하여 SO전략, ST전략, WO전략, WT전략 에 따른 조달정보화 대응방안을 제시한다.

Table A.3: SWOT분석

장점 (내부요인)	단점 (내부요인)
제안의 장점은 무엇입니까? 경쟁 우위? 장점, 능력? 혁신적인 측면? 가격, 가치, 품질? 위치 및 지리적 위치? 자원, 자산, 인재? 경험, 지식, 데이터? 금융 준비금, 수익률이 좋을까요? 마케팅 - 도달, 배포, 인식? 인증, 자격증, 자격증? 프로세스, 시스템, IT, 통신? 문화적, 태도적, 행동적 장점?	명제의 단점은 무엇입니까? 능력의 차이? 경쟁력의 부족? 알려진 취약점 자체? 데이터의 신뢰성, 예측 가능성 부족? 헌신, 지도력 부족? 재정 부족? 시간표, 기한 및 압력? 현금 흐름, 창업 현금 유출? 연속성, 공급망 견고성? 인증 부족? 프로세스 및 시스템 부족? 명성, 존재감 부족 및 도달 범위?
기회 (외부요인)	**위기 (외부요인)**
새로운 시장 개발? 경쟁 업체의 약점은 무엇입니까? 산업 또는 라이프 스타일 트렌드? 기술 개발과 혁신? 세계적인 Trend? 틈새 시장 가능성? 지리적, 수출, 수입 기회? 전술에 대한 시장 대응? 비즈니스 및 제품 개발? 정보 및 연구에 의하면? 파트너십, 에이젼시, 배포 기회? 시장, 수요 증가? 계절, 날씨, 패션 영향 변화?	시장 수요? 극복 할 수없는 약점? 장애물? 입법 효과? 고용 시장 변화? 금융 및 신용 압력? 정치적 효과? 환경 영향? 중요한 계약 및 파트너를 잃을 위기? 계절, 날씨, 패션 영향 변화?

[양식 4] VOC 조사 : 기술로드맵

- 년도별 소속기관 또는 분야의 비전, 산업목표를 표시한다.
- 제품이 속한 산업의 환경변화, 제품시장 트랜드를 분석한다.
- 년도별 제품 성능목표를 구체적으로 표시한다.

Table A.4는 기술로드맵의 예를 보여준다.

Table A.4: Active Device Embedding Technology 기술로드맵

<table>
<tr><th colspan="3">Item / Year</th><th>2010</th><th>2011</th><th>2012</th></tr>
<tr><td colspan="3">Layer Structure</td><td>2-2-2 (6 Layers)</td><td>1-2-1 (4 Layers)</td><td>-</td></tr>
<tr><td colspan="3">Overall Thickness</td><td>340</td><td>320</td><td>< 300</td></tr>
<tr><td rowspan="5">Embedding Tech.</td><td colspan="2">Embedding Location</td><td>Core</td><td>B/U</td><td>Core+B/U</td></tr>
<tr><td colspan="2">Bump Registration (mm)</td><td>< 35</td><td>< 25</td><td>< 12.5</td></tr>
<tr><td colspan="2">Min. Bump Pitch (mm)</td><td>155</td><td>135</td><td>100</td></tr>
<tr><td colspan="2">Min. Bump Size (mm)</td><td>135</td><td>120</td><td>90</td></tr>
<tr><td colspan="2">Die Thickness (mm)</td><td>130</td><td>100</td><td>50</td></tr>
<tr><td rowspan="8">Substrate Tech.</td><td colspan="2">Core Thickness (mm)</td><td>0.06</td><td>0.05</td><td>0.04</td></tr>
<tr><td rowspan="2">L/S (mm)</td><td>SAP</td><td>20/20</td><td>15/15</td><td>10/10</td></tr>
<tr><td>Tenting</td><td>50/50</td><td>30/30</td><td>20/20</td></tr>
<tr><td colspan="2">BVH Dia./Pad Dia (mm)</td><td>65/135</td><td>60/110</td><td>55/90</td></tr>
<tr><td colspan="2">LTL Registration</td><td>< 35</td><td>< 25</td><td><12.5</td></tr>
<tr><td colspan="2">B/F Pitch/B Pitch (mm)</td><td>100/155</td><td>90/135</td><td>80/100</td></tr>
<tr><td colspan="2">Surface Treatment</td><td>-</td><td>ENEPIG, Tin</td><td>-</td></tr>
<tr><td colspan="2">Ball Pitch (mm)</td><td>0.35 - 0.4</td><td>0.3 - 0.35</td><td>0.3 - 0.35</td></tr>
</table>

[양식 5] 제품 설계Spec

- 객관적 측정방법에는 제품 성능지표를 평가할 수 있는 객관적 측정방법을 기입한다.
- 측정결과의 증빙방법에는 객관적 측정방법공인규격이 없을 경우 측정방법을 기술한다.

Table A.5: 제품 설계 (Spec)

성능지표	단위	현재 수준	개발 목표	세계최고수준 (보유국/보유기업)	가중치 (%)	객관적 측정방법	
						시료 수 (n≥5개)	시험규격
최대압력	bar	20	40	20 FEV(미), MTS(독), AVL(오), 오토막스(일)	30		ISO 8626 IEC 61326-2-1 KS B 5537 ISO 4965
유량 정밀도	cc/min	±5	±1	±5 FEV(미), MTS(독), AVL(오), 오토막스(일)	30		IEC 61326-2-1 KS B 5325
변위 정밀도	μm	±1	±1	±1 FEV(미), MTS(독), AVL(오), 오토막스(일)	20		ISO 8626 IEC 61326-2-1 KS B 5537 ISO 4965
최대토크	N/m	10	10	10 FEV(미), MTS(독), AVL(오), 오토막스(일)	20		ISO 8626 IEC 61326-2-1 KS B 5537 ISO 4965
□ 측정결과의 증빙방법							

[양식 6] 컨셉 도출Cause and Effect Diagram

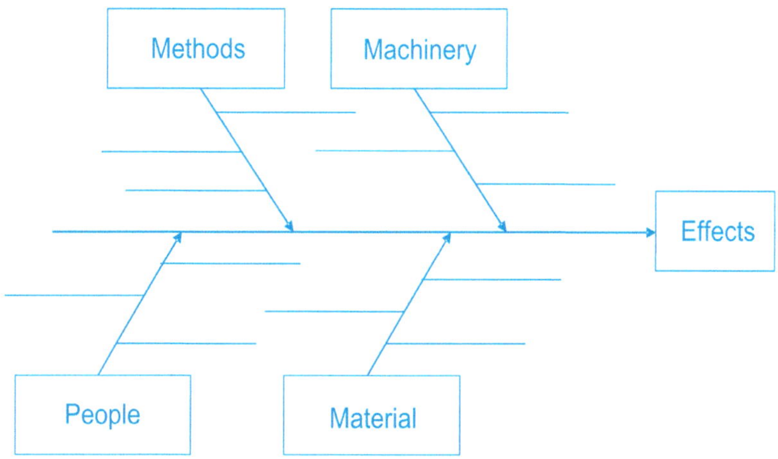

Fig. A.1: Cause and Effect Diagram

[양식 7] 개념 평가 및 선정HOQ, 예시

Table A.6: 1 차 제품 설계

		제품 성능					
수요자 요구사항	가중치	압축강도	각도	수명	무게	가격	누수율
안락감이 좋아야 한다	1	9	3		1	3	1
등받침 회전각도가 커야 한다	0.7		9			3	
내구성이 우수해야 한다	0.5		1	9	3	3	
무게가 가벼워야 한다	0.3	1	1	1	9	3	
가격이 저렴해야 한다	0.4		3	1	1	9	1
방수기능이 좋아야 한다	0.2				1	3	9
단위		Pa	°	Hr.	Kg중	$	%
점수		9.3	11.3	5.2	5.8	11.7	3.2

Table A.7: 2 차 제품 설계

		제품 설계 항목				
제품 성능	점수	쿠션 강도	등받이 회전판	프레임 강도	프레임 무게	KS규격 부품
압축 강도	9.3	9		3		
각도	11		9			
수명	5.2	1		9		
무게	5.8		1	3	9	
가격	12	1	1	1	3	9
점수		100.9	116.8	104.1	88.2	108

Table A.8: 3 차 제품 설계

		제품 설계 변수						
제품 설계 항목	점수	프레임 소재	프레임 사이즈	회전판 소재	회전판 회전 각도	회전판 부착 방식	쿠션 소재	쿠션 구조
쿠션 강도	101						9	9
등받이 회전판	117		1	3	9	3		
프레임 강도	104	9	9			3		3
프레임 무게	88	9	9					
점수		1728	1845	351	1053	663	909	1221

[양식 8] 개념 평가 및 선정기술트리

- 기술트리는 제품의 목적기능개발목표를 달성하기 위해 필요한 기술을 파악하기 위한 엔지니어들의 공동작업이다.
- 기술트리는 제품을 구성하는 기술을 이미 확보된 기술, 부족한 기술, 개발할 기술들의 관계를 파악하는 '제품기술의 구조도'로 제품 기술을 구조적으로 파악할 수 있게 해 준다.
- 기술트리는 복수의 사람이 공동으로 작업을 해야하며, 다양한 기술자료를 준비해야 한다.
- 개발할 제품의 목적기능 기본 기능을 서술한다.
- 기본기능에서부터 최소 4차기능 이상으로 분류한다.
- 각 차수별 기능분류를 할 때 참고할 특허, 논문, 자료 등을 첨부한다.
- 최 밑 차수까지 분류한 기능을 동일한 기술로 Grouping한다관련기술
- Grouping된 관련기술이 개발해야 할 중요핵심기술이라고 할 수 있다.

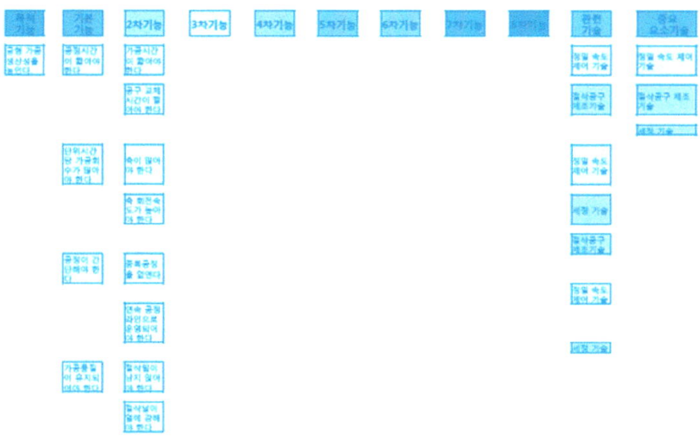

Fig. A.2: 기술트리

[양식 9] 개념 평가 및 선정점수 매트릭스

WORKSHEET							
Decision Name/Title:							
Date/Time:							
Decision Owner:							
EVALUATION PARTICIPANTS							
Name:							
SOLUTION EVALUATION							
		Rankings (1-5)					
Evaluation Criteria	Weighting Factor	Concept 1	Weighted Score	Concept 2	Weighted Score	Concept 3	Weighted Score
Cost	2	2	4	2	4	3	6
Schedule	3	5	15	2	6	4	12
Risk	5	4	20	2	10	4	20
Usability	3	3	9	2	6	1	3
Reusability	5	3	15	2	10	2	10
Weight	4	2	8	3	12	2	8
Feature Support	5	3	15	2	10	3	15
Scalability	4	2	8	1	4	3	12
Portability	4	1	4	3	12	3	12
Software Support	5	2	10	3	15	2	10
Size	5	5	25	3	15	2	10
Total	45	Total	133	Total	104	Total	118
Rating			133		104		118
FINAL SOLUTION							
SOLUTION JUSTIFICATION							

WORKSHEET									
Decision Name/Title:									
Date/Time:									
EVALUATION PARTICIPANTS									
Names:									
EVALUATION									
		Concepts							
Evaluation Criteria	Weighting Factor	Concept 1	Weighted Score	Concept 2	Weighted Score	Concept 3	Weighted Score	Concept 1	Weighted Score
Cost	1/15	3	0.2	6	0.4	3	0.2	7	0.467
Weight	3/15	5	1	4	0.8	7	1.4	10	2
Volume	1/15	6	0.4	7	0.467	4	0.267	8	0.533
Power	3/15	6	1.2	7	1.4	6	1.2	9	1.8
Safety	5/15	5	1.667	7	2.333	5	1.667	10	3.333
Durability	2/15	5	0.667	8	1.067	5	0.667	9	1.2
Total		30	5.133	39	6.467	30	5.4	53	9.333
Rating			2		3		1		
FINAL SOLUTION									
SOLUTION JUSTIFICATION									

[양식 10] 시제품 제작 및 시험실험데이터관리서

실험데이터관리서는 Table A9을 사용 하여 관리를 한다. 그리고, 제품 개발 Project를 수행 하면서 일어나는 문제들은 Project Problme Report 을 통해서 관리를 한다. 먼저, 문제를 report 하고, 그 문제를 분석 하고, Solution을 찾아서, 그 문제가 해결 되도록 한다. 한가지 예로, Organic Package Module 개발을 하며 일어난 문제점과 그 해결이, Tables A10-A11에 설명 되어 있다.

Table A.9: 실험데이터관리서

실험데이터 관리서 실시일 : 200 . . . 수행자 :							
샘플명/번호							
평가방법		☐ 전수☐ 샘플링 ☐ 샘플링 수 :					
실험규격							
번호	실험항목	실험 기준	검사결과				
			1	2	3	4	5
의견 :			종합판정				

Table A.10: Project Problem Report

PPR No. : 007	Name : 홍길동	Date : 02/28/2009
P/J Title : EPD 적용 Organic PKG Module 개발		
Title : RF특성 수동 측정으로 인한 전수측정 불가		
Division for Problem / ~~Solution~~		
Design	Process	Test
Problem Description 정확한 공정능력을 분석하기 위해서는 제작되는 모든 Sample에 대한 전수 검사가 필요하다고 판단됨. 그러나, 현재 Diplexer가 삽입되어 있는 기판의 RF 특성 측정 시, 기판상 여러 Unit 중 측정하고자 하는 특정 DUT에 RF Test Probe Tip을 Probing 하기 위하여 일일이 수동으로 Probe Station을 조정하고 있는 실정임. 이 같은 수동측정으로 인해 측정 시간이 매우 길어지고 Probing 및 RF특성 테스트와 측정Data 저장을 매 Sample 마다 반복해야 하는 번거로움이 발생하여 최소 2명의 인력이 1DUT 당 약 2분의 측정시간을 소요하고 있어 모든 Sample대해 전수 측정하지 못하고 Sampling Test를 하고 있는 실정임.		

Table A.11: Project Problem Report-Solution

PPR No. : 007	Name : 임꺽정	Date : 09/19/2009
P/J Title : EPD 적용 Organic PKG Module 개발		
Title : RF특성 수동 측정으로 인한 전수측정 불가		
Division for ~~Problem~~ / Solution		
Design	Process	Test
Solution Description: 측정 시간을 단축하고 모든 Sample에 대한 RF 특성 Test를 하기 위해 Probe Station 및 RF 계측 장비(Network Analyzer)를 GPIB/USB 케이블을 이용해 Control PC와 연결하고 자동으로 Probing 및 특성 데이터를 수집할 수 있는 테스트 프로그램을 LabVIEW를 이용하여 자체 제작하였음. 개선 효과: Unit당 측정 시간: 1min 2 sec 1 Strip당 측정 시간: 3 hour 6 min 측정 인력 감소: 최소 2명(Full Time)에서 1명(Part Time)으로 감소 Sampling 측정 (10개/Strip) 및 전수 측정 가능 (180개/Strip) Data 수집 및 저장 자동화 함		

[양식 11] 리스크관리 승인서

Signature:		Date:	
Print Name:			
Title:			
Role:			

[양식 12] 리스크 관리서

Table A.12: 실험데이터관리서

Ref No	Risk Type	Date Logged	Risk Control Area	Issue	Action Owner	Likelihood Rating	Likelihood	Impact Rating	Impact	Risk Rating	Risk Mitigation Actions	Last Reviewed	Current Status
						<select>		<select>		N/A			Open
						<select>		<select>		N/A			Open
						<select>		<select>		N/A			Open
						<select>		<select>		N/A			Open
						<select>		<select>		N/A			Open
						<select>		<select>		N/A			Open
						<select>		<select>		N/A			Open
						<select>		<select>		N/A			Open
						<select>		<select>		N/A			Open

Table A.13: Types of Issues/Risks

Type	Description
Strategic	Related strategic mission and objectives.
Financial	Related to economic impact (costs, revenues, budgets).
Regulatory (Compliance)	Related to legal and contractual obligations. Political legislative impacts.
Management	Related to decision making, resources, policies, etc.
Operational (Technical)	Related to ICT delivery, support or management services.

Table A.14: Qualitative Measure of Consequences of Likelihood

Level	Descriptor	Description	
A	Almost certain	Is expected to occur in most circumstances.	More than once per year
B	Likely	Will probably occur in most circumstances.	1 in 1 - 3 years
C	Possible	Might occur at some time.	1 in 3-5 years
D	Unlikely	Could occur at some time.	1 in 5-10 years
E	Rare	May occur in exceptional circumstances.	1 in 10 years

Table A.15: Qualitative Measure of Consequences of Impact

Level	Description	Example Detail Description
1	Insignificant	No injuries, low financial loss, no risk to reputation.
2	Minor	Minor First aid treatment, on-site release immediately contained, medium financial loss, some customer dissatisfaction.
3	Moderate	Medical treatment required, on-site release contained with outside assistance, high financial loss and public visibility.
4	Major	Major Extensive injuries, loss of production capability, invocation of disaster recovery with no detrimental effects, major financial loss.
5	Catastrophic	Death, off-site with detrimental effect, huge financial loss.

Table A.16: Qualitative Measure of Consequences of Impact

	Consequences				
Probability	Insignificant	Minor	Moderate	Major	Catastrophic
Almost Certain	H	H	E[a]	E	E
Likely	M[c]	H	H[b]	E	E
Possible	L[d]	M	H	E	E
Unlikely	L	L	M	H	E
Rare	L	L	M	H	H

[a] Extreme Risk: Immediate action required to mitigate the risk.
[b] High Risk: Action should be taken to compensate for the risk.
[c] Medium Risk: Action should be taken to monitor the risk.
[d] Low Risk: Routine acceptance of the risk.

부록 B

기초통계
Basic statics

부록 B. 기초통계Basic Statics

우리는 일상에서 각종 여론조사의 결과를 접하게 된다. 예를 들어 선거와 같은 사회적인 이슈가 있을 때 1,000명을 대상으로 한 여론조사에서 신뢰수준 95%와 ±3.5%의 오차범위에서 A후보가 B후보에 15%의 지지도를 더 받고 있다는 보도를 보곤 한다. 이것은 95±3.5% 수준에서 수천만명의 전체 유권자의 여론을 확인할 수 있다는 것을 의미한다. 전체 유권자를 대상으로 일일이 여론을 확인하지 못할 때 1,000명을 대상으로 조사를 해서 전체 여론을 확인하는 통계기법을 수행했기 때문이다. 매년 수백만개의 부품을 제조하는 기업이 모든 제품의 품질수준을 확인하지 못할 때 적절한 샘플 테스트sampling test를 통해 제품의 품질수준을 평가하는 것도 마찬가지로 통계를 기반으로 가능한 것이다. 이와 같이 일상에서 강력하게 사용되고 있는 통계는 적절한 데이터를 수집하고 효과적으로 요약하고 해석하여 합리적인 결론을 도출하는 총체적인 과정에 대한 학문이다.*

통계를 통해서 알고 싶은 것은 조사대상이 되는 전체집단이하 모집단이라 한다이지만 전체 인구수, 년간 생산 부품수와 같이 전체집단의 규모가 매우 클 때, 전체집단을 대상으로 조사를 해서 결론을 도출하는 것은 시간과 비용을 고려할 때 비효율적이다. 이때 사용하는 것이 모집단에서 적절한 집단이하 표본이라 한다을 추출해서 시간과 비용을 줄이는 방법이다. 즉, 표본을 대상으로 모집단 데이터의 특성을 합리적으로 유추하게 되는데 이 과정을 통계적 추론statistical inference이라고 한다. 일반적으로 모집단의 특성은 평균과 산포로 나타내고 표본의 특성은 통계량으로 표시한다. 따라서

* 유성모, 박현주, 미니탭으로 배우는 기초통계, 이레테크 2006.

통계적 추론은 표본의 통계량으로 모집단의 특성을 추정하는 과정을 의미한다.

모집단의 특성을 정확하게 예측하기 위해서는 표본을 제대로 구하는 것이 매우 중요하다. 표본이 모집단의 특성을 반영할 수 없다면 표본의 통계량은 무용지물이 된다. 따라서 본 장에서는 표본의 데이터를 수집하는 과정과 표본의 통계량을 통해 모집단의 특성을 분석하는 것에 대해 살펴볼 것이다.

1. 표본

모집단의 일부만을 조사하기 위해 표본을 만드는 과정을 표본추출샘플링, sampling이라고 한다. 표본은 모집단을 잘 대표해야하고 표본의 오차error가 작아야하기 때문에 표본은 동질적 모집단에서 가능한 많이 추출해야 한다. 표본을 추출하는 방법은 표 B1과 같이 정리할 수 있다.

2. 표본오차

모집단 평균과 표본 평균의 차이를 표본오차라 한다. 표본오차는 일정한 신뢰수준 95% 또는 99%에서 표본 평균에 의해 모집단 평균을 추정할 때 신뢰구간을 의미한다. 년간 100,000개의 볼트를 생산하는 A회사의 볼트 1,000개를 추출하여 볼트지름의 평균이 10mm이고 신뢰수준이 95%, 표본오차가 ±0.5mm라면 이것은 A회사에서 생산하는 볼트 100,000개의 지름이 9.5mm~10.5mm일 가능성이 95%가 된다는 의미이다.

3. 데이터의 분류

Table B1. 표본 추출법 분류

구분	종류	특징
확률 표집 • 모집단 수량을 알고 있어 표본의 확률을 알고 있는 경우 • 모집단의 특성을 잘 나타내고, 표본오차를 계산할 수 있음	단순 무작위 표집	모집단의 목록이 필요하고, 목록번호를 부여한다.
		모든 요소가 추출될 확률이 동일하고, 모집단에 대한 사전지식이 불필요하다.
		표본개수가 커야 모집단 중 작은 요소가 표집될 가능성이 높다.
	계통적 표집	모집단에서 N번째 사례를 표본으로 추출하는 것으로 표본추출이 쉽다.
		표본데이터가 주기성이나 편향성을 가질 수 있어 모집단의 특성을 외곡할 수 있다.
	층화 표집	모집단을 동질적인 몇 개의 그룹으로 나누고 각 그룹에서 단순무작위나 계통적으로 표집을 한다. 예) 반도체 수가 1,000개이고, 자동차와 전자제품 구성비가 3:7일 때 그 중 100개를 표집할 때 자동차용과 전자제품용을 각각 30개와 70개를 표집한다.
	집락 표집	모집단을 여러 개의 그룹으로 분류하고 표집이 될 그룹을 선정한 후 선정된 그룹에서 표본을 추출한다.
		표집할 때 시간과 비용을 절약할 수 있으나 특정집단의 특성이 과대·과소 평가될 수 있다. 예) 서울시민 표본을 추출할 때 서울시의 구중에서 몇 개의 구를 추출하고 그 구중에서몇 개의 동을 표집하고 그 안에서 최종 표본을 추출한다.
비확률 표집 • 표본의 확률을 알지 못할 경우 • 정밀도가 낮고 표본오차를 구하기 어려움	할당 표집	모집단을 일정한 범주로 나누고 각 특성에 비례하여 사례 수를 할당한 후 사례를 작위적으로 추출한다. 예)자동차가 세단이 70%, SUV가 30%인 모집단에서 100대의 자동차를 추출할 경우 세단 70대와 SUV 30대를 조사자 주변 등 쉬운 대상에서 추출한다.
	임의 표집	조사자가 임의대로 사례를 추출한다.
		표집의 일반화가 어렵다. 예)매일 가장 먼저 생산되는 부품을 추출한다.
	유의 표집	조사자의 판단에 따라 표집을 선정한다.
		표집의 대표성이 없고 모집단에 대한 사전지식이 필요하다. 예)자동차 배출가스를 조사할 때 10년 이상된 SUV를 대상으로 집중 추출한다.
	눈덩이 표집	연결망을 가진 사람이나 부품을 대상으로 표집을 선정한다.
		표집의 일반화가 어렵고 편견이 개입될 가능성이 높다. 예)디스플레이 패널의 해상도 불량을 조사할 때 첫 제품의 사용자에서 다른 사용자를 소개받는 식으로 사례를 표집한다.

데이터 종류는 다음과 같이 분류할 수 있다.

Table B.2 데이터 분류

대분류	소분류	예시	특징	표시
수치형	연속형 (계량형)	길이, 부피, 강도 (셀 수 없는 수)	• 중심위치 통계값 (평균, 중앙값, 최빈값) • 산포 통계값 (표준편차, 분산)	• 히스토그램 • 상자그래프 • 산점도
	이산형	불량품 수, 결점 수 (셀 수 있는 수)		
범주형	순위형	1등급, 2등급	• 빈도 • 백분율	• 원형 그래프 • 막대 그래프 • 파레토 그래프
	명목형	성별, 지역		

4. 산포

정규분포normal distribution는 가우스 분포Gaussian distribution라고도 하는데 연속 확률 분포의 하나로써 수집된 자료의 분포를 근사하는 데에 자주 사용되며 종bell 모양의 분포이다. 자연현상의 데이터는 대부분 정규분포의 형태를 가지기 때문에 normal distribution이라고 한다. 이러한 정규분포는 평균과 산포로 나타내는데 데이터의 퍼짐정도를 산포라 하며 분산Variance과 표준편차standard deviation로 표시된다.

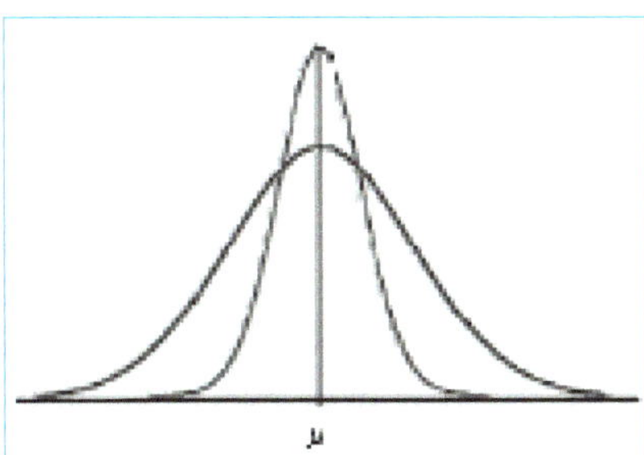

<정규분포 그래프 ; 그래프가 넓게 퍼진 것을 산포가 크다고 한다>

Table B.3 모집단과 표본의 통계값

대분류	모집단	표본
개수	N	n
평균	μ	$\bar{x}$
분산	$s^2 = \frac{\sum_{i=1}^{n}(x_i - \bar{x})^2}{n-1}$	$\sigma^2 = \frac{\sum_{i=1}^{N}(x_i - \mu)^2}{N}$
표준편차	$\sigma = \sqrt{\sigma^2} = \sqrt{\frac{\sum_{i=1}^{N}(x_i - \mu)^2}{N}}$	$s = \sqrt{s^2} = \sqrt{\frac{\sum_{i=1}^{n}(x_i - \bar{x})^2}{n-1}}$

평균이 μ이고 표준편차가 σ인 정규분포 모집단에서 n개의 표본을 추출하면 표본평균 $\bar{x}$의 분포는 평균이 μ이고 표준편차 $\sigma/\sqrt{n}$ 인 정규분포를 따른다. 즉, 모집단이 정규분포를 따르면 모집단에서 개수 n인 표본을 무수히 추출해도 표본은 정규분포를 갖고, 추출된 표본의 평균도 정규분포를 갖는다. 이때, 표본의 개수 n은 최소 30개 이상으로 하는 것이 통계적으로 유의미하다. 만약 표본의 분포가 정규분포가 아니라면 표본 추출 개수를 대폭 증가시키거나 표본데이터를 변환하여 정규분포로 만들 수 있다.

정규분포인 모집단의 분포: $X = N(\mu, \sigma^2)$

정규분포인 모집단에서 추출한 표본평균의 분포:

$$\bar{x} = N(\mu, (\frac{\sigma}{\sqrt{n}})^2)$$

5. 데이터 표시그래프

데이터의 분석은 목적에 따라 다양한 형태의 그래프로 표시하여 분석할 수 있다. 범용 통계 프로그램인 미니텝MINITAB, 이레테크를 사용하여 데이터 분석에 이용되는 그래프들을 표시하였다.

1) 히스토그램

그룹별 데이터의 형태모양을 파악할 때 사용하며 표본 데이터의 정규분포 여부를 판단할때도 사용하는데 그래프의 신뢰도를 확보하기 위해 일반적으로 표본의 개수는 20개 이상이 좋으며 많은 분석자들은 50개 이상의 데이터를 추천하고 있다.

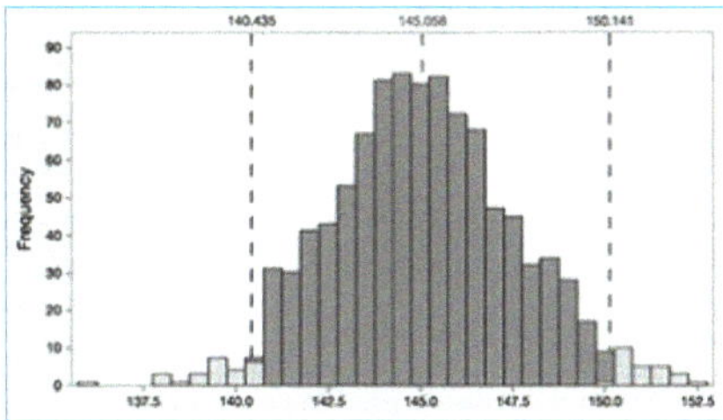

<히스토그램 출처 : Minitab.com>

2) 상자그림

여러 개의 집단간 분포를 가장 잘 비교할 수 있는 그래프로써 각 집단의 최소값, 최대값, 사분위값인 Q1, Q2, Q3와 특이값을 표시한다.

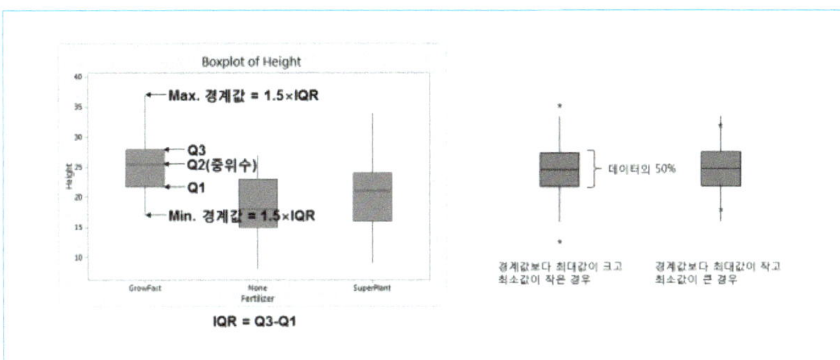

<상자그림(boxplot)>

3) 산점도

변수들 간의 관계를 분포로 표시하여 문제의 원인을 쉽게 파악할 수 있으며, 두 집단간의 상관관계를 파악할 수 있다.

C1	C2
Height	Weight
66.0	140
72.0	145
73.5	160
...	...

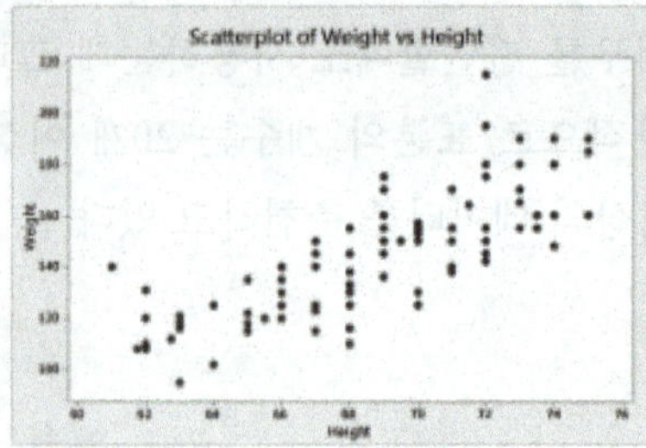

<산점도(scatterplot) 출처 : Minitab.com>

4) 파레토 차트

파레토 법칙을 나타낸 그래프이며 막대가 내림차순으로 정렬된다. 범주의 가치, 중요도, 영향력을 쉽게 판단할 수 있다. 파레토 법칙은 2:8의 법칙이라고도 한다. 예를 들어 제품 불량의 80%는 20%의 작업자가 발생시킨다와 같다.

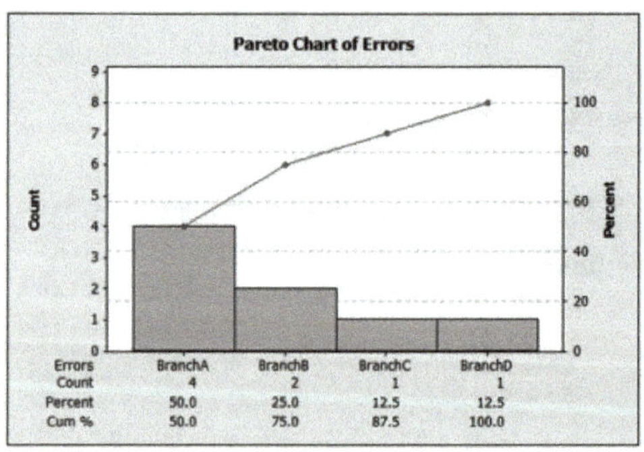

<파레토 차트(Pareto chart), 출처 : Minitab.com>

이와 같은 다양한 그래프는 데이터를 이해하고 분석하는데 매우 유용하다. 사례에 따른 적절한 그래프의 종류는 다음과 같다.

Table B.4 표본 추출법 분류

사례	그래프 종류
부품의 지름은 어떠한 분포를 가지는가?	히스토그램
여성과 남성의 키를 비교하시오	상자그림
자동화기기로 가공한 볼트와 수작업으로 가공한 볼트의 지름을 비교하시오	상자그림
가공속도와 볼트 지름의 관계를 그래프로 표시하시오	산점도, 상관분석

6. 상관분석

두 개의 집단간에 직선적인 관계가 존재하는지 여부를 데이터를 이용하여 파악하는 통계적 기법으로 상관성은 상관계수 r로 표시하며 r은 ±1에 가까울수록 두 개의 집단간에 강한 상관성이 있다. r이 0에 가까운 값이면 두 집단간은 서로 독립적이며 상관이 없다고 한다. 일반적으로 상관분석은 산점도와 함께 분석한다.

$$r = \frac{\sum(x_i - \bar{x})(y_i - \bar{y})}{\sum(x_i - \bar{x})^2(y_i - \bar{y})^2}, \ -1 \leq r \geq 1$$

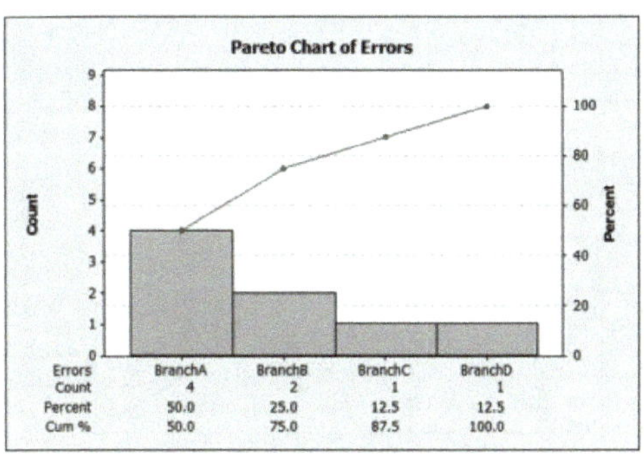

<상관분석>

7. 확률

확률은 동일한 조건에서 실험을 무수히 반복할 때 어떤 특정한 경구가 발생하는 비율을 의미하며 0과 1사이의 수로 표시된다. 모든 확률의 합은 1이다.

- 확률변수: 각 경우를 실수 값에 대응시키는 함수로써 X, Y, Z, ...로 표시된다.
- 확률분포: 확률변수에 대응하는 확률 값을 나타내는 것이다.

8. 정규분포

평균을 중심으로 좌우 대칭인 종 모양의 분포로써 가장 널리 사용되며 종 모양의 전체 넓이확률의 합은 1이다. 데이터가 많아지면 데이터의 분포는 정규분포가 되고 자연현상은 대부분 정규분포를 따른다고 한다.

$$정규분포\ 함수\ \ f(x)=\frac{1}{\sqrt{2\pi\sigma}}exp(\frac{(x_1-\mu)^2}{-2\sigma^2})$$

<정규분포, 이 그래프는 3σ 수준이다>

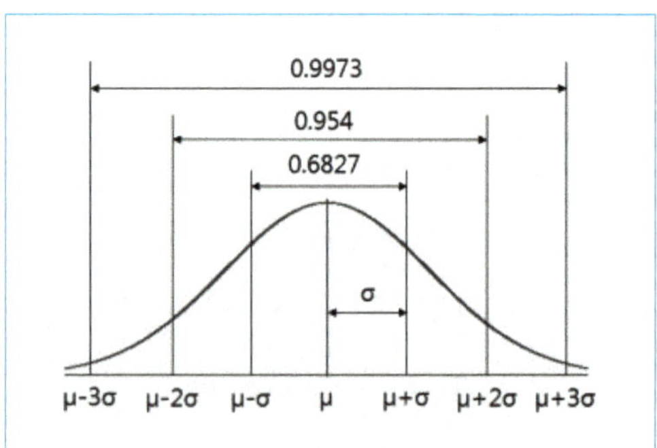

9. 정규성 검정

측정한 데이터가 정규분포를 따르는지 여부를 확인하는 방법으로 가설을 검정한다. 확률도의 점이 직선에 가까우면 데이터는 정규분포를 따른다고 할 수 있다.

정규성 여부는 P값으로 판단하며, 일반적으로 P>0.05이면 귀무가설을 채택하고, P<0.05이면 대립가설을 채택한다.

- 귀무가설 : 데이터는 정규분포를 따른다.
- 대립가설 : 데이터는 정규분포를 따르지 않는다.

P값은 데이터의 유의성을 판단할 때도 사용되는데 예를 들어 두 개 변수의 영향도를 분석할 때 P>0.05이면 두 변수의 영향도는 유의하지 않다즉, 두 변수의 영향도는 없다고 판단하고, P<0.05이면 두 변수의 영향도는 유의하다즉, 두 변수의 영향도는 다른다고 판단할 수 있다. 이때 P값의 판단은 신뢰구간 95%인 경우이다.

<확률도, 출처 : support.minitab.com>

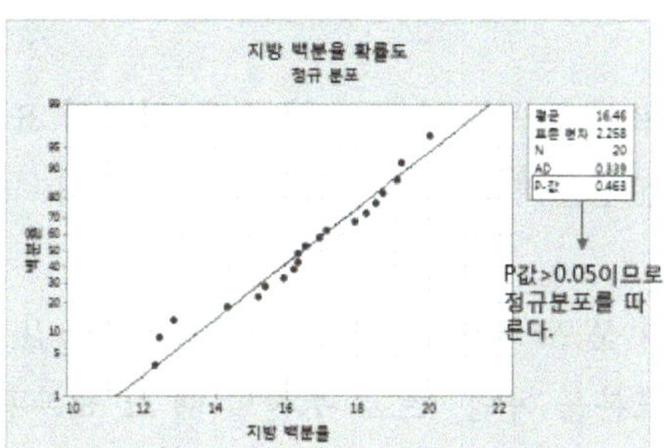

10. 표준 정규분포

정규분포를 표준화하여 평균이 0이고, 분산이 1인 정규분포를 말한다. 표준화란 평균과 산포를 표준화한다는 것을 의미한다.

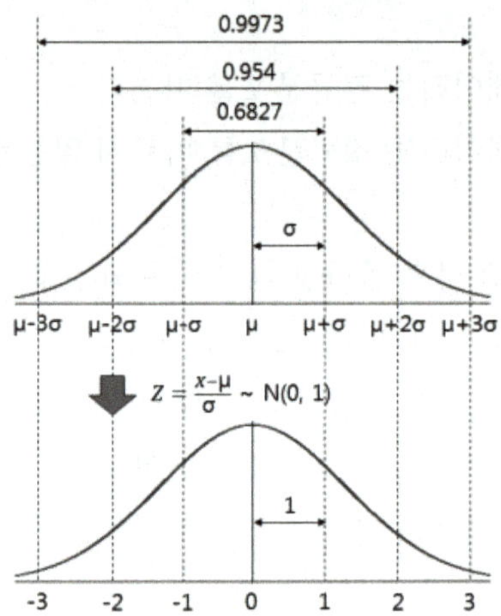

<정규분포의 표준화>

모수에서 n개의 표본을 무수히 추출할 경우 각각의 표본도 정규분포를 따른다. 즉 표본평균의 분포도 정규분포를 따른다.

- 표본평균의 분포: 평균이 μ이고 표준편차가 σ인 정규 모집단에서 n개의 표본을 독립적으로 추출할 때 그 표본평균 $\bar{x}$의 분포는 평균이 μ이다.
- 표본평균의 표준오차: $s/\sqrt{n}$이고 s는 표본의 표준오차이다.
  - 모집단 $X \sim N(\mu, \sigma^2)$
  - 표본평균 $\bar{X} \sim N(\mu, (\sigma/\sqrt{n})^2)$
- 중심극한정리: 모집단의 분포를 모를 때일반적으로 대부분 모집단의 분포는 모른다 표본의 개수 n을 많이 추출하면일반적으로 30개 이상을

추천한다, 표본은 N(μ, (σ/√n)²)의 분포를 따른다고 판단한다. 만약 표본의 분포가 정규분포를 따르지 않으면 정규분포로 만들기 위해

① n의 개수를 대폭 증가시킨다.
② 데이터를 변환하여 정규분포로 만든다.
③ 중심극한정리를 이용한다. 단, 보고서나 연구논문에 중심극한정리를 사용했다는 가정문구를 삽입해야 한다.

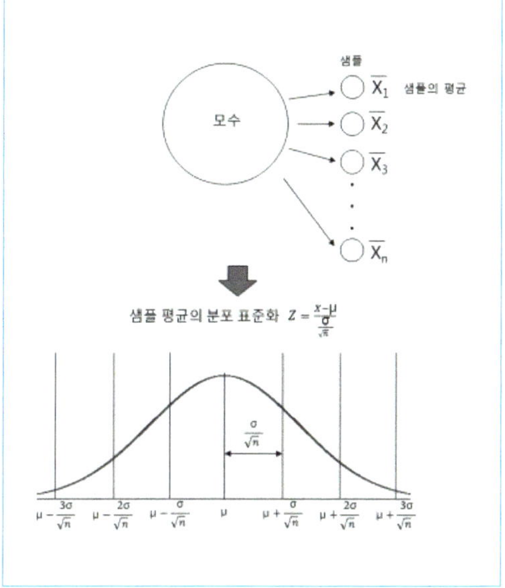

<샘플 평균의 표준화>

11. 추정

추정은 점추정과 구간추정으로 나눌 수 있다.

- 점추정point estimation: 분포의 기대치를 이용하여 하나의 값점으로 모수를 추정하는 것이다.
  예시) 우리나라 고등학교 남학생의 평균 몸무게는 65kg이다.

- 구간추정Interval estimation: 추정량의 분포를 이용하여 표본에서 모수를 포함하리라 예상되는 구간을 구하여 제시하는 것이다. 신뢰구간이란 구간 추정을 통해 얻는 범위를 말한다.
  - 신뢰구간1-α: 모수를 포함할 확률로 90%, 95%, 99%를 사용하는데 대부분 95% 신뢰구간을 사용한다.
  - 유의수준α: 신뢰구간의 반대로 10%, 5%, 1%를 사용하는데 대부분 5% 유의수준을 사용한다.

  예시) 95%의 신뢰구간에서 우리나라 고등학교 남학생의 평균 몸무게는 60kg~70kg이다.

12. 가설 검정

가설 검정은 모집단의 모수 값이나 확률분포에 대하여 가설을 설정하고 이 가설의 성립여부를 표본으로 판단하여 결정하는 것이다. 즉, 통계적으로 의사를 결정하는 것을 의미한다. 가설 검정의 절차는 다음과 같다.

① 가설 설정 : 귀무가설H0과 대립가설H1 설정

② 유의수준α 결정자동적으로 신뢰수준 (1-α)이 결정된다

③ 검정통계량과 P값을 산출

검정통계량은 표준화 $\frac{\overline{X}-\mu}{\frac{\sigma}{\sqrt{n}}}$ 값 를 따른다.

④ 귀무가설의 채택여부 결정

- 검정통계량 > -임계값 또는 검정통계량 < +임계값이면 귀무가설을 채택한다.
- 검정통계량 < -임계값 또는 검정통계량 > +임계값이면 귀무가설을 기각한다.
- P값 > 유의수준(α) 값 이면 귀무가설 채택한다.

- P값 < 유의수준(α) 값 이면 귀무가설 기각한다.
-

⑤ 결과 값 판단

데이터의 유의성 여부를 P값과 유의수준(α)으로 판단한다.

- 95% 신뢰구간에서 P값 < 0.05(유의수준 α값)이면 귀무가설이 기각된다.

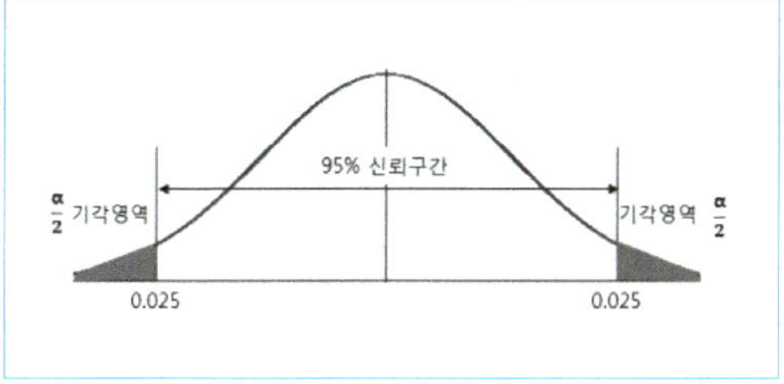

<신뢰구간>

- 95% 신뢰구간에서 검정 계값 Z <-2 또는 Z > 2이면 귀무가설이 기각된다.

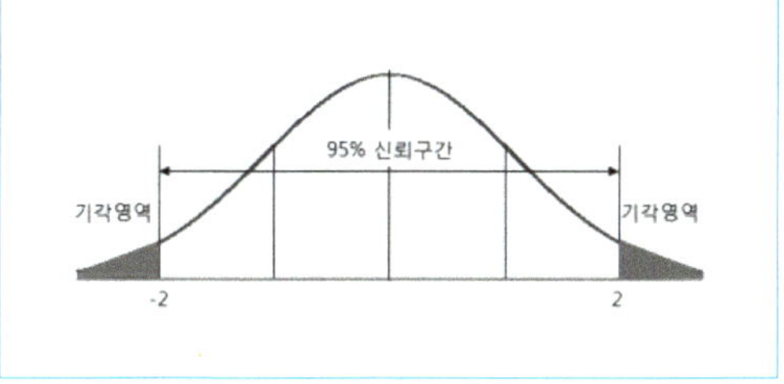

<표준화된 신뢰구간>

13. 분산분석

분산분석ANOVA, ANalysis Of VAriance은 세 개 이상의 모집단의 평균에 차이가 있는지를 검정하는 방법으로 분산의 성질을 이용한다. 이것을 위해 결과가 변하는 것을 여러 원인인자으로 분류하여 각 원인인자들이 얼마나 결과의 변화에 영향을 주었는가를 분석한다.

예시) 압축기 A, B, C에서 생산하는 부품의 평균밀도는 동일한가?

- 압축기 A, B, C: 세 개의 모집단이며 독립변수라 하고 원인인자이다.
- 평균지름: 종속변수이며 원인에 의한 결과값이다.
- 가설
  - 귀무가설: 압축기 A, B, C에 의한 평균밀도는 동일하다.
  - 대립가설: 압축기 A, B, C에 의한 평균밀도는 동일하지 않다. 즉, 적어도 하나는 다르다.

1) 군내변동, 우연원인

위 예시에서 압축기 A, B, C에서 부품을 각각 100개씩 생산한다고 할 때 각각의 압축기에서 생산하는 부품 100개의 밀도는 아마 모두 다를 것이다. 100개 부품의 밀도가 소숫점까지 동일한 경우는 확률적으로 매우 어렵다. 동일한 압축기에서 생산하는 부품의 밀도는 동일하지 않고오차가 있고 이것은 현실적으로 제어가 되지 않는다. 이러한 경우를 군내변동이라고 하고 우연원인이라고도 한다.

2) 군간변동, 특수원인

부품의 평균밀도를 원하는 방향으로 생산하기 위해 적합한 압축기를 A, B, C로 바꿀 때 각 압축기에서 생산하는 부품의 평균밀도가 다른 것을 군간변동 또는 특수원인이라고 한다. 이와 같이 세 개 군압축기 A, B, C의 분산을 이용해서 압축기 종류에 따라 생산된 부품밀도의 차이를 분석하는 것을 분산분석이라 한다.

산포변동의 원인은 우연원인, 특수원인으로 나뉜다.

3) 일원 분산분석

여러 개의 독립변수원인에 의해 종속변수결과값이 하나인 경우를 분석하는 것을 일원 분산분석이라고 하고, 종속변수가 여러 개인 경우를 다원 분산분석이라고 한다. 여기서는 일원 분산분석에 대해 설명한다.

실험회수 \ 군	1	2	·	·	·	·	·	·	k
1	y_{11}	y_{21}							y_{k1}
2	y_{12}	y_{22}							
·									
·									
·									
·									
·									
·									
j	y_{1j}	y_{2j}	·	·	·	·	·	·	y_{kj}
군간 평균	$\overline{y_1}$	$\overline{y_2}$	·	·	·	·	·	·	$\overline{y_k}$
전체 평균									$\overline{\overline{y}}$

$$y_{kj} - \overline{\overline{y}} = (y_{kj} - \overline{y_k}) + (\overline{y_k} - \overline{\overline{y}})$$

$(y_{kj} - \overline{y_k})$ = 각 측정치와 군내 평균값($\overline{y_k}$)의 차이로 군내변동 또는 우연원인에 의한 값이다.

$(\overline{y_k} - \overline{\overline{y}})$ = 군내 평균값($\overline{y_k}$)과 전체 측정치 평균값($\overline{\overline{y}}$)의 차이로 군간변동 또는 특수원인에 의한 값이다.

위의 내용을 수식으로 표현하면 다음과 같다.

$$\frac{\sum_{k=1}^{k}\sum_{j=1}^{n}(y_{kj}-\overline{\overline{y}})^2}{n-1} = \frac{\sum_{k=1}^{k}\sum_{j=1}^{n}(y_{kj}-\overline{y_k})^2}{n-k} + \frac{\sum_{k=1}^{k}\sum_{j=1}^{n}(y_k-\overline{\overline{y}})^2}{k-1}$$

$$\frac{\sum_{k=1}^{k}\sum_{j=1}^{n}(y_{kj}-\bar{\bar{y}})^2}{n-1}$$ = SSTSum of Square Total, 전체 측정치의 분산

$$\frac{\sum_{k=1}^{k}\sum_{j=1}^{n}(y_{kj}-\bar{y_k})^2}{n-k}$$ = SSESum of Square Error, 군내 측정값의 잔차오차 분산

$$\frac{\sum_{k=1}^{k}\sum_{j=1}^{n}(y_{k}-\bar{\bar{y}})^2}{k-1}$$ = SSTr Sum of Square Treatment, 군간 측정값의 잔차오차 분산

Table B.5 분산분석표

	자유도DF	제곱합SS	분산MS	F	P
군간 처리Tr	k-1	SSTr	$MSTr=\frac{SSTr}{k-1}$	$\frac{MSTr}{MSE}$	
군내 잔차E	n-k	SSE	$MSE=\frac{SSE}{n-k}$		
군내 잔차E	n-1	SST	$MST=\frac{SST}{n-1}$		

DF = Degree of Freedom / SS = Sum of Square / MS = Mean of Square / P = 검정통계량에 해당하는 확률

데이터의 총 변동은 군간 처리에 의한 변동이 대부분이고, 군내 잔차 요인에 의한 변동은 일부분이다.

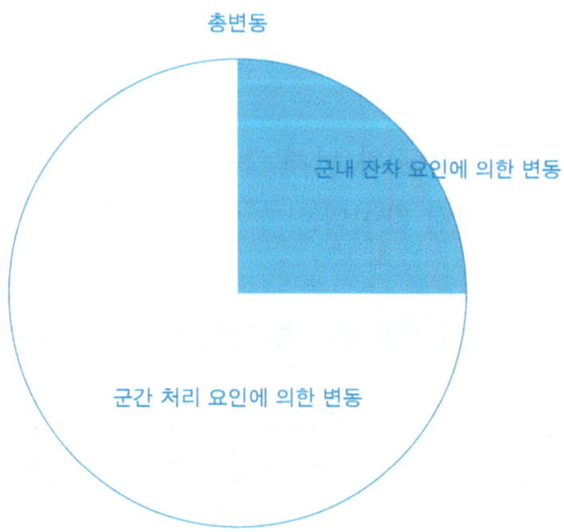

(일원 분산분석 예시)*

- 문제: 한 화학 엔지니어가 네 가지 혼합 페인트의 경도를 비교한다. 각 혼합 페인트의 표본 6개를 금속 조각에 칠하고 금속 조각을 건조시킨 후 각 표본의 경도를 측정하였다.
- 분석내용: 혼합 페인트의 경도에는 차이가 있는가 ?
- 가설

  귀무가설: 네 가지 혼합 페인트의 경도는 동일하다.

  대립가설: 네 가지 혼합 페인트의 경도는 동일하지 않다.
- 분석결과

일원 분산 분석: 경도 대 페인트

방법

귀무 가설　모든 평균이 동일합니다.
대립 가설　평균이 모두 같지 않음
유의 수준　α = 0.05

분석을 위해 분산이 같다고 가정되었습니다.

요인 정보

요인	수준	값
페인트	4	혼합 1, 혼합 2, 혼합 3, 혼합 4

분산 분석

출처	DF	Adj SS	Adj MS	F-값	P-값
페인트	3	281.7	93.90	6.02	0.004
오차	20	312.1	15.60		
총계	23	593.8			

모형 요약

S	R-제곱	R-제곱(수정)	R-제곱(예측)
3.95012	47.44%	39.56%	24.32%

평균

페인트	N	평균	표준 편차	95% CI
혼합 1	6	14.73	3.36	(11.37, 18.10)
혼합 2	6	8.57	5.50	(5.20, 11.93)
혼합 3	6	12.98	3.73	(9.62, 16.35)
혼합 4	6	18.07	2.64	(14.70, 21.43)

합동 표준 편차 = 3.95012

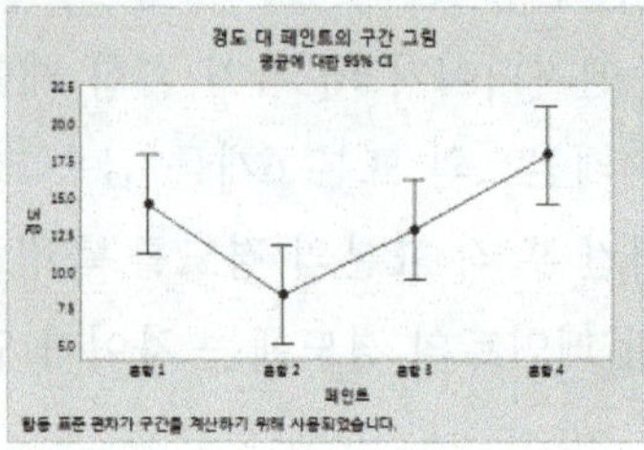

<군간 평균 및 산포 분포>

- P값이 0.004으로 유의수준α인 0.05보다 작기 때문에 귀무가설이 기각된다. 즉 혼합 페인트 경도는 유의한 차이를 보인다.
- 낮은 예측 R224.32% 값은 모형이 새 관측치에 대한 부정확한 예측을 생성한다는 것을 나타낸다. 이는 그룹의 표본 크기가 작기 때문일 수 있기 때문에 엔지니어는 모형을 사용하여 표본 데이터를 넘어 일반화하지 말아야 한다. R-제곱 값은 높으면 높을수록 좋고 일반적으로 80~90%를 선호한다.

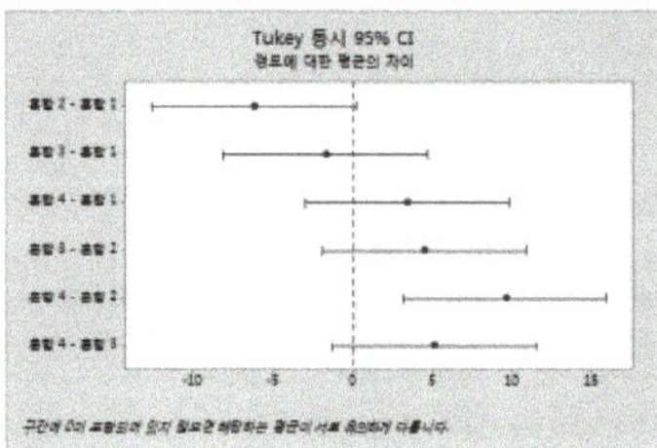

<Tukey 분석; 혼합간 평균 차 분포>

- Tukey 비교 결과를 사용하여 그룹 쌍 간의 차이가 통계적으로 유의한지 여부를 공식적으로 검정한다. Tukey 분석으로 혼합 간 평균 차이를 살펴보면 혼합 2와 4의 평균 간의 차이에 대한 신뢰 구간이 3.114에서 15.886까지라는 것을 보여준다. 이 범위에는 0이 포함되지 않으므로 이 평균들 간의 차이가 유의하다. 즉, 엔지니어는 이 차이 추정치를 사용하여 차이가 실제적으로

유의한지 여부를 확인할 수 있다. 나머지 평균 쌍에 대한 신뢰 구간에는 모두 0이 포함되므로 차이가 유의하지 않다.

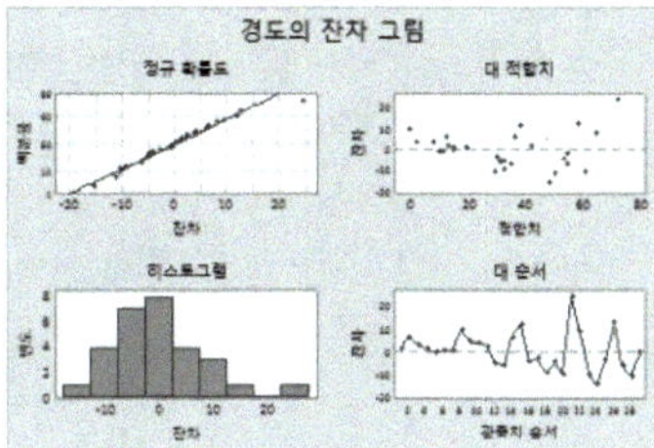

<잔차 분포도>

- 정규성Normality: 정규 확률도로 평가하며 측정치혼합 페인트의 경도의 분포는 정규분포인지를 판단한다. 그래프 상 정규성이 가진다.
- 분산의 동일성Homogeneity of variance: 대 적합도로 평가하며 각 그룹혼합 페인트간 측정치경도의 분산은 동일하다.
- 독립성Independence: 대 순서로 평가하며 반응변수의 값인 측정치혼합 페인트의 경도는 무작위로 얻어진 것으로 서로 독립적이어야 한다.

부록 C

Ecosystem for Learning and Team Design 1.0 User Manual (Supervisor Version)

Ecosystem for Learning and Team Design 1.0

User Manual

(Supervisor Version)

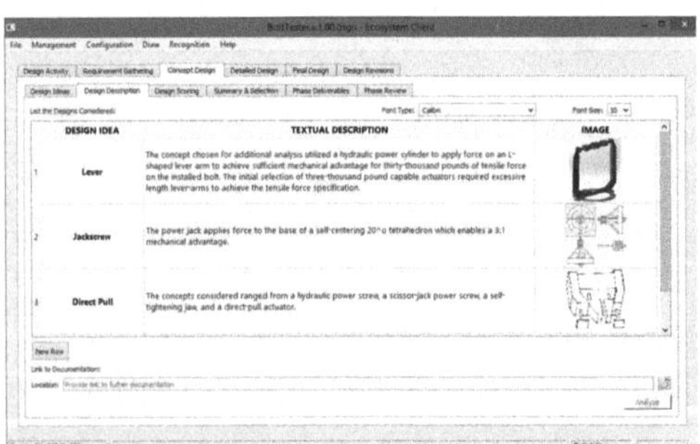
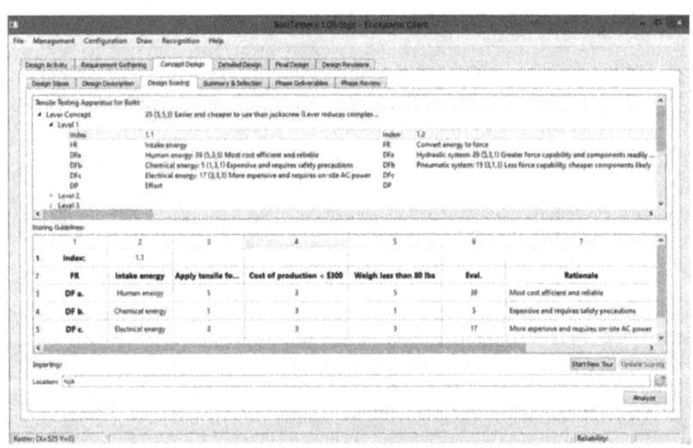
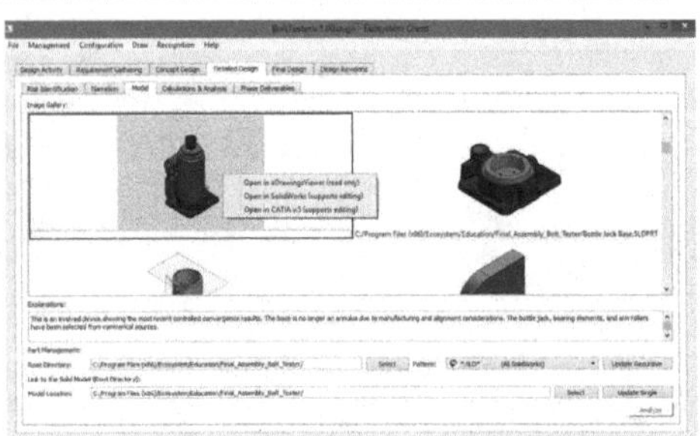
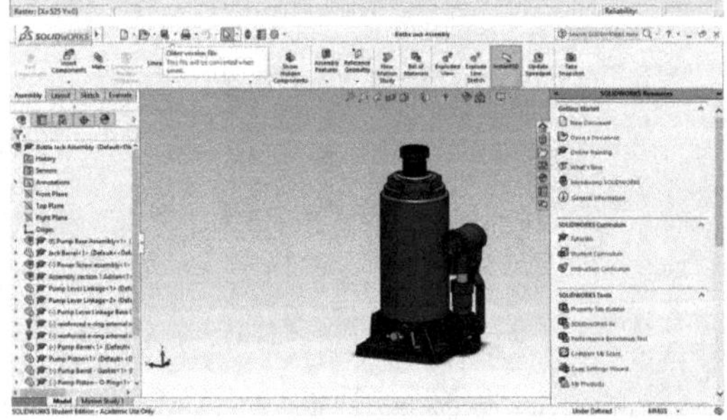

The Ecosystem for Learning and Team Design was developed through a Small Business Innovative Research grants from the National Science Foundation (IIP 1447395, 1632408).

The technology behind the Ecosystem is patent pending (US 14/567,516).

Table of Contents

Chapter 1: Getting Started

To get quickly up to speed with the Ecosystem, we recommend the following:

1. Look through the User Manual.
2. Load the examples, by selecting

Help → Load Examples,

and step through the tabs.

The journey typically starts by the user accessing the Team Formation tab under the Project menu. If you need to configure the tab layout (e.g., for making more efficient use of the Ecosystem for your particular needs), you do it through the Tab Configuration under the Configuration menu.

The Ecosystem is primarily intended as a design decision support tool. It does provide a report card with objective assessment of the designers' work against ABET-compliant learning objectives. The score card is intended as a reference (guideline) supporting the overall assessment done by the instructor.

The Ecosystem provides a collection of tools for guiding designers with design activities. Designers are at liberty of choosing the tools they consider the most useful for their particular application (trimming down the Ecosystem to suit their needs). The default layout contains a fairly comprehensive overview over the available tools. But to attain the desired balance between expediency and thoroughness, the user has the ability to deselect tabs at will.

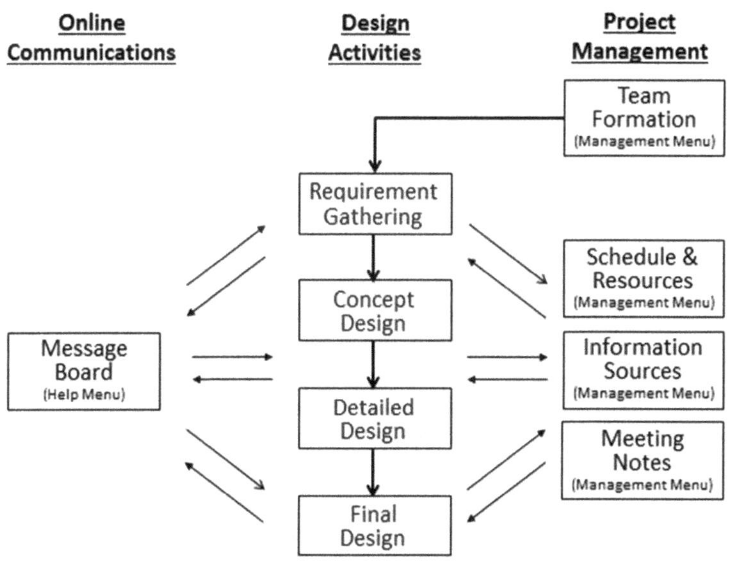

Table 1: Typical design flow through the Ecosystem. The Project Management facilities are accessed through the Management section in the main menu.

Chapter 2: Introduction

The Ecosystem 1.0 supports a fairly generic, yet comprehensive, process for engineering design. Our goal is to provide most of the tools needed for effective team communications and design in an engineering capstone program (starting with mechanical and/or aerospace engineering). However, designers are not required to use all the tools provided. Designers can select the tools they need, to attain the desired balance between efficiency and thoroughness.

Primary Benefits

1. *The Ecosystem for Learning and Team Design can guide designers through the design process, in a structured fashion, support the learning of proper design techniques, and help eliminate design oversights (productivity interruptions).*
- To this effect, the Ecosystem provides friendly, real-time advisories, which are also aimed at stimulating creativity.
- The Ecosystem supports learning outcomes derived from the generic learning objectives for engineering design issued by the Accreditation Board for Engineering and Technology (ABET), Inc. (1).
2. *The Ecosystem offers automatic & objective assessment (scoring) of the design activities relative to the design process.*
- It provides real-time feedback to the designers.
- The designers (students) and supervisors (instructors) can avoid spending time on elementary oversights, and instead focus on higher-level learning and problem solving.
- Despite the automation, the Ecosystem does in no way diminish the engineering judgement developed throughout the learning experience.
- To this effect, the Ecosystem offers a systematic way of capturing the rationale supporting engineering decisions throughout the design process.
- The objective score card is intended as a reference (guideline) supporting the overall assessment done by the supervisor (or instructor).
3. *The Ecosystem provides multiple features aimed at facilitating communications within design teams or with external stakeholders.*
- Seamless access to design files stored on Google Drive, MS OneDrive or in in a Dropbox.
- Automatic generation of formatted project reports.
4. *For student teams, the Ecosystem can greatly facilitate project and part management.*
- For this purpose, the Ecosystem provides the design teams with tabs for risk identification, scheduling & resource planning, bill of material, parts & assembly, manufacturing options, cost analysis, requirement validation, and more.
- The Ecosystem offers seamless interfaces with development tools, such as SolidWorks, CATIA and the e-Drawings Viewer.
5. *The Ecosystem offers an electronic journal of the comprehensive design history.*

Additional Benefits to Designers Working on Top-Down Designs

The Ecosystem provides facilities for

1. *Systematically collecting the customer's definition of the design objectives.*
2. *Transforming the client input into solid customer requirements.*
3. *Translating the customer requirements into strong engineering requirements.*
4. *Succinctly formulating concept solution alternatives (textual description and images).*
5. *Conducting objective analysis of the concept solution candidates.*
- The solution candidates are scored both on basis of technical merit, with respect to the engineering requirements, as well as of the associated importance to the customer.
6. *Requirement tracking and critical parameter management (full transparency).*
- The Ecosystem provides an overview connecting design features by individual designers, and supporting test results, to validation of the high-level design requirements.

Additional Benefits to Designers Working on Improving Existing Designs

- Many of the project and part management facilities mentioned above benefit such design teams.
- Similarly, the electronic capture of the comprehensive design history can provide great help with regards to knowledge transfer.
- But in addition, the Ecosystem 1.0 SW offers the following benefits to teams of students participating in design competitions:

1. *Design decision support.*
- Systematic capture of rationale for design decisions, gate review deliverables and comments, etc.
2. *Facilities for presenting design work in organized fashion to the judges at competitions.*
- The formatted reports are generated automatically.
3. *Backward compatibility.*
- The ability to seamlessly import design files generated by previous versions of the software.
4. Facilities for reverse engineering of results from previous competitions.
- The functional decomposition can be used to break down the score results, determine level of improvement in specific categories, and identify design objectives for next year's competition.

Designers (Students)	Supervisors (Instructors)	Sponsors
• Learning of proper design techniques). • Helps with productivity, planning and team work. • Greatly helps in terms of keeping things organized. • Automation of many administrative tasks. • Editable progress reports	• Guarantees all students go through same design process. • Having SW teach key concepts and methodology, and identify elementary oversights, frees up instructor bandwidth. • Standardized progress reports are easy to grade. • Objective score cards: ABET learning objective (guideline)	• Ability to informally track progress without excessive handholding (e.g., through the online message board). • Formal progress reports with standardized structure (easy to find content of interest).

Table 2: The Ecosystem's primary benefits to designers, supervisors and sponsors. *Well organized and thorough reports may contribute to good grades for many capstone programs.*

Intended Audience

Ver. 1.0 of the Ecosystem for Learning and Team Design is aimed at

1. *Design teams pursing a top-down design approach (e.g., capstone design teams).*
   a. For capstone design teams, the Ecosystem offers a formal framework for teaching proper design techniques, plus efficiency improvements over Excel (or similar tools).
   b. The Ecosystem has also been used by industry, for requirement tracking and critical parameter management (i.e., in conjunction with six-sigma design methodology).
2. *Design teams working in improvements of an existing design (e.g., teams participating in the Formula SAE, BAJA SAE, solar race car or rocket student design competitions).*
   a. Here, the Ecosystem can be a part of a complete, low-cost solution for team design.
   b. The Ecosystem offers a project management framework to teams that don't already have a very formal mechanism in place.
   c. The Ecosystem provides a framework for point analysis (functional decomposition) yielding better results (better improvements in ranking) than functional decomposition carried out in Excel.

While initially tailored towards mechanical and aerospace design ("component" design), the Ecosystem entails a generic paradigm for learning and team design, and can be extended to many other fields of engineering design.

In particular, the approach for systematically capturing the customer requirements, for translating the customer requirements into engineering requirements, and defining the objective function apply to engineering design in general.

The utility to aerospace engineers is, in part, based on the bi-directional traceability associated with the functional decomposition outlined in Chapter 5.

Intended Usage

1. This User Manual is, first and foremost, intended as a learning tool. It is envisioned as a comprehensive resource that allows designers to get quickly up to speed on the Ecosystem, and reap its benefits, even within a time frame corresponding to a single academic semester.
2. In case of student designers, it is recommended that they prepare a formatted score card, by selecting

   File → Preview & Print Score Card …,

   and turn in, along with their other project deliverables.

- This score card can be one of the guidelines used by the instructor, along with other criteria, to assess the students' overall performance.

3. Despite the comprehensive nature of the User Manual, significant effort has been made towards arranging the content in a logical fashion. The logical structure, along with the Search facility provided by most Portable Document Format (PDF) readers, is expected to enable users to quickly locate content of interest. To this effect, Table 6 is presented as the user's initial point of reference, in case a problem scenario were to arise.

Terminology

Table 3 summarizes the definition of some of the primary terms used in this Manual.

Term	Definition
Constraint (Unattached performance requirement)	A performance requirement specifying a parameter limit which should not be exceeded
Design feature	A generic term that can refer to parts of any scope. Design features can refer to assemblies, subassemblies or individual parts.
Design parameter	A specified constraint against which the system will be designed
e-Design Notebook	A collection of electronic design files specific to each phase in the design process. The tutorial example for the bolt tester, which ships with the Ecosystem Ver. 1.0 SW, is an example of an e-design notebook.
End User	The end user can be an internal or an external customer. The end user is drawn out separately for ease of categorization of the engineering requirements (to make sure the end user's voice gets heard). If the customer meets the definition of an end user, you want to categorize the customer as such, even though this may also be an external customer.
External Customer	External customer is a stakeholder outside the organization
Functional requirement	A requirement specifying something a design solution must do or accomplish
Internal Customer	External customer is a stakeholder internal to the organization
Manufacturing method	A mean by which part(s) get manufactured
Performance requirement	A requirement involving parameters reflecting measurable performance with respect to an associated functional requirement.
Product design specification (PDS)	Document created during the problem definition activity very early in the design process. It details the requirements that must be met in order for the product or process to be successful.

Table 3: Definition of the primary terms used in the Manual.

Design Methodologies Supported

While the default tab layout conforms with the waterfall design approach, the Ecosystem can support most design methodologies, through proper configuration, as shown in Table 3.

Design Approach	Ecosystem Configuration
Waterfall (top-down)	None: The default Ecosystem configuration provides a thorough layout
Hybrid (top-down)	Through deselection of tabs not considered essential for a particular application, one can attain balance between thoroughness and expediency
Agile (top-down)	Here one would configure the Ecosystem only to show the tabs considered absolutely essential. The designer can iterate the design through these few tabs as often as considered necessary.
Sub-system (not top-down)	Population of global requirements for the overall design, combined with identification and design off local requirements for the sub-system [8].

Table 4: Versatility of the Ecosystem framework.

Chapter 3: Installation and Examples

The Installation Process

The installation process for Ver. 1.0 of the Ecosystem for Learning and Team Design resembles that of many other Windows applications. Figure 1 presents the welcome dialog.

Figure 1: The welcome dialog.

The Tutorial Samples

Traditional Component Design - Bolt Tester

The first tutorial sample carries the user through the complete design of a bolt tester. This is a well thought out, contextual example with sound logical relations throughout each design phase. The bolt tester example comes with a complete e-design notebooks, associated graphics, part and assembly files. This example was extracted from the capstone design project completed by Emily Bedell, Alex Filinov, Robert Jones, Alysia Strickland and John W. Vinti in the Mechanical Systems Design (ME537) class at Portland State University in 2014 (2). The bolt tester is a meaningful test case showing verifiable engineering skills. It enables meaningful assessment (scoring) of the design activities relative to the design process.
Figure 8 – Figure 61 outline the pages of the e-design notebook mostly from the bolt tester example. This example can be loaded by selecting

Help → Load Examples → Traditional Component Design → Bolt Tester

in the top menu.

Configuration Management – Business Jet

The second example, adopted from the Department of Aerospace Engineering and Mechanics at the University of Minnesota, *shows how the Ecosystem framework can be applied to large-*

scale design projects involving conceptual design of a business jet. Here there is *no detailed or final design*. The goal is to compare and contrast super-sonic business jets to traditional sub-sonic jets. The customer requirements are fairly simple: Both jets need to be able to fly across the Pacific (from Los Angeles to Tokyo) and carry 10 passengers. The example shows how the Ecosystem framework can be used to produce solid engineering requirements from simple customer requirements.

Go Kart Lifting Stand

The Go Kart Lifting Stand was an actual capstone design project completed by Austin Greene, Jeffrey Williamson, Adam Falcone, Jesse Majoros, Nick Vanklompenberg and Jake Waterman, students in the Department of Mechanical and Materials Engineering at the Portland State University, during the 2015-2016 academic year. The purpose of this example is to

1. Demonstrate application of the Ecosystem framework to a practical student design project.
2. Demonstrate how the Ecosystem can capture, and account for all the design parcels involved.
3. Demonstrate the Ecosystem offers enough flexibility to make it of practical use.

Quail Egg Embryo Extractor

The Quail Egg Embryo Extractor was an actual capstone design project conducted by Alex Arnold, Josh Lake, Robert Lesanovsky, Anne Ng, Samuel Rasmussen and Sam Sanford, students in the Department of Mechanical and Materials Engineering at the Portland State University, during the 2015-2016 academic year. The purpose of this example is to

1. Demonstrate application of the Ecosystem framework to a practical student design project.
2. Demonstrate application of the Ecosystem to a cross-functional project involving biomedical design.

Example	Purpose
Bolt Tester	1. Demonstrate rigorous application of the design process to an actual student project involving component design. 2. Demonstrate assessment of verifiable engineering skills.
Business Jet	Demonstrate application of the Ecosystem framework to a student design project involving configuration management (high-level design, no detailed or final design)
Go Kart Lifting Stand	1. Demonstrate application of the Ecosystem framework to a practical student design project. 2. Demonstrate the Ecosystem can capture, and account for all the design parcels involved. 3. Demonstrate the Ecosystem offers enough flexible to make it of practical use.
Quail Egg Embryo Extractor	1. Demonstrate application of the Ecosystem framework to a practical student design project. 2. Demonstrate application of the Ecosystem to a cross-functional project involving biomedical design.

Table 5: Overview over the examples accompanying the Ecosystem 1.0 SW.

Chapter 4: User Interface and Main Dialog

The Main Dialog

Orientation, Design Phase Selection and the First Steps

The user can select the design phase of interest by simply clicking on it in the main dialog (see Figure 2). Before starting work on the Requirement Gathering, it is recommended the user first populates the Team Formation menu.

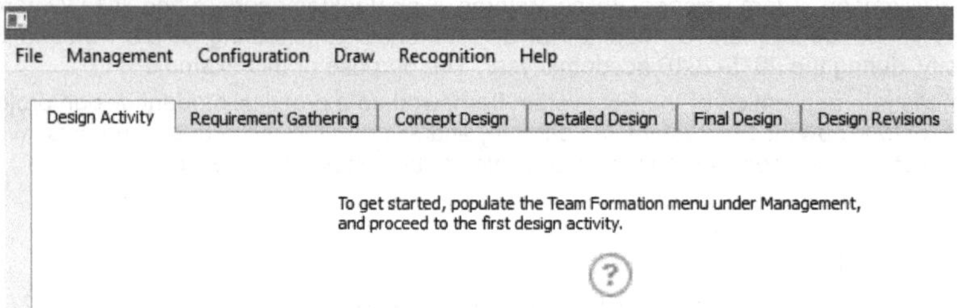

Figure 2: Design phase selection. The question mark provides access to a pop-up image summarizing the typical design flow

Scoring the Learning Outcome Desired

As outlined in Figure 3 and Figure 4, the main dialog also provides the user with the ability to score the design activities corresponding to a given design phase against specific learning objectives, and generate an overall scoring report.

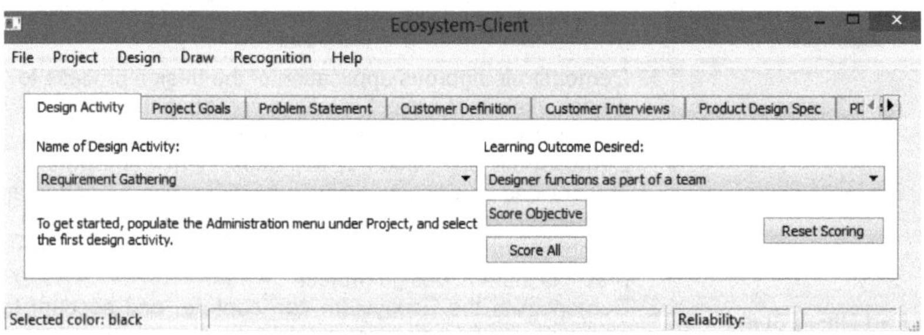

Figure 3: For any given design phase, the scoring of individual objectives is activated by pressing the 'Score Objective' button in the main dialog.

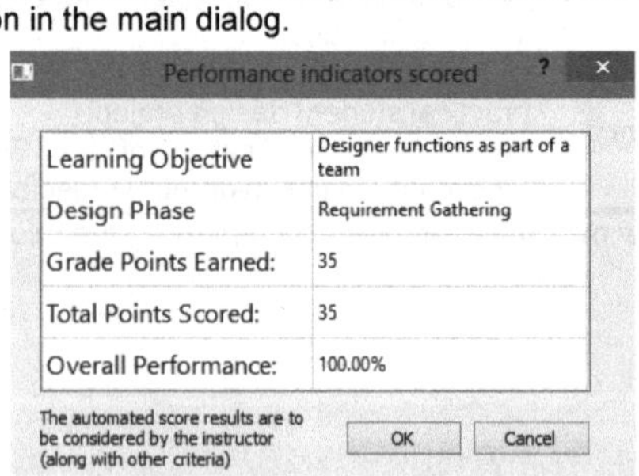

Figure 4: Automated scoring of a learning objective (Designer functions as a part of a team) for a page of an e-design notebook corresponding to the Requirement Gathering phase.

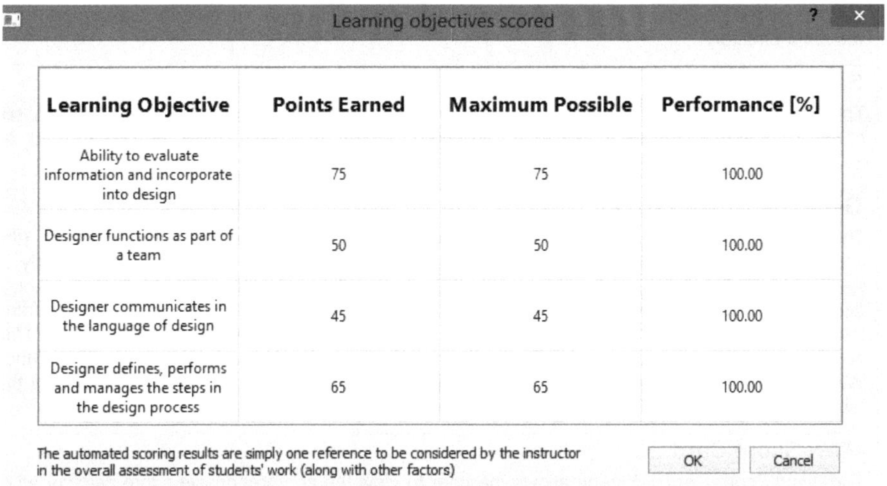

Learning objectives scored

Learning Objective	Points Earned	Maximum Possible	Performance [%]
Ability to evaluate information and incorporate into design	75	75	100.00
Designer functions as part of a team	50	50	100.00
Designer communicates in the language of design	45	45	100.00
Designer defines, performs and manages the steps in the design process	65	65	100.00

Figure 5: Project score card from the bolt tester example. The score card can be accessed by pressing 'Score All' in the main dialog or by selecting 'View Score Card' under the File Menu.

The File Menu

New Design

The 'New Design' menu allows the user to start a new design from scratch. It clears the content of the e-design notebook.

New Sketch

The 'New Sketch' menu clears the content of the canvas in the 'Sketches' tab of the 'Conceptual Design' phase.

Load Design ...

The 'Load Design ...' menu provides the user with the means to select an e-design (.dsgn) notebook file and load into the Ecosystem application. The link to the working directory is dynamically updated.

Load Sketch ...

The 'Load Sketch ...' menu provides the user with the ability to load a sketch, e.g., a raster-scan image into the canvas in the 'Sketches' tab of the 'Conceptual Design' phase.

Save

The Save menu provides the user with the ability to save the content of the e-design (.dsgn) notebook file presently open. To avoid losing their design work, it is recommended that users save their work somewhat frequently. Unlike MS Office, Ver. 1.0 of the Ecosystem does support auto-save or auto-recovery (yet).

Save Design As ...

This menu allows the user to save the design content, that has been entered into the Ecosystem application, as an e-design notebook file.

The images are stored separately in a local directory (/img/) relative to the directory hosting the e-design notebook file. *When the e-design notebook file is copied onto a centralized server, such as a Google Drive, it is of paramount importance also to copy the content associated with the /img/ directory.*

Save Sketch As ...

The 'Save Sketch As ...' enables the user to save the content of the canvas in the 'Sketches' tab of the 'Conceptual Design' phase as a raster-scan image (in bitmap (BMP) or JPG format), as Scalable Vector Graphics (SVG) or in the Portable Document Format (PDF).

Generate Project Report ...

The Ecosystem provides facilities for automatically exporting the active design content (the active e-design notebook) into a formatted project report, which can be presented directly to fellow team mates, to an instructor, team lead, a student design lead or to the project sponsor, if desired. Hence, there is no need for double entry. Ver. 1.0 of the Ecosystem supports exporting into the Open Document Format (ODF) or the HyperText Markup Language (HTML). The HTML documents can be opened up in MS Word[1] and edited at will. We recommend the OpenOffice Writer for opening up, and editing, the ODF files. The formatted project report includes all the tables and images from the original e-design notebook (see Figure 6).

View Score Card ...

The 'View Score Card ...' menu allows the user to view the comprehensive score card for all of the learning objectives (see Figure 5). Here the scores for each learning objective are aggregated across the design phases. For each design tab analyzed, the user earns points in relation to the quality of the design activities with respect to the design process. The Score Card presents up-to-date overview of the scores. The scores are updated for each design tab analyzed. The system can assess the scores anywhere along the process (much before the user completes the entire design process).

Preview & Print Score Card ...

The Preview & Print Score Card menu allows the user to preview the formatted score card, adjust zoom settings, page orientation, page layout, page setup as well as to print the score card (see Figure 7). Sometimes, the user needs to adjust the scroll through the list of the printer devices available, to identify the PDF device. It may be obscured from the initial view, but still available.

Print Notebook ...

The Print Notebook menu provides the user with facilities for printing out the content of the e-design notebook. Note you may need to adjust the horizontal scroll bar to find the printer of choice.

Exit

This option in the sub-menu allows the user to Exit the Ecosystem application.

[1] In MS Office 2010 or subsequent versions.

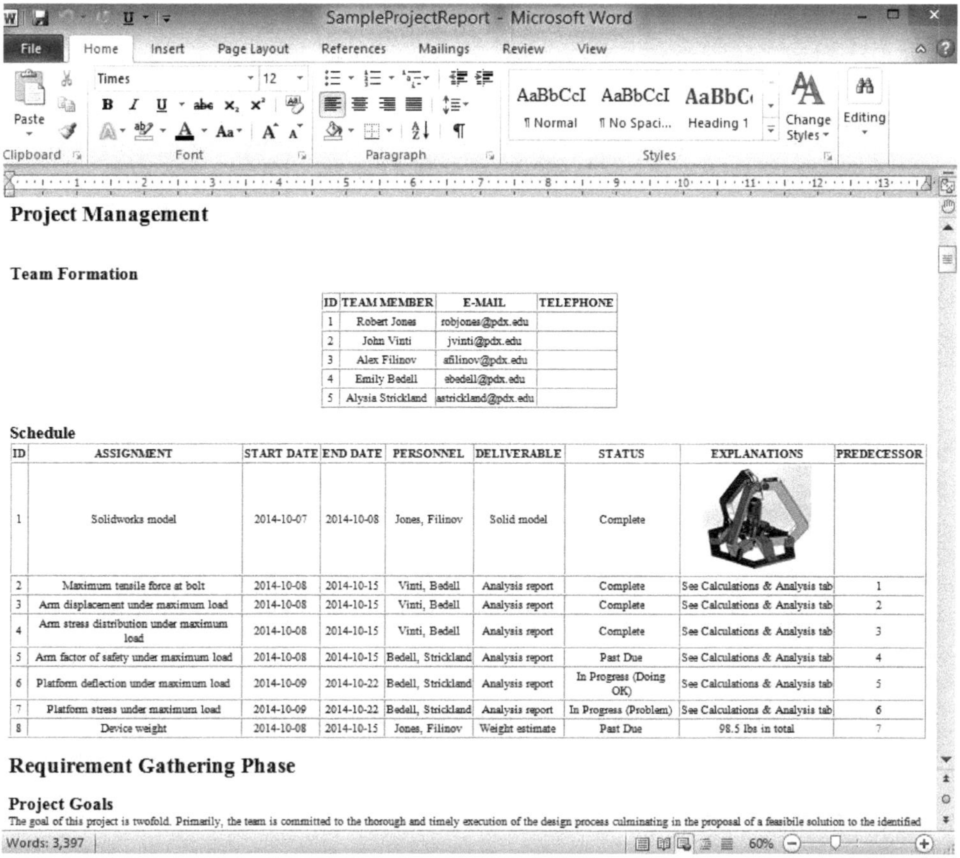

SampleProjectReport - Microsoft Word

Project Management

Team Formation

ID	TEAM MEMBER	E-MAIL	TELEPHONE
1	Robert Jones	robjones@pdx.edu	
2	John Vinti	jvinti@pdx.edu	
3	Alex Filinov	afilinov@pdx.edu	
4	Emily Bedell	ebedell@pdx.edu	
5	Alysia Strickland	astrickland@pdx.edu	

Schedule

ID	ASSIGNMENT	START DATE	END DATE	PERSONNEL	DELIVERABLE	STATUS	EXPLANATIONS	PREDECESSOR
1	Solidworks model	2014-10-07	2014-10-08	Jones, Filinov	Solid model	Complete		
2	Maximum tensile force at bolt	2014-10-08	2014-10-15	Vinti, Bedell	Analysis report	Complete	See Calculations & Analysis tab	1
3	Arm displacement under maximum load	2014-10-08	2014-10-15	Vinti, Bedell	Analysis report	Complete	See Calculations & Analysis tab	2
4	Arm stress distribution under maximum load	2014-10-08	2014-10-15	Vinti, Bedell	Analysis report	Complete	See Calculations & Analysis tab	3
5	Arm factor of safety under maximum load	2014-10-08	2014-10-15	Bedell, Strickland	Analysis report	Past Due	See Calculations & Analysis tab	4
6	Platform deflection under maximum load	2014-10-09	2014-10-22	Bedell, Strickland	Analysis report	In Progress (Doing OK)	See Calculations & Analysis tab	5
7	Platform stress under maximum load	2014-10-09	2014-10-22	Bedell, Strickland	Analysis report	In Progress (Problem)	See Calculations & Analysis tab	6
8	Device weight	2014-10-08	2014-10-15	Jones, Filinov	Weight estimate	Past Due	98.5 lbs in total	7

Requirement Gathering Phase

Project Goals

The goal of this project is twofold. Primarily, the team is committed to the thorough and timely execution of the design process culminating in the proposal of a feasibile solution to the identified

Words: 3,397

Figure 6: Section from the formatted project report corresponding to the bolt tester example.

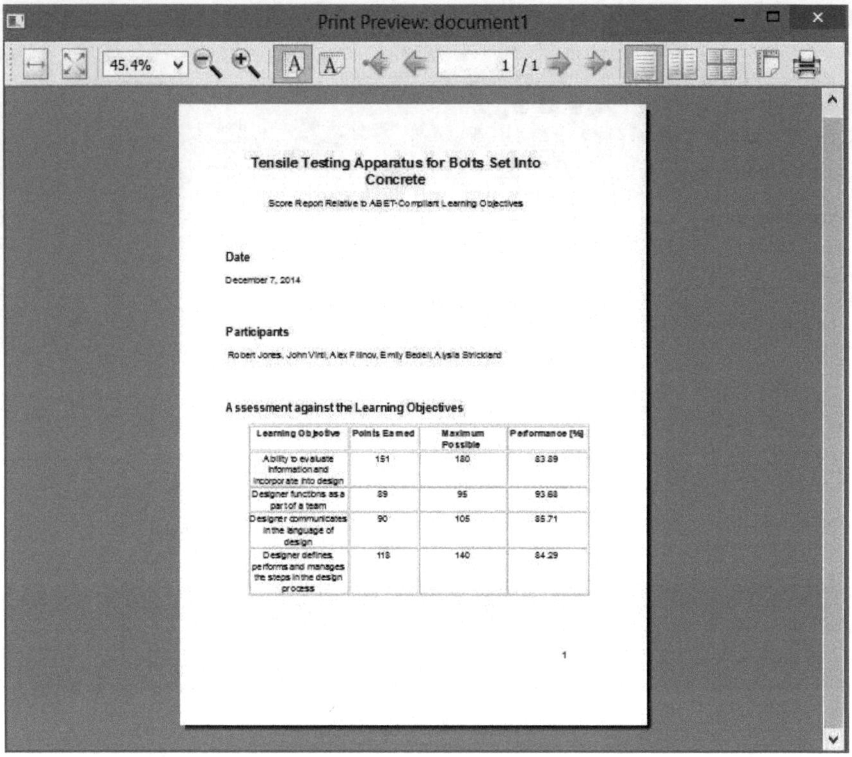

Learning Objective	Points Earned	Maximum Possible	Performance [%]
Ability to evaluate information and incorporate into design	151	180	83.89
Designer functions as a part of a team	89	95	93.68
Designer communicates in the language of design	90	105	85.71
Designer defines, performs and manages the steps in the design process	118	140	84.29

Figure 7: Formatted score card (from the Preview & Print Score Card menu).

Management Menu

Team Formation

The purpose of the Team Formation dialog is to capture standard administrative functions, such as the project title, the date on which the design activity is completed, and the names and contacting information for the participating team members. The Team Formation dialog from the bolt tester example is presented in Figure 8.

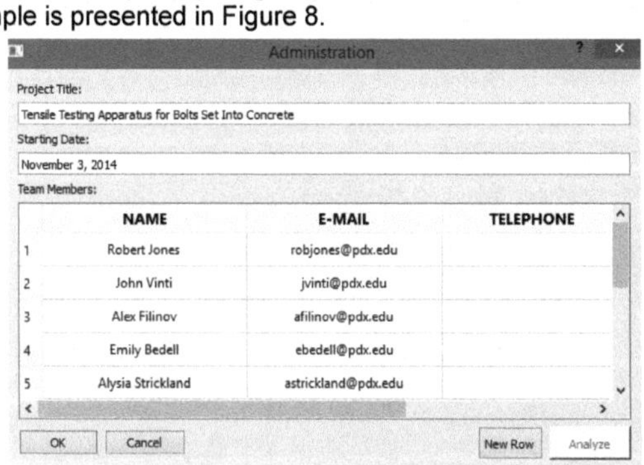

Figure 8: Team Formation tab for the bolt tester example.

Schedule

In the dialog for Schedule & Resource Allocation, team members specify the assignments comprising the project along with the associated timeline. Appropriately, start and end dates should reflect effective management of the time available for the design project. The deliverable is typically a formal document or a physical object. The explanation column can contain an illustrative figure. To load in a figure, simply double-click on the Explanations column. To delete the figure, simply click on it and hit the 'Delete' button. Note the row height has been automatically adjusted to fit the content.

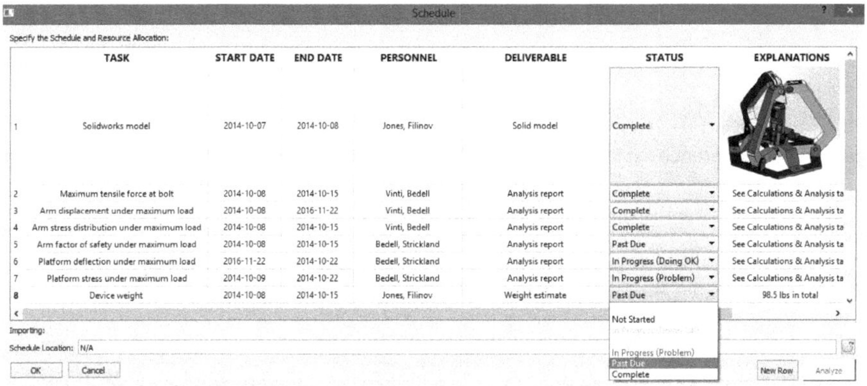

Figure 9: The Schedule dialog from the bolt tester example.

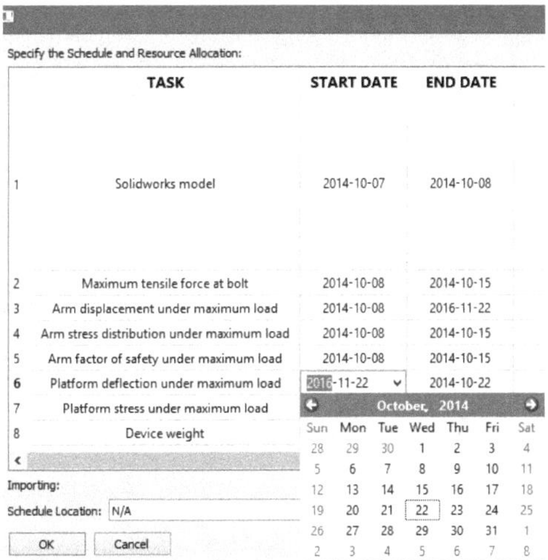

Figure 10: The calendar pop-up in Schedule dialog.

Information Sources

Qualitative needs and quantitative requirements can be contained in a number of source documents. For any given project, numerous organizations may provide relevant guidance in the form of documented standards or accepted practices. It is prudent to run through search for applicable material. Future efforts aimed at automating database keyword searches are planned to elucidate potential sources of guidance. Standards are typically provided from industry organizations, but government regulations and laws may also play a role. Obviously, it behooves any designer to mind regulations and statues to the letter. Ignorance has never been, nor will be an acceptable excuse for negligent violations of law. For organized reference and appropriate credit the entry of standards, regulations, books, website sources and miscellaneous media in the "Information Sources" tab is encouraged.

Once content has been added to the reference list, using the 'Add to References' button, it can be removed simply by clicking on (selecting) the proper row and pressing the 'Delete' button. Once the content of the e-design notebook gets exported into an automatically generated report, the reference list is listed as a part of the Appendix.

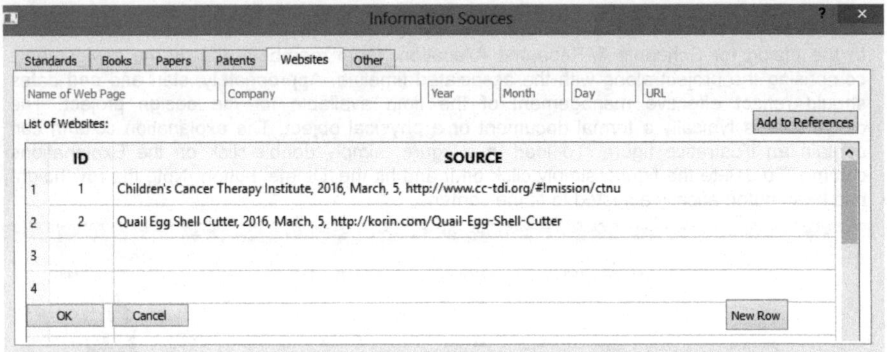

Figure 11: The reference list from the example on the quail egg embryo extractor (original version).

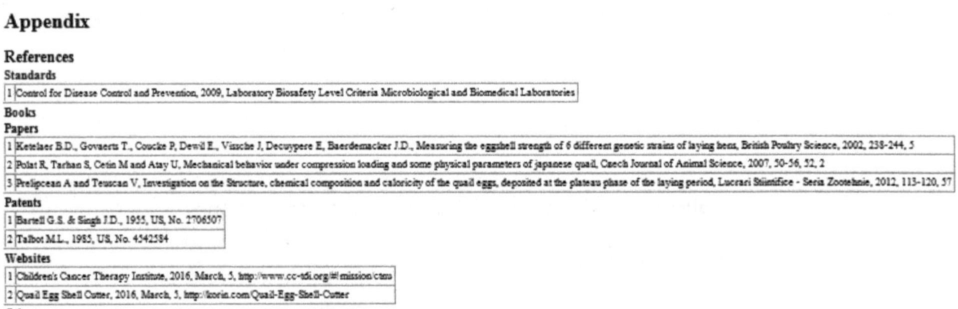

Appendix

References

Standards

1	Control for Disease Control and Prevention, 2009, Laboratory Biosafety Level Criteria Microbiological and Biomedical Laboratories

Books

Papers

1	Ketelaer B.D., Govaerts T., Coucke P, Dewil E., Vissche J, Decuypere E, Baerdemacker J.D., Measuring the eggshell strength of 6 different genetic strains of laying hens, British Poultry Science, 2002, 238-244, 5
2	Polat R, Tarhan S, Cetin M and Atay U, Mechanical behavior under compression loading and some physical parameters of japanese quail, Czech Journal of Animal Science, 2007, 50-56, 52, 2
3	Prelipcean A and Teuscan V, Investigation on the Structure, chemical composition and caloricity of the quail eggs, deposited at the plateau phase of the laying period, Lucrari Stiintifice - Seria Zootehnie, 2012, 113-120, 57

Patents

1	Bartell G.S. & Singh J.D., 1955, US, No. 2706507
2	Talbot M.L., 1985, US, No. 4542584

Websites

1	Children's Cancer Therapy Institute, 2016, March, 5, http://www.cc-tdi.org/#!mission/ctnu
2	Quail Egg Shell Cutter, 2016, March, 5, http://korin.com/Quail-Egg-Shell-Cutter

Figure 12: The reference list from the example on the quail egg embryo extractor (after exporting into an automatically generated report).

Meeting Notes

An important feature of the Ecosystem is provision for immersive design activity, including necessary interaction between team members and the instructor. Capitalizing on the culture of electronic communications, commentary and contributions can be provided and recorded in the tab for Meeting Notes to assist in the assessment of team dynamics and facilitating meaningful discussion, as shown in Figure 13. The content of the Meeting Notes dialog can be exported into an Appendix of the automatically generated report (see Figure 14). To load the record back into the main menu, simply double-click on the record of interest. If you inadvertently insert an incorrect record, and you wish to delete it from the Meeting Archive, simply right-click on the row and select 'Delete Row'.

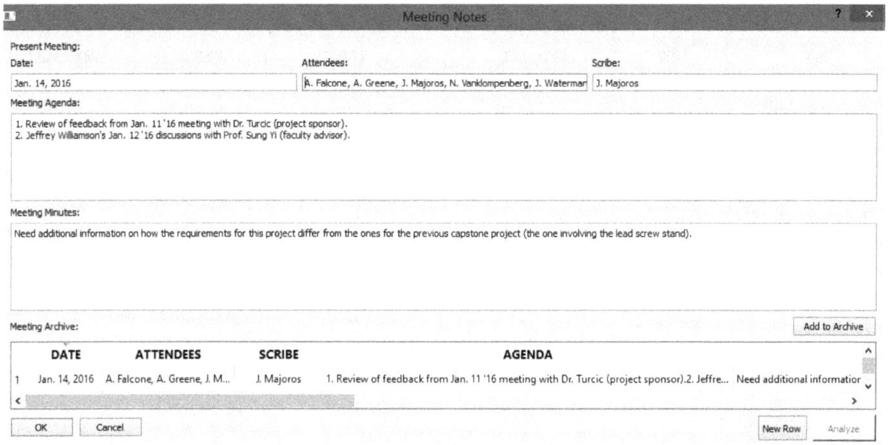

Figure 13: The dialog for Meeting Notes from the example involving the go kart lifting stand.

Meeting Notes

DATE	ATTENDEES	SCRIBE	AGENDA	MINUTES
Jan. 14, 2016	A. Falcone, A. Greene, J. Majoros, N. Vanklompenberg, J. Waterman and J. Williamson	J. Majoros	1. Review of feedback from Jan. 11 '16 meeting with Dr. Turcic (project sponsor). 2. Jeffrey Williamson's Jan. 12 '16 discussions with Prof. Sung Yi (faculty advisor).	Need additional information on how the requirements for this project differ from the ones for the previous capstone project (the one involving the lead screw stand).

Figure 14: The Meeting Notes dialog from the example involving the go kart lifting stand (after exporting into the automatically generated report).

Configuration

Tab Configuration

The Ecosystem 1.0 SW was designed with flexibility in mind. To this end, the Ecosystem provides the mechanism shown in Figure 15 for hiding the Ecosystem tabs not considered necessary for a particular capstone program. This tab provides the Ecosystem with the ability to attain the desired trade-off between nimbleness (efficiency) and thoroughness. The tabs marked under 'DESELECT?' are hidden, upon the user pressing the 'OK' button. 'Reset to Defaults' restores the original configuration. The default configuration lists the full set of tabs. The user can pair down the selection to the extent desired.

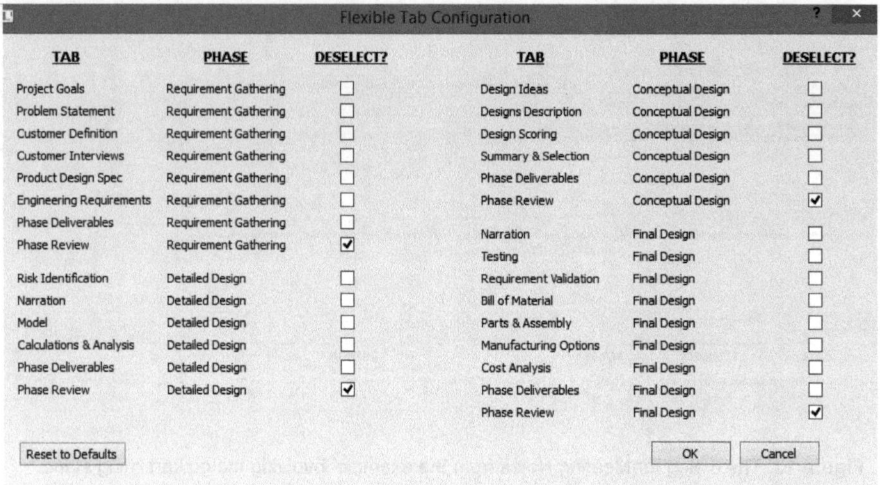

Figure 15: The Tab Configuration dialogue in case of the bolt tester example.

Feasibility Threshold

- For the functional decomposition in the conceptual design phase, the Current Feasibility Threshold specifies the threshold above which the cumulative score of a given design concept is considered feasible.
- The dialog for the Feasibility Threshold in Ver. 1.0 of the Ecosystem, presented in Figure 16, offers a recommended value for the Feasibility Threshold, which is automatically populated based on the number of input arguments to the objective function, per the specifications in the 'Requirement Analysis' tab of the 'Requirement Gathering' phase.
- The user is not allowed to change this recommended value.
- This recommended value becomes the initial default for the Current Feasibility Threshold, which the user is then allowed to adjust, based on his or her engineering discretion.

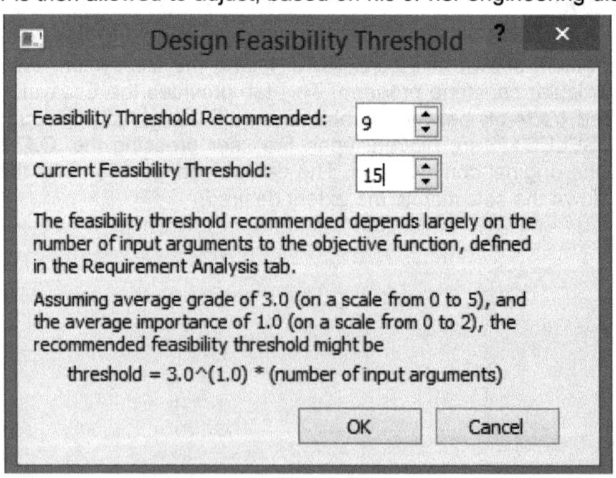

Figure 16: Thresholds for establishing design feasibility for the sample test case (case of three input parameters to the objective function).

The Draw Menu

The Draw Menu comprises of the following menu options:

1. Zoom In
2. Zoom 100%
3. Zoom Out
4. Undo
5. Redo
6. Bring to Front
7. Send to Back
8. Area Selection
9. Move, Resize
10. Draw a Shape
11. Default Pen
12. Stylus Pen

These are all graphics operations restricted to the canvas in the 'Sketches' tab of the 'Conceptual Design' phase. These operations are modeled after corresponding operations in the SketchRec 3.0 software from Imagars. For further information, refer to (3).

The Recognition Menu

Recognized as Text

For the 'Sketches' tab in the 'Conceptual Design' phase, this menu option launches the cursive handwriting recognition on the content of the area highlighted using the area selection tool. For attaining the highest overall accuracy, the user is advised to launch the cursive handwriting recognition prior to the graphics recognition (3).

Recognized as Graphics ...

For the 'Sketches' tab in the 'Conceptual Design' phase, this menu option provides the user with the means of launching recognition of graphical objects, on the content of the canvas highlighted using the area selection tool. If no area is highlighted, the graphics recognition is applied to the entire content of the canvas. The Ecosystem contains intelligence allowing it to discard the text objects already recognized during the graphics recognition (and hence avoid double-detection of the text objects) (3).

Recognized Contour ...

For the 'Sketches' tab in the 'Conceptual Design' phase, the 'Recognized Contour ...' menu allows the user to specify the contour thickness for the recognized objects rendered onto the canvas (3).

The Help Menu

About

Figure 17 presents the 'About' menu for Ver. 1.0 of the Ecosystem for Learning and Team Design.

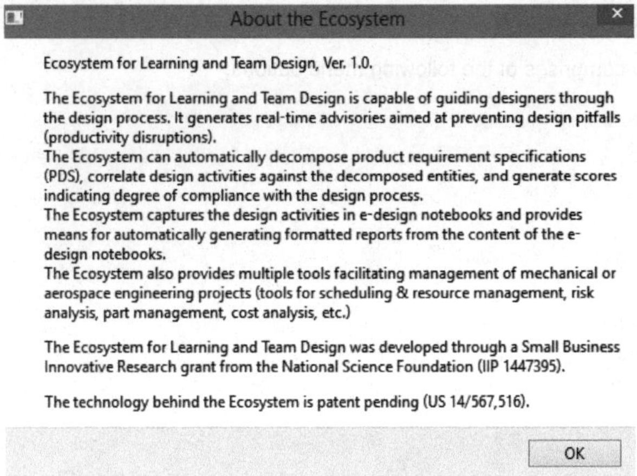

Figure 17: The 'About' menu for Ver. 1.0 of the Ecosystem for Learning and Team Design.

User Manual

This User Manual for the Ecosystem is available online:

http://www.imagars.com/UserManual-Ecosystem-1.0.pdf

It is also accessible locally through the Education folder (Load Examples … takes you there).

Message Board

This Message Board is available through:

http://www.ecosystem.imagars.com/

Load Examples

This menu option provides the user with direct access to the examples provided with the Ecosystem application (the e-design notebook files corresponding to the bolt tester sample).

License Key

The license dialog is accessed by selecting 'Help' in the main menu, and then 'License Key'.

Note about Active Assessment vs. the 'Zombie' Button

As a matter of standard practice, each design tab in the Ecosystem has a button titled 'Analyze' on the lower right side. Upon the user pressing this button, the Ecosystem applies its automatic assessment and scoring mechanism to the content of that design phase.

In the initial release of the Ecosystem for Learning and Team Design (Version 1.0), some of the design tabs do not have active analysis associated with them. Hence, the user should not expect any alerts for these tabs. To prevent misunderstanding, the 'Analysis' button for these tabs has been grayed out in Version 1.0 (see Figure 18).

ACTIVE ASSESSMENT INACTIVE ('ZOMBIE') ASSESSMENT

Figure 18: Comparison of 'Analyze' buttons representing active vs. inactive assessment.

Chapter 5: Requirement Gathering

The coverage in this Chapter assumes the default tab configuration. Where appropriate, the bolt tester example has been modified to highlight the ability of the Ecosystem to generate meaningful alerts. For additional specifics, refer to the placeholder text and pop-up tips.

Project Goals

The Project Goals tab prompts the user to input the team's mission statement. This should be completed in the form for a brief narrative statement and worded as if it were the project's written introduction. A sample statement is shown in Figure 19.

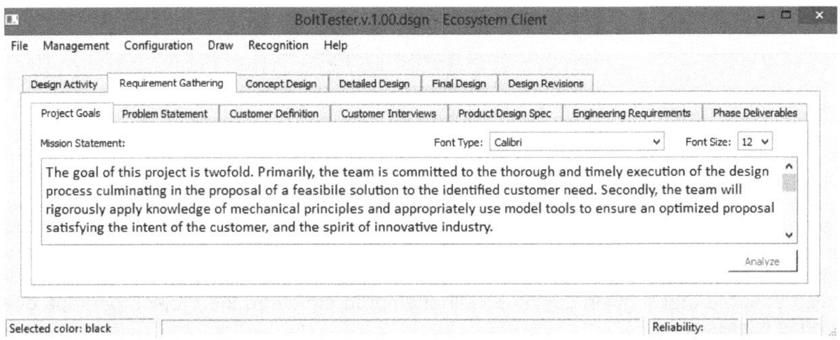

Figure 19: The Project Goals for the bolt tester example (from the Requirement Gathering phase).

Problem Statement

The narrative statement in the Problem Statement tab is intended to represent the big-picture overview of the customer needs. As exemplified in Figure 20, the language of the problem statement should reflect the nature of the customer need, and a description of the design's intended use. You can delete an archived illustration, simply by clicking on it and hitting the 'Delete' button.

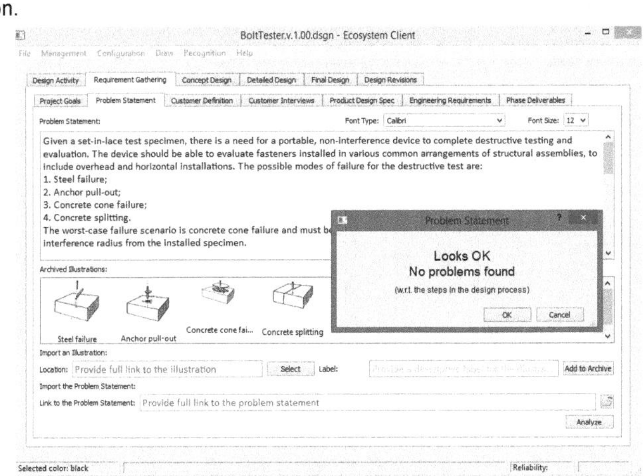

Figure 20: The Problem Definition tab for the bolt tester example.

Customer Definition

Customer definition and analysis is fundamental to successful completion of the PDS. As shown in Figure 21, customer identification involves exploring all factor parties that have a say in, or are affected by design decisions. Customers are categorized as external (those outside the design organization), internal (those within the design (or company) organization) or as end users.

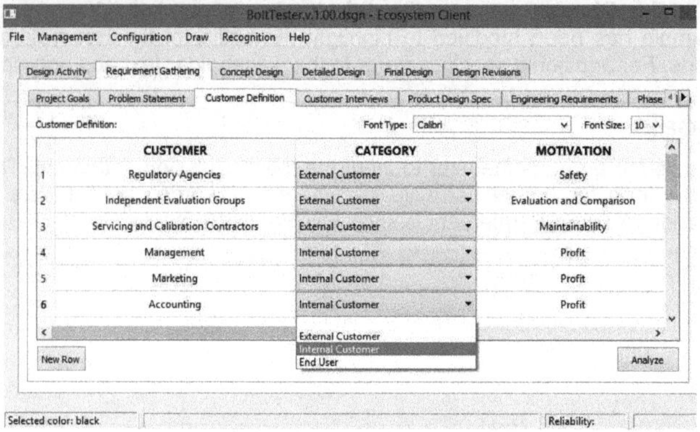

Figure 21: The Customer Definition tab for the bolt tester example.

The purpose of capturing the stakeholder motivation is to facilitate comprehension of the facts collected throughout the course of the project (offer pertinent context). It also helps with forming an understanding of what to expect. Some customers may end up being strong allies. It is also possible that a given customer will attempt to sabotage the project, perhaps due to competing interests.

Customer Interviews

It is important to diligently capture the conversations with the customers, preferably in verbatim language. This decreases the chance of interpretations down the road. Figure 22 presents a snapshot from the example on the quail egg embryo extractor. The interview log can be exported into an Appendix of the automatically generated report, as shown in Figure 23.

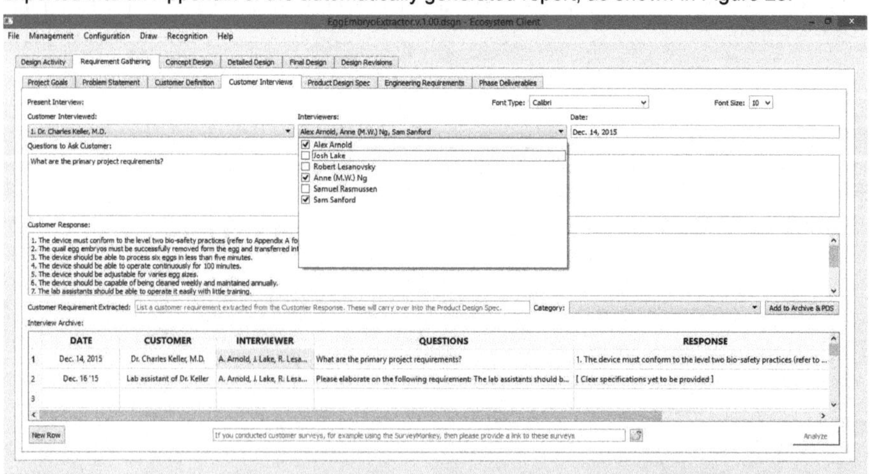

Figure 22: Customer interview tab from the example on the quail egg embryo extractor.

To load the record back into the main menu, simply double-click on the record of interest. If you inadvertently insert an incorrect interview record, and you wish to delete it, simply right-click on the row and select 'Delete Row'. The content of the drop-down menu for Customer Interviewed is automatically populated based on customers specified in the Customer Definition tab.

Customer Interviews

DATE	CUSTOMER	INTERVIEWER	QUESTIONS	RESPONSE
Dec. 14, 2015	Dr. Charles Keller, M.D.	A. Arnold, J. Lake, R. Lesanovsky, A. (M.W.) Ng, S. Rasmussen, S. Sanford	What are the primary project requirements?	1. The device must conform to the level two bio-safety practices (refer to Appendix A for a detailed list of criteria). 2. The quail egg embryos must be successfully removed form the egg and transferred into a six-well dish with the heart on top at least 90% of the time. 3. The device should be able to process six eggs in less than five minutes. 4. The device should be able to operate continuously for 100 minutes. 5. The device should be adjustable for varies egg sizes. 6. The device should be capable of being cleaned weekly and maintained annually. 7. The lab assistants should be able to operate it easily with little training. 8. The cost must be less than $5,000 for designing and building the device. 9. A fully functional device must be delivered by June 4th, 2016. 10. The device must occupy less than 61 x107 cm of space. 11. The device should weigh less than 25 pounds. 12. The service life of the device should be five years.
Dec. 16 '15	Lab assistants of Dr. Keller	A. Arnold, J. Lake, R. Lesanovsky, A. (M.W.) Ng, S. Rasmussen, S. Sanford	Please elaborate on the following requirement: The lab assistants should be able to operate it easily with little training. - What does this entail exactly?	[Clear specifications yet to be provided]

Figure 23: The customer interview log from the example on the quail egg embryo extractor (after exporting into an automatically generated report).

Product Design Spec

Thorough investigation of customer interests results in a more robust product design specification that reduces the probability of late-breaking requirement changes and significant design rework. The needs defined by each customer are compiled into the Requirement Definition tab, as illustrated in Figure 24. The requirements listed can address performance aspects, ergonomics factors, maintenance, environmental factors, materials, documentation, safety, budget or quality.

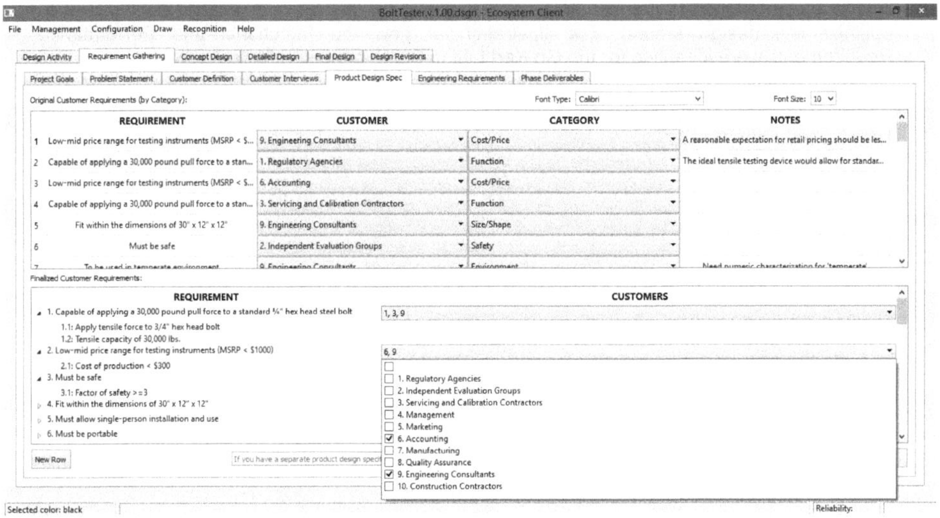

Figure 24: The Product Design Spec (customer need) tab from the bolt tester example.

The engineering requirements associated with a given customer requirement are supposed to offer a numeric representation of the customer requirement. The purpose of the PDS tab is to consolidate the customer requirements, and quantify (convert to data), to as much extent as possible. Even so, there is room for some judgement. For example, some people could consider a 60 lbs. portable. But for others, the criterion for portability may be 40 lbs. or even 20 lbs. To insert a new Customer or Engineering Requirement, simply employ the right-clicking mechanism.
When Customer 10 is omitted from Customer Requirement 3, the Ecosystem issues the alert shown in Figure 25.

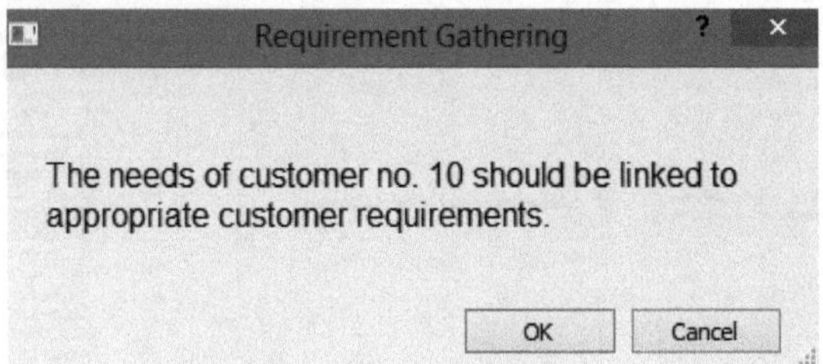

Figure 25: Alert issued by the Ecosystem when Customer 10 is omitted from Requirement 3.

Engineering Requirements

Compiling and organizing the customer needs is the first step in generating a complete set of actionable engineering requirements. The engineering requirements, shown in Figure 26, and are segregated into categories that reflect their impact on the design efforts. Quantitative measures are associated with each requirement (with limited exceptions) and the relative importance of each requirement is identified with respect to the overall problem statement provided in Figure 20. The assignment of the importance values is made by the designer, but reflect the priority assigned to the requirement by the customers listed in Figure 24. The importance ratings of functional requirements and objectives form the relationship between the designer's suitability assessment of design features and the specified categorical importance in the fitness function.
Even though the PDS could specify some 30 categories of customer requirements, and all 30 categories were listed in the Requirement Definition tab, the designer might select 5 or 6 to optimize the design around. For illustration of how the Functional and Performance Requirements were identified for the Go Kart Lifting Stand project, refer to Appendix E.

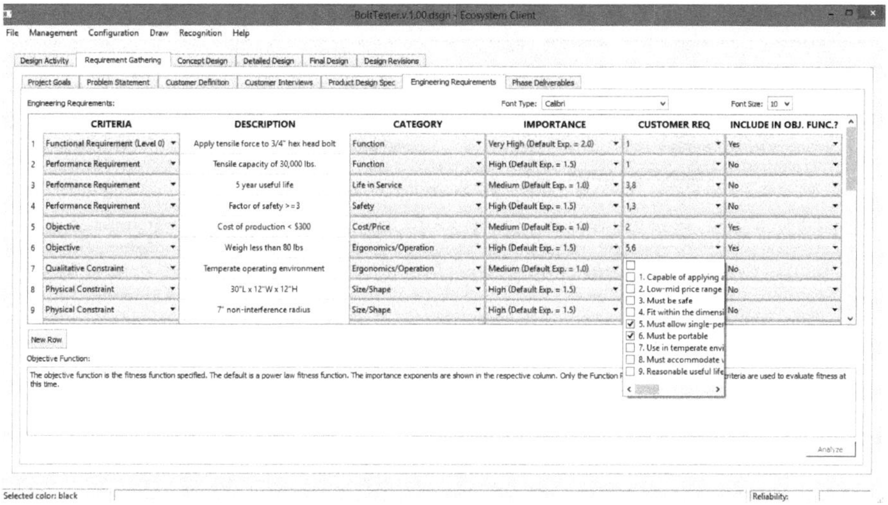

Figure 26: The Engineering Requirements tab from the bolt tester example.

Phase Deliverables

The purpose of the Phase Deliverables tab is to concisely specify the deliverables comprising the design point at the end of the Requirement Gathering phase. The expected output from the Requirement Gathering phase is a complete listing of the customer and engineering requirements. But being a flexible design paradigm, the Ecosystem leaves it up to the designer to choose the tools best suited to accomplish the goal for the project at hand. You can either specify the location or double-click on the Location column an click on the Path (or image) desired. The Ecosystem does provide the user with the ability to import images into the Location column.

Phase Review

The purpose of the Phase Review tab is to concisely specify the deliverables corresponding to phase review at the end of the Requirement Gathering phase, indicate the level of completion, and capture the associated explanations. In the Notes section, the user can also list the level of completion of specific requirements, or comment on changes in the requirements. The Phase Review is intended to support both design reviews and generic gate reviews.

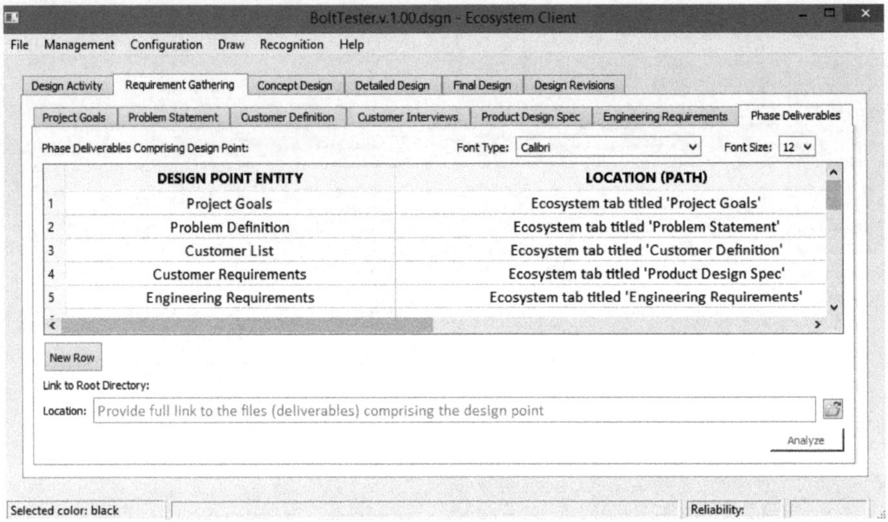

Figure 27: The Phase Deliverables tab from the Requirement Gathering phase.

Chapter 6: Conceptual Design

Design Ideas

The intent of the Design Idea interface is to allow rapid brainstorming and concept ideation without the cumbersome Windows-Icons-Menus-Pointer (WIMP) graphical interface of solid modeling software (4). While a powerful detailed and final design feature, solid modeling software is not ideal for conceptual design efforts, and can impede progress rather than promoting it. Efforts in this phase should emphasize rapid and abundant concept generation and communication followed by thorough investigations of fitness and feasibility.

Figure 30 presents the Sketches tab from the sample test case. For the purpose of uploading sketches into the panel for archived designs, it is recommended that the user saves the image sketches as .bmp or jpg.

Features of Interest

- Touch-screen interface supporting stylus input (3).
- Mouse-drawing capabilities for platforms not supporting stylus input (3).
- High-accuracy cursive handwriting recognition (3).
- Automatic graphics recognition (3).
- Great touch-up capabilities (3).
- Ability to jointly recognize graphics & text, without complications (3).
- Automatic loading of images onto the canvas, upon double-clicking on images in the archived list (3).
- Ability to delete images from the list of archived designs through a single mouse click (3).
- Zooming and panning using the mouse wheel (3).

Sample Behavior

INPUT

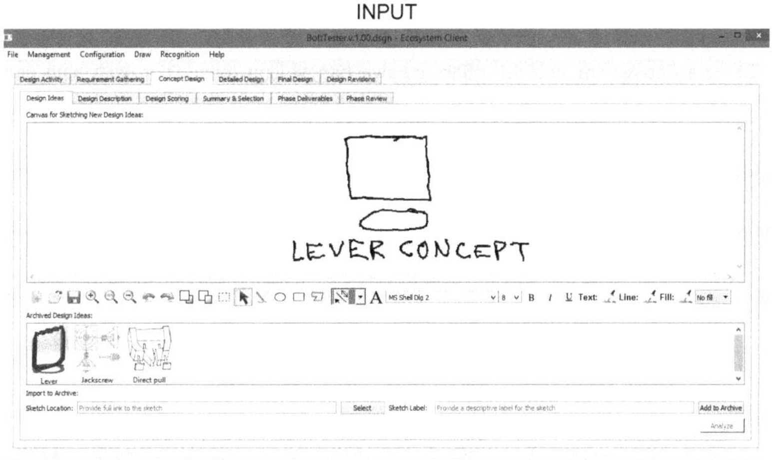

Figure 28: The Ecosystem Ver. 1.0 offers cursive handwriting recognition with high accuracy, graphics recognition as well as great touch-up capabilities.

AFTER HANDWRITING RECOGNITION

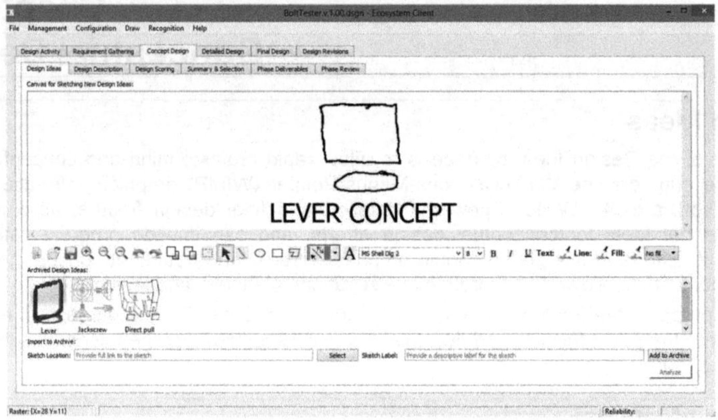

AFTER GRAPHICS RECOGNITION (AND MINOR TOUCH-UP)

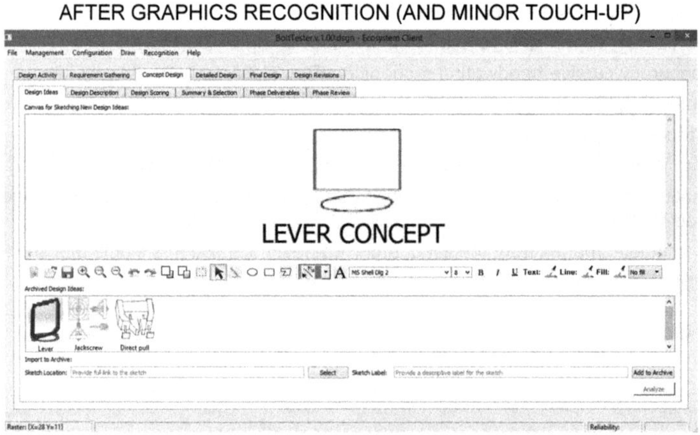

Figure 29: The Ecosystem Ver. 1.0 offers cursive handwriting recognition with high accuracy, graphics recognition as well as great touch-up capabilities.

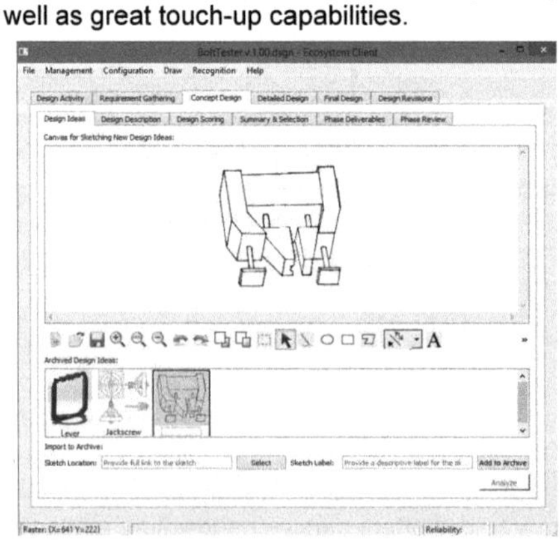

Figure 30: The Sketches tab from the bolt tester example (no zooming).

The User Manual for SketchRec 3.0 can be accessed through

http://www.imagars.com/UserManual-SketchRec-3.0.pdf

Note that in the text entry mode, you need to double-click on the canvas before start typing.

Designs Considered

The Designs Considered tab, shown in Figure 31, provides textual description of the designs considered.

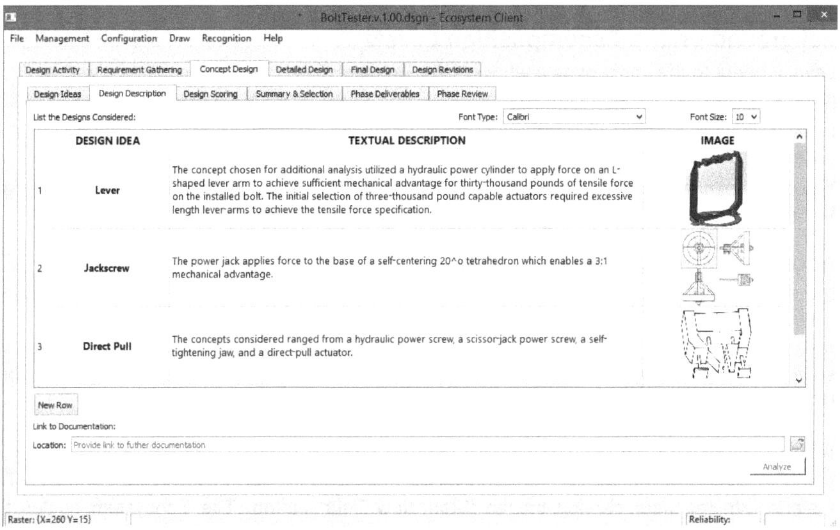

Figure 31: Designs Considered for the bolt tester example.

Scoring Designs

In the Scoring Designs tab, the design concepts are introduced and broken into functional requirements and design features. Each level of the functional decomposition allows higher fidelity determination in accordance with the importance ratings provided in the Requirement Gathering tab. Each concept presented is scored, using the table beneath the 'Scoring Guidelines'. Here subjective assessment of fitness in the context of the functional requirements is provided in the columns adjacent to the concept title. The assessment value is automatically calculated in the next empty column in accordance with the objective function.

This approach to the functional decomposition resembles the morphological matrices, the quality function deployment (QFD) decision matrices and the Pugh matrices from the design literature.

Features of Interest

- Generic paradigm (no limit to the number of inputs supported by the objective functions)
- Automatic evaluation of the objective function
- Automatic population of column headings
- Editable items in the decomposition tree
- Double-clicking for automatically loading content into the sub-table

Background on the Objective Function

In Ver. 1.0 of the Ecosystem, each design concept and each design feature are evaluated according to an objective function which has the form

```
Obj. = obj_1^(import_obj_1) + obj_2^(import_obj_2) + ... +
       func_req_1^(import_func_req_1) + func_req_2^(import_func_req_2) + ...
```

Here `obj_1`, `obj_2`, ... refer to the objectives from Figure 26 that have been selected for inclusion in the objective function. `Import_obj_1`, `import_obj_2`, ... refer to the corresponding importance exponents. Correspondingly, `func_req_1`, `func_req_2`, ... refer to the functional requirements from Figure 26 that have been selected for inclusion in the objective function. `Import_obj_1`, `import_obj_2`, ... refer to the corresponding importance exponents (also listed in Figure 26).

Background on the Decomposition Levels

- Level 0 refers to the concept as a whole (think "concept").
- Level 1 refers to any meaningful subdivision of that concept (think "assembly").
- Level 2 refers to anything that makes sense subordinate to that assembly (think "sub-assembly").
- You can continue breaking down the design in this way until you get to the individual parts (at Level *N*).

Rationale behind the Scoring Rules

- The scoring should reflect, in relative terms (on a scale from 1 to 5), how easy it is to attain a given functional requirement.
- A score lower than 5, for a given FR, does not mean the FR is not important. Even with a score lower than 5, the concept solution under consideration may be able to deliver on the requirement. It simply means that meeting the requirement may not be quite as easy.

Sample Decomposition Process

Figure 32 - Figure 40 summarize an abbreviated tour through the decomposition process. The tour starts with the user clicking on the 'Start New Tour' button. The Ecosystem guides the students through the process by issuing advisories, most of which are fairly self-explanatory.

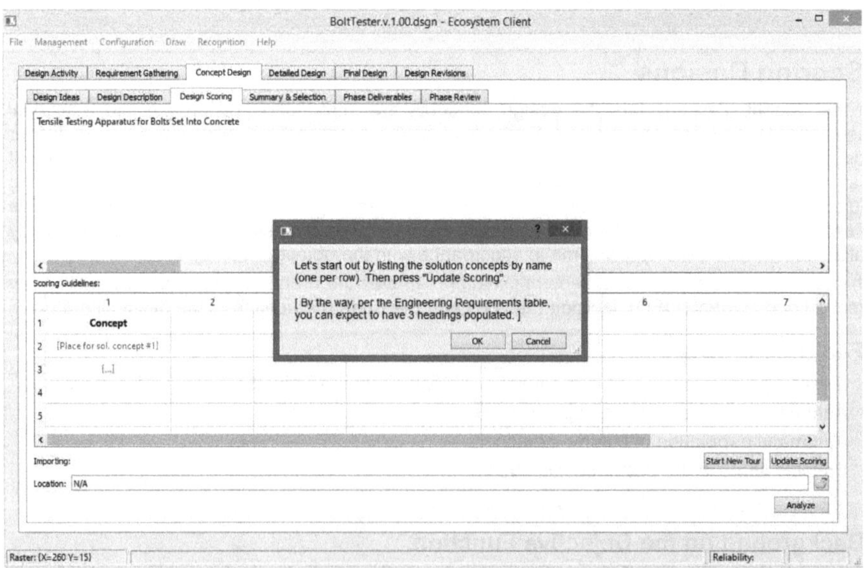

Figure 32: Scoring table at the beginning of the decomposition tour (just after pressing 'Start New Tour').

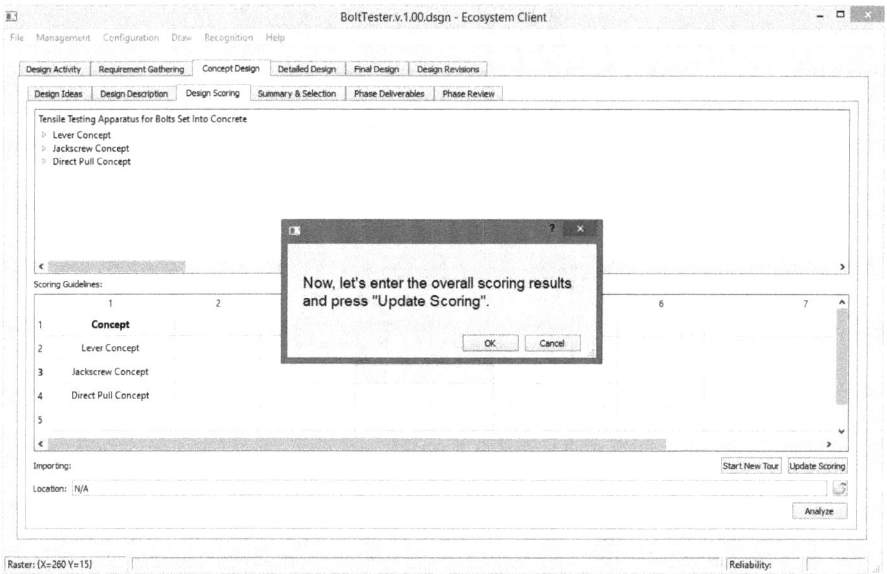

Figure 33: After entering the concept names and pressing 'Update Scoring'.

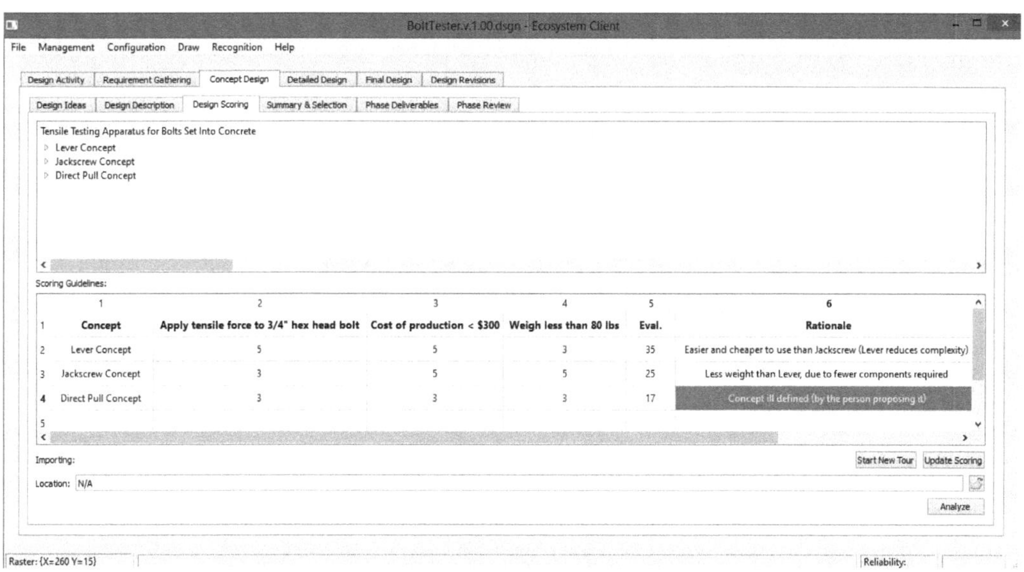

Figure 34: After assigning subjective scores to each high-level design concept. The header was automatically populated and the objective function automatically evaluated.

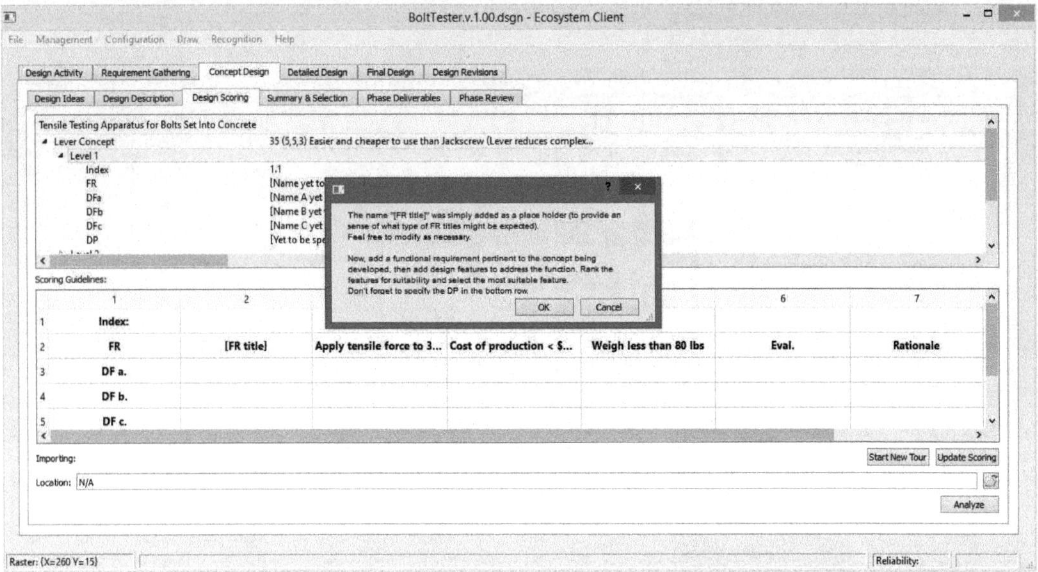

Figure 35: Before scoring the first Level 1 functional requirement.

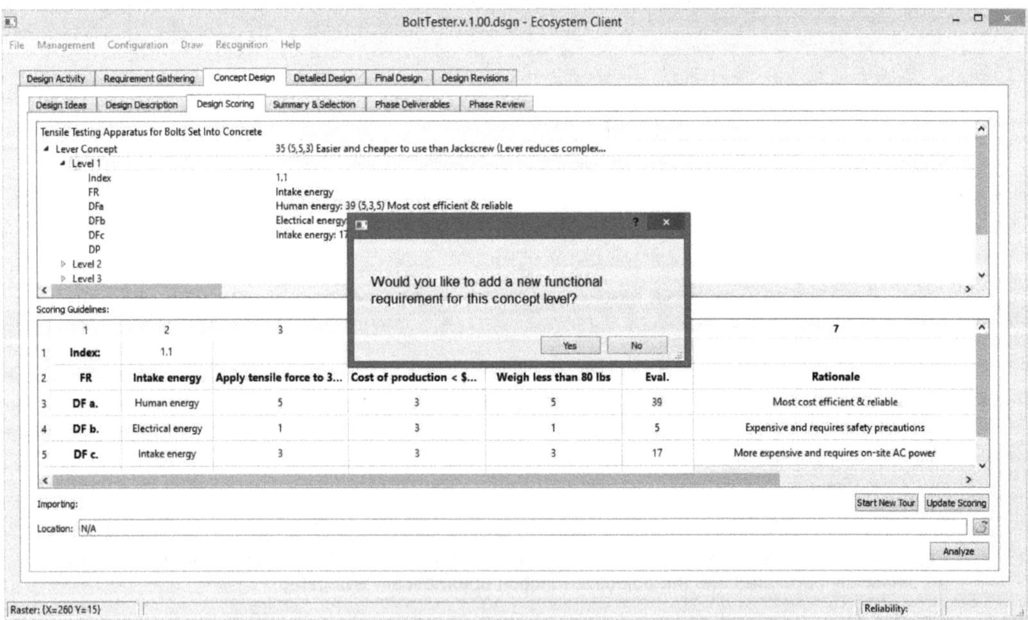

Figure 36: After scoring the first Level 1 functional requirement.

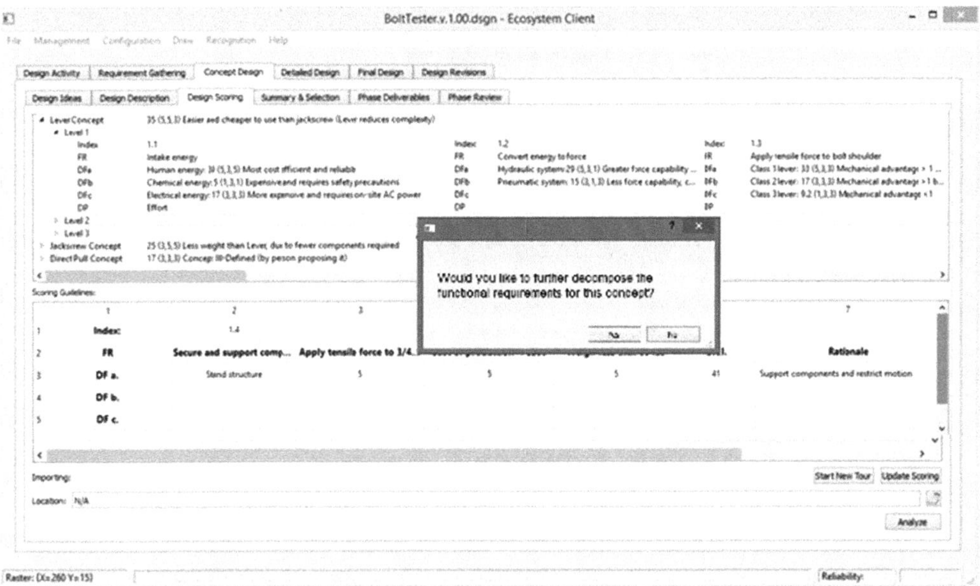

Figure 37: After scoring the last Level 1 functional requirement (FR 1.4).

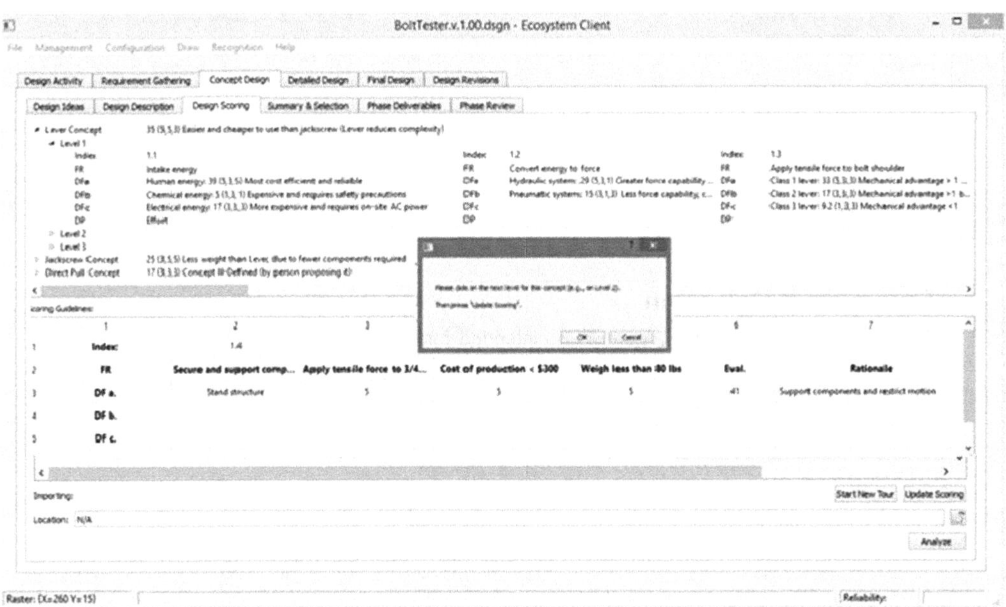

Figure 38: Guiding message at the beginning of the Level 2 decomposition.

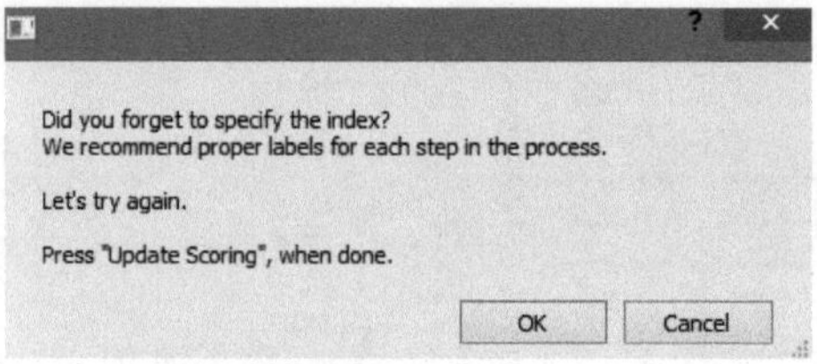

Figure 39: Guiding advisory issued when the user forgot to specify the index for any given FR.

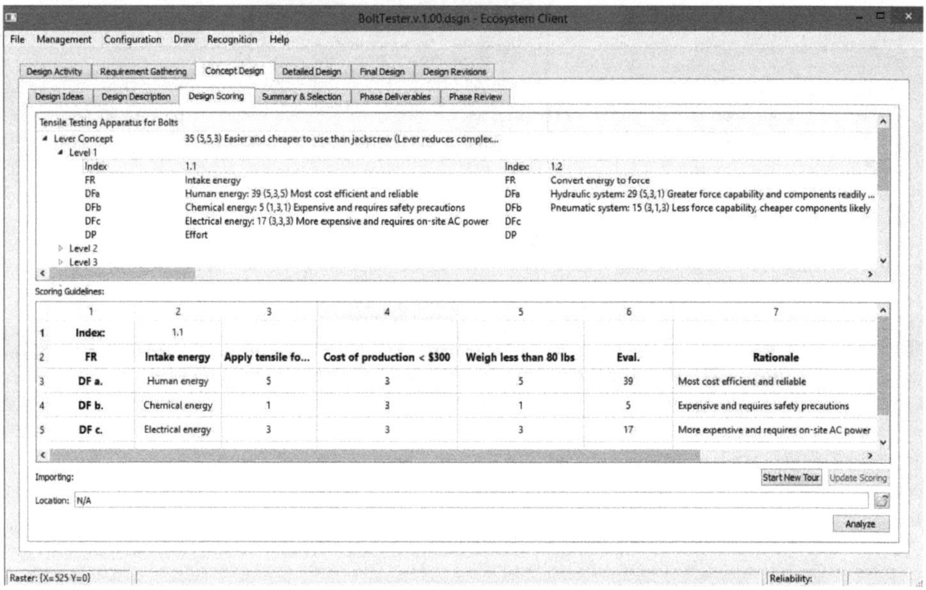

Figure 40: Snippet from the scoring table at the end of the decomposition tour. FR 1.1 was loaded back into the table for the Scoring Guidelines by double-clicking on the main tree.

Summary & Selection

The Summary tab, shown in Figure 41, is intended for textual description of concepts, their relation to the identified requirements, and a broad overview of how the selection process took place (a written justification). The design concept selected for detailed design is listed along with associated confidence specification and further rationale.

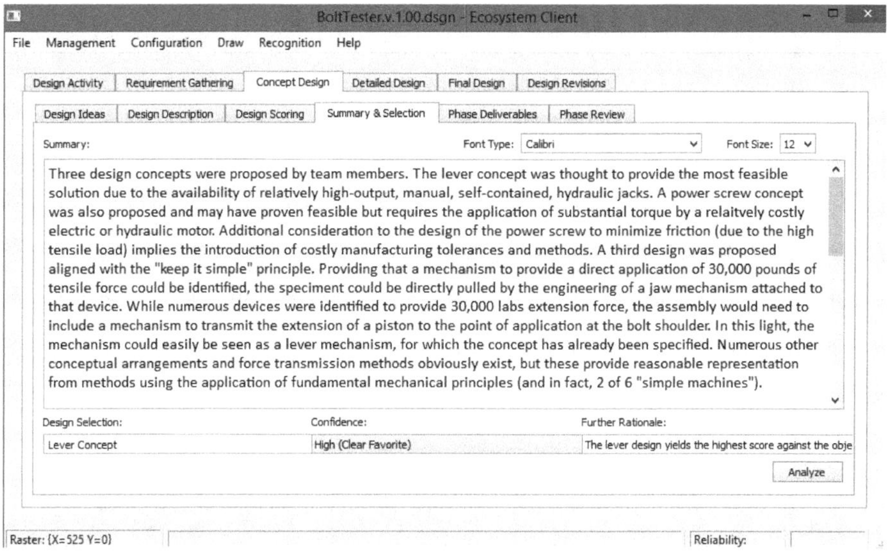

Figure 41: The Summary & Selection tab for the bolt tester example.

Information Sources

For the conceptual design phase, the Information Sources tab serves the same purpose as for the Requirement Gathering phase.

Meeting Notes

For the conceptual design phase, the Meeting Notes tab serves the same purpose as for the Requirement Gathering phase.

Deliverables

The purpose of the Deliverables tab, shown in Figure 42, is to concisely specify the deliverables comprising the design point at the end of the Concept Design phase. The expected deliverable from the Concept Design phase is a complete concept model.

Phase Review

The purpose of the Phase Review tab, shown in Figure 43, is to concisely specify the deliverables corresponding to phase review at the end of the Concept Design phase, indicate the level of completion, and capture the associated explanations.

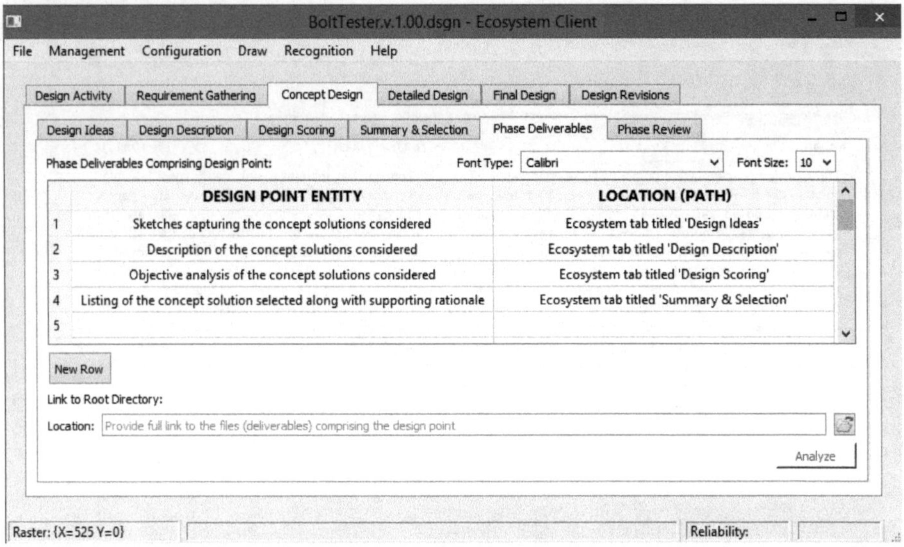

Figure 42: The Deliverables tab from the Concept Design phase.

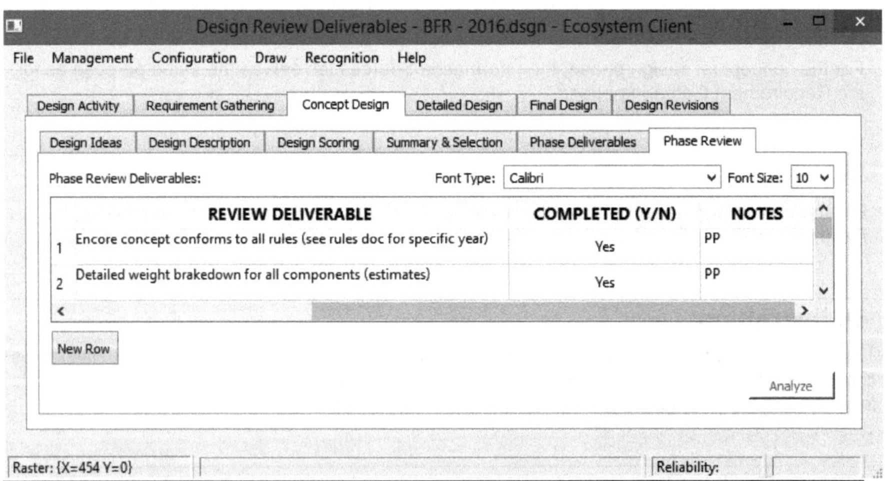

Figure 43: Phase Review tab capturing design review deliverables from a student race car design team.

Chapter 7: Detailed Design

Risk Identification

The purpose of the Risk Identification tab, presented in Figure 44, is to provide facilities for identification, analysis, management (tracking) and mitigation of the risk factors pertinent to the design. Each risk factor is associated with a part, at least one design feature and at least one requirement. The user is expected to specify the severity of the risk factors as well as a mitigation method.

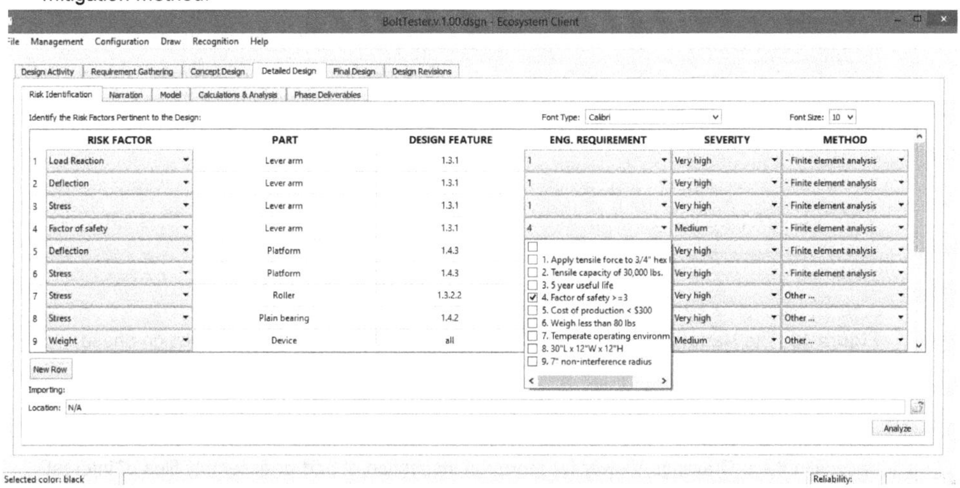

Figure 44: Risk Identification tab for the bolt tester example (from the Detailed Design phase).

Figure 45 provides an example of a meaningful alert provided by the Ecosystem.

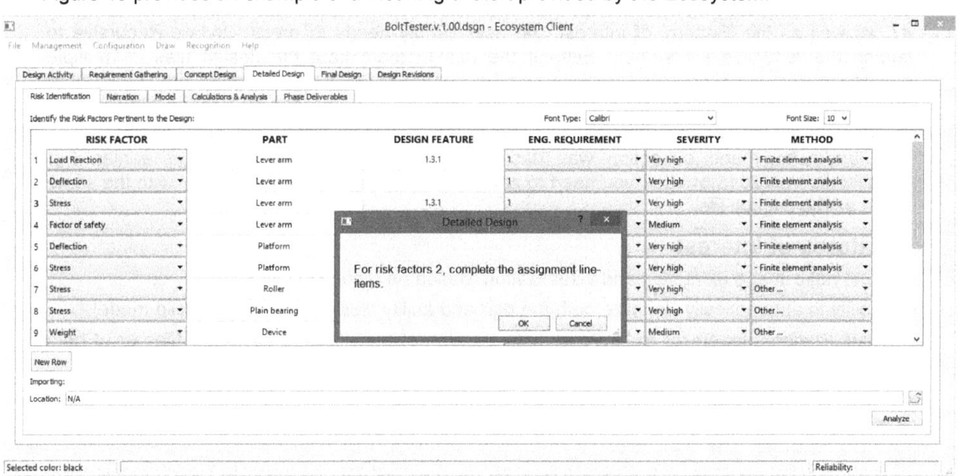

Figure 45: Sample alert from the Risk Identification tab.

Narration

The Narration tab, shown in Figure 46 for the bolt tester, provides the user with the opportunity to disclose big picture findings. While more quantitative measures will be illuminated later, the textual description and justification of efforts is appropriate here.

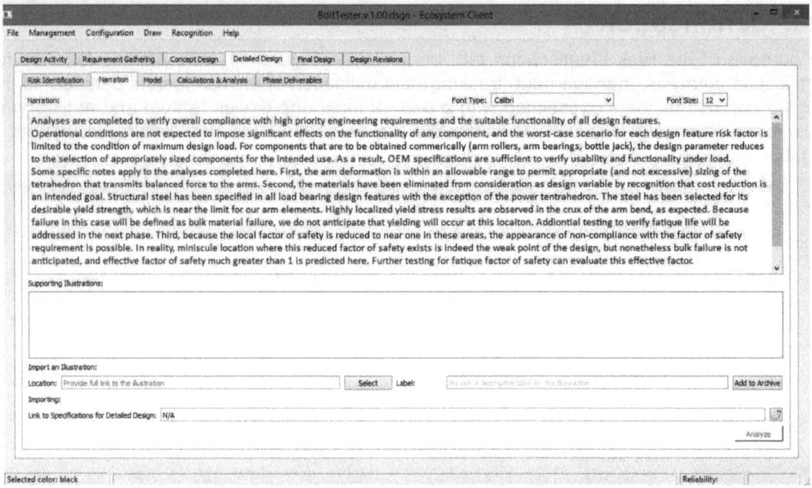

Figure 46: The Narration tab for the bolt tester example (from the Detailed Design phase).

Model

Ver. 1.0 of the Ecosystem for Learning and Team Design provides the user with the ability to visualize both the assembly and part files comprising the solid model. It also provides seamless interface with the e-Drawings Viewer for thorough inspection of part or assembly files of interest in 3D.

The e-Drawings Viewer can be installed for free from[2]

www.edrawingsviewer.com/ed/download.htm.

Upon the user specifying the 'Root Directory' for the search under 'Part Management' in Figure 47, as well as the 'Pattern' of interest, the user simply needs to press 'Update Recursive to launch the recursive file search. Even if the design team kept the design files in multiple directories, the common root directory can be specified (as long as these directories were hosted as a part of a single file system). In the unlikely case, the design files were distributed across different file systems, the recursive search could be repeated for each file system.

The automatic image extraction was designed for SolidWorks Ver. 2014 or earlier. For SolidWorks Ver. 2015 or later, you need to save thumbnail images in .png format with the same name as the original file.

Features of Interest

- Automatic image extraction and visualization (based on recursive file search).
- Ability to automatically visualize both the part and ability files comprising the solid model.
- Visualization support for SolidWorks (visualization of part files, of assembly files or of both part and assembly files), PTC Creo, CATIA v.5 and AutoCAD drawing files.
- Through a double-click, the Ecosystem furnishes the user with the ability to open up the assembly or part files of interest in the e-Drawings Viewer for thorough inspection in 3D.

[2] Upon installation, opt for 'eDrawings Viewer only' as well as 'All of the above, plus support for SolidWorks shader data'. The total file size should be 242.7 MB.

- A small database of Solidworks part and assembly files (common components) is included.
  - Hence, users may not need to design components from scratch.
  - Additional CAD drawings (3D models) may be available from McMaster – Carr free if charge: http://www.mcmaster.com/help/drawingsandmodels.asp

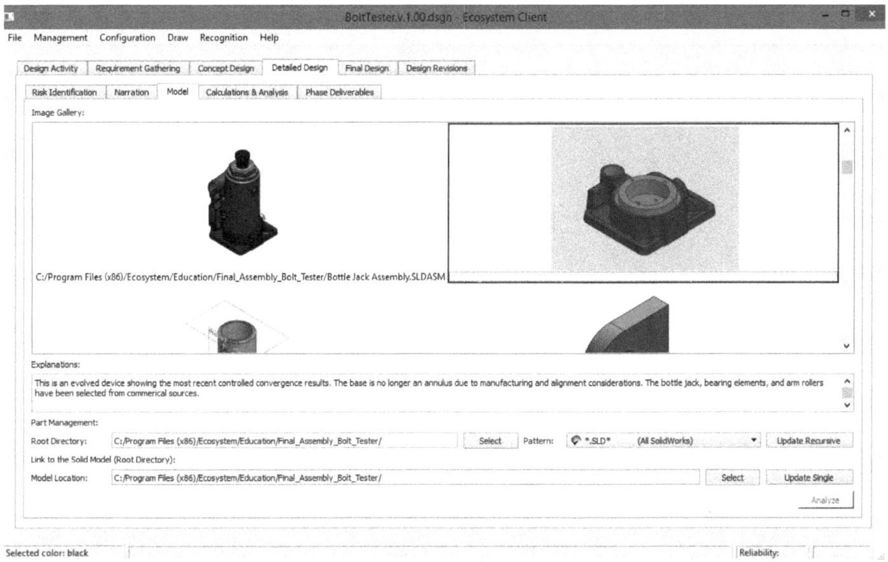

Figure 47: The Model tab for the bolt tester example (from the Detailed Design phase).

Figure 48: SolidWorks part and assembly files can be opened up in the (free) e-Drawings Viewer, upon double-clicking on the thumbnails in the Model tab, for thorough 3D review. Part and assembly files from PTC Creo and AutoCAD can be visualized in a similar fashion. The Ecosystem also provides automatic visualization support for CATIA v.5.

More on the Interface with SolidWorks and CATIA v.5

In case the designer wishes to modify a design file of interest, the designer can right-click on a search hit of interest. This brings up the context menu shown in Figure 49. Figure 50 presents a design file in SolidWorks that has been launched through this mean.

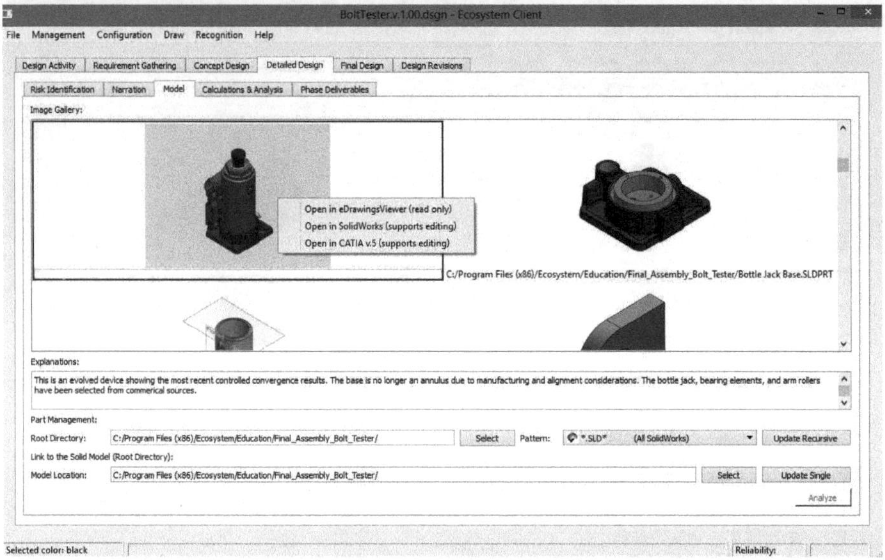

Figure 49: Context menu for manually selecting which development tool to launch from the Ecosystem.

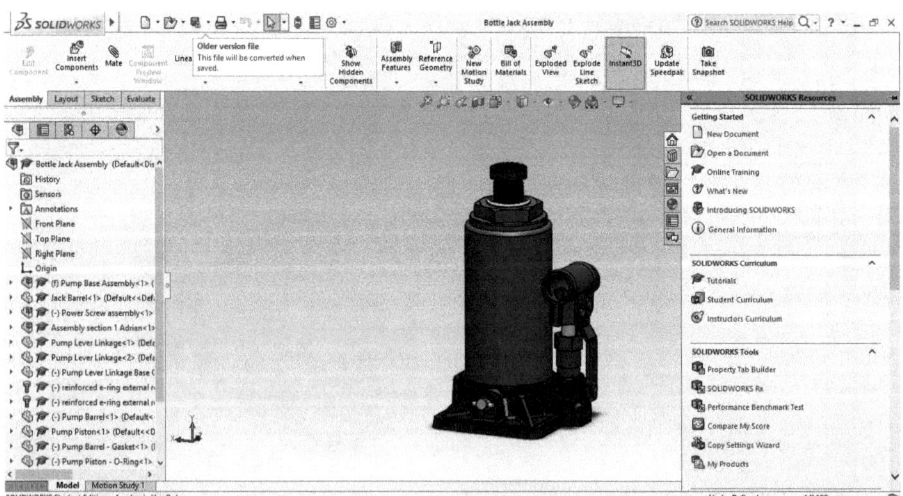

Figure 50: SolidWorks launched from manual selection in the context menu. Here the designer can modify the design file of interest at will.

Calculations & Analysis

As Figure 51 illustrates for the bolt tester example, the analyses completed correlate directly with the risk factors identified (from Figure 44). The purpose of the Calculations & Analysis is to mitigate the risk factors identified. In addition, Figure 51 contains two new columns, for 'Analysis Completed' and 'Outcome'. By simply double-clicking on the 'Analysis Completed', the user can upload an illustrative figure. If issues were discovered during the analysis, the 'Outcome' column is the place for pertinent reporting. In case an analysis was completed, without an corresponding image being readily available for uploading, the user can add a textual explanation or a reference link. The Calculations & Analysis tab also provides means for importing the file capturing the analysis. This could be an output file, e.g., from Matlab or ANSYS.

Features of Interest

Versatile column for "Analysis Completed", one supporting

- the uploading of an image capturing the results,
- the user typing in brief explanation (text),
- the ability to label uploaded images,
- the ability to delete an uploaded image simply by clicking on the image and hitting 'Delete'.
- the ability to a file, e.g., a MS Word file or an Excel sheet containing supporting calculations,
- the user pasting in a link by hand (as a text string),
- dynamic adjustment of the row height to fit the content.

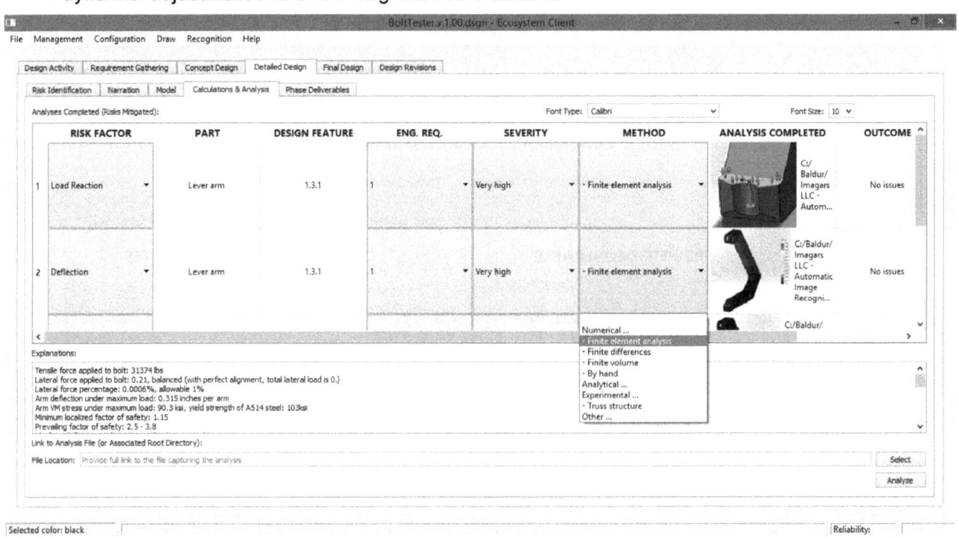

Figure 51: The Calculations & Analysis tab for the bolt tester example.

Deliverables

The purpose of the Deliverables tab, shown in Figure 52, is to concisely specify the deliverables comprising the design point at the end of the Detailed Design phase. The expected deliverable from the Detailed Design phase is a physical manifestation of the design.

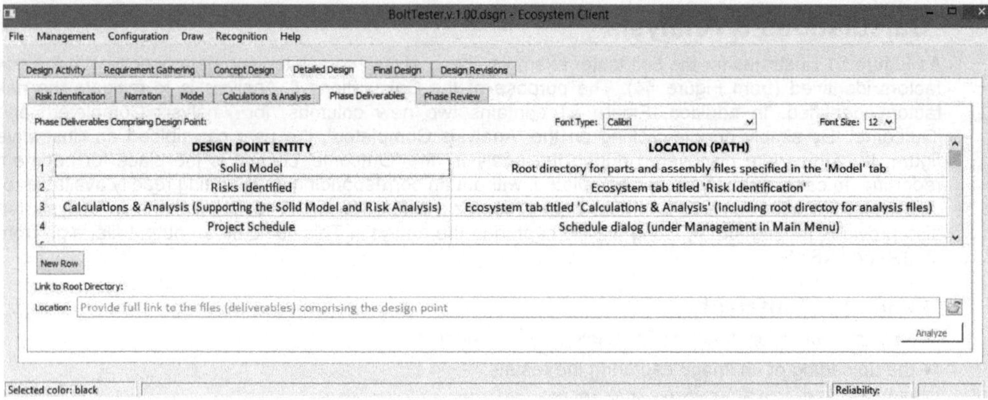

Figure 52: The Deliverables tab from the Detailed Design phase.

Phase Review

The purpose of the Phase Review tab, shown in Figure 53, is to concisely specify the deliverables corresponding to phase review at the end of the Detailed Design phase, indicate the level of completion, and capture the associated explanations.

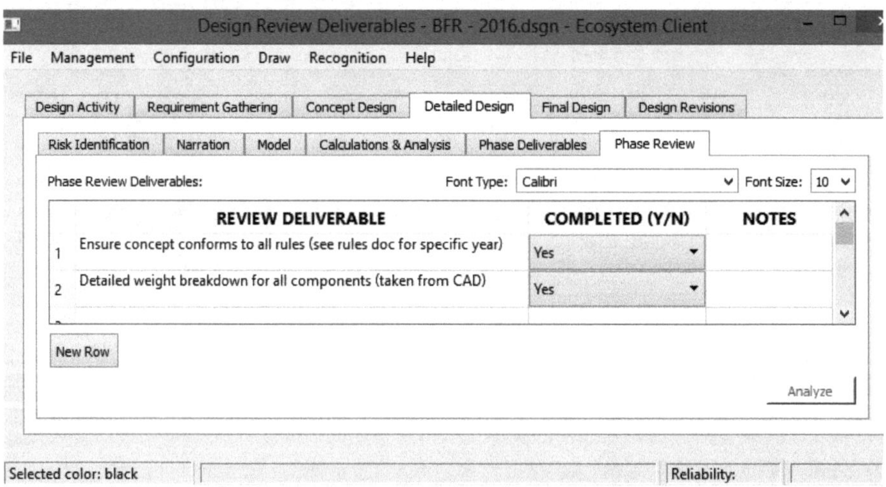

Figure 53: Phase Review tab capturing design review deliverables from a student race car design team.

Chapter 8: Final Design

Narration

The "Narration" tab allows expansion on the overview of process steps completed to date. This tab is materially similar to the "Narration" tab of the Detailed Design phase.

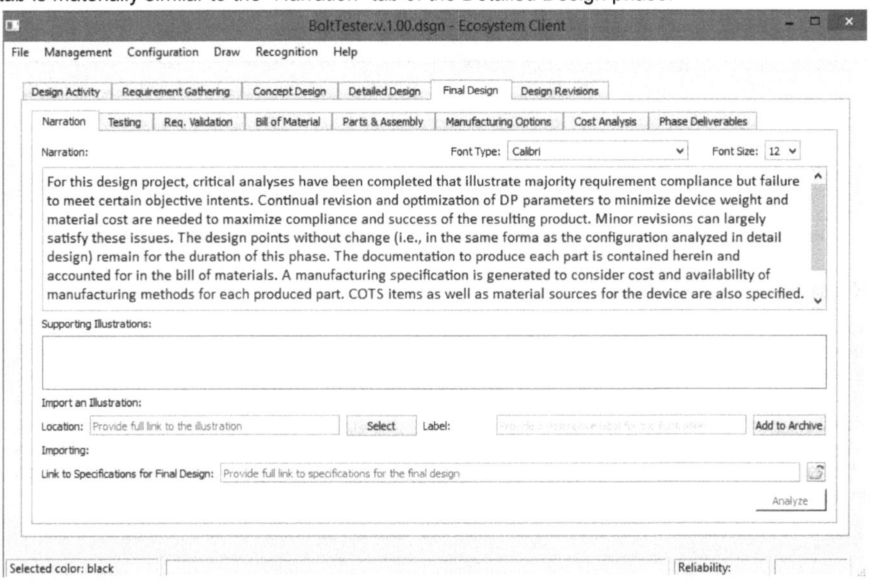

Figure 54: The Narration tab for the bolt tester example (from the Final Design phase).

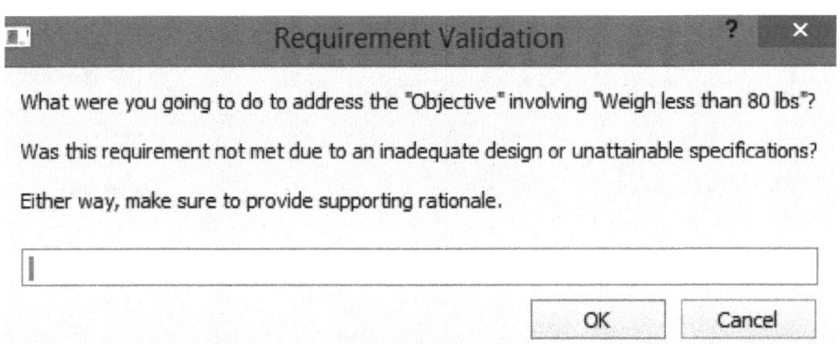

Figure 55: Alert resulting from the fact that the requirement on the bolt tester weight not being satisfied.

Testing

In the Testing tab, the testing assignments needed to validate remaining specifications are listed, along with the requirements and/or risk factors that the tests are designed to address. If no requirement or risk factor is specified, the justification becomes very important. The justification could involve usability, ergonomic aspects, etc. It is also important to list the design feature that the testing assignments are aimed at.

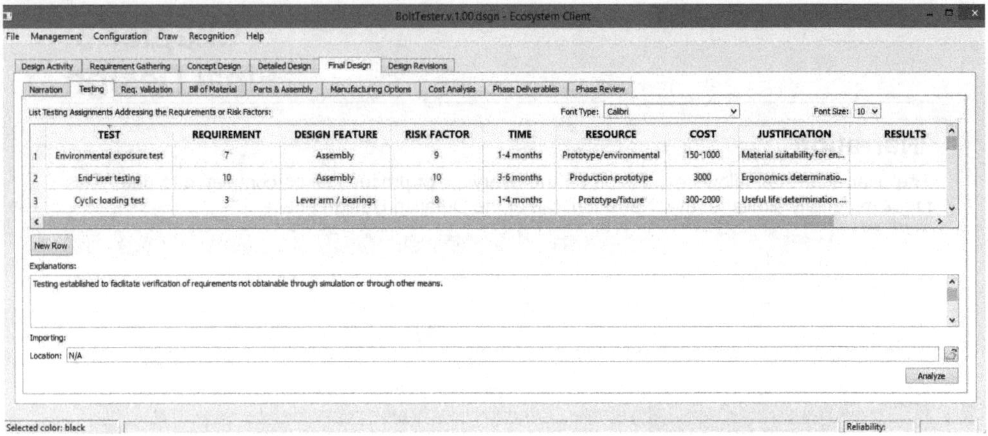

Figure 56: The Testing tab for the bolt tester example (from the Final Design phase).

Requirement Validation

The results from the Detailed Design phase correlate to a binary satisfaction of each requirement in the Requirement Validation tab, as shown in Figure 57. In case of the bolt tester, the objective weight is not satisfied because the weight of the bolt tester is found to be 98.5 lbs. (18.5 lbs. above the limit). When a requirement is deemed Not Satisfied, the Ecosystem automatically issues an alert prompting the user to specify whether this was due to an inadequate design or unattainable specifications (see Figure 55). The METHOD column refers to the method used to validate the requirements. It can, for example, be by testing, through simulation, through analysis, or through some type of similarity comparison.

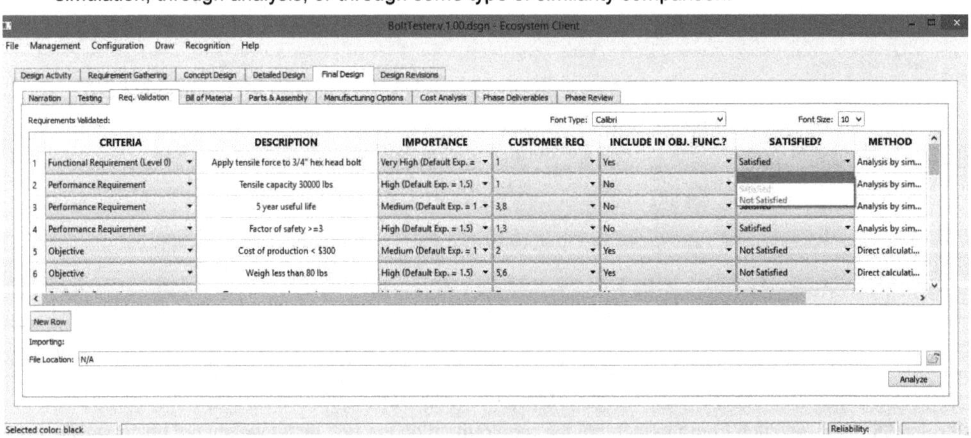

Figure 57: Requirement Validation tab for the bolt tester example (from the Final Design phase).

Bill of Material

The Bill of Material tab, shown in Figure 58, allows input of identifying and accountability attributes for each part comprising the design. It is essential to assign a design feature, material, tooling level and source associated with each part. For definition of the tooling levels, refer to http://www.imagars.com/PartMaturationExpectations.pdf.

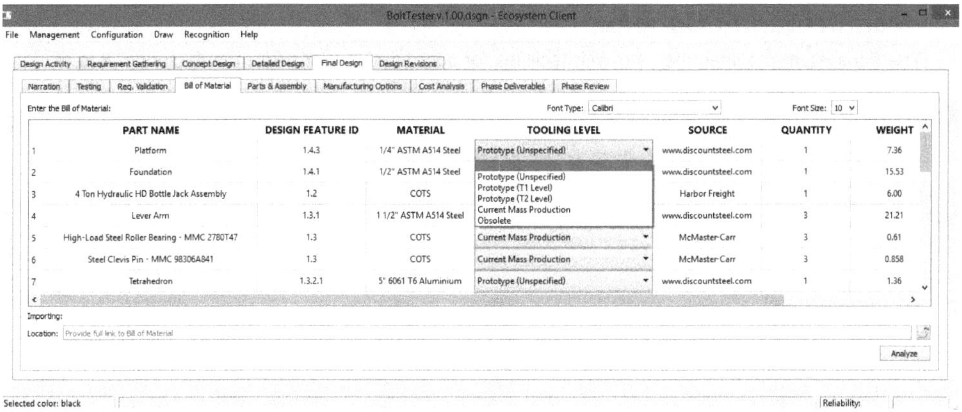

Figure 58: The Bill of Materials tab for the bolt tester example (from the Final Design phase).

Parts & Assembly

All design features should be accounted for in one way or another in the Parts & Assembly tab, shown in Figure 59. Components that are to be manufactured should have appropriate production documentation provided in graphical form. Parts that are to be purchased should be mentioned with at least one usable source. The user can delete any given image from the list by simply clicking on the image and hitting the 'Delete' button.

Figure 59: The Parts & Assembly tab for the bolt tester example (from the Final Design phase).

Manufacturing Options

The Ecosystem provides the user with facilities for coordinating plans for manufacturing. It is of paramount importance to specify the most important criteria for selecting the manufacturing options (method) listed. Here, the term method refers to the means by which parts can get manufactured. Availability refers to the designer's expectations for the ability to finish (the effort needed to manufacture the part by the method specified).

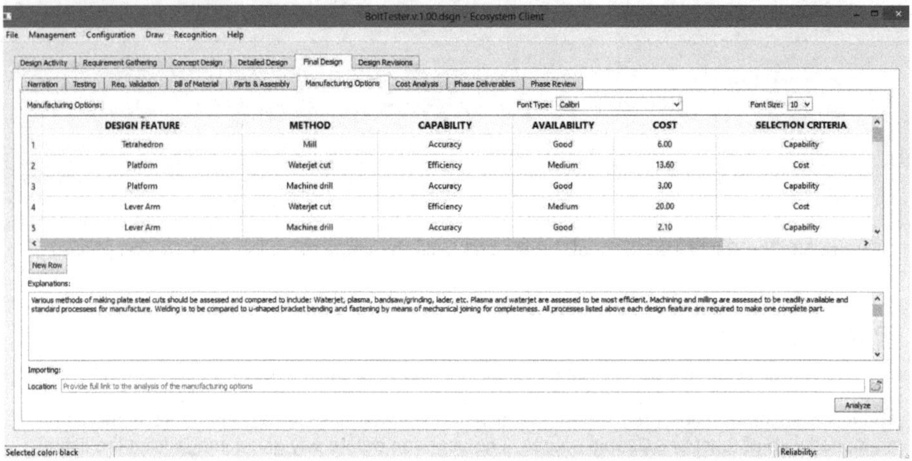

Figure 60: Tab for Manufacturing Options (from the bolt tester example).

Cost Analysis

In addition to determining suitable manufacturing methods, the costs associated with the production of the design comprise another critical component of this Ecosystem. The "Cost Analysis" feature allows user-defined cost components in a tabular form and automated accounting of the overall resources. For each design feature, all contributing costs should be assessed, as shown in Figure 61. While the cost associated with each component instance should be elucidated in the itemized cost column, the overall cost for all instances is tabulated in the "COST" column. The total design cost is the summation of each item from the cost column. The column headings are dynamically populated based on the cost items selected.

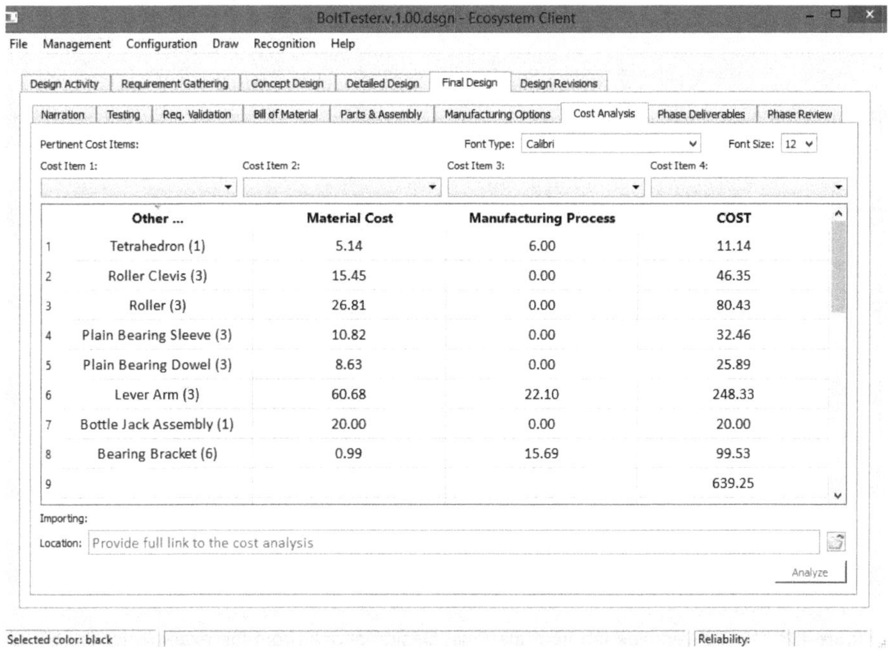

Figure 61: The Cost Analysis tab from the bolt tester example.

Deliverables

The purpose of the Deliverables tab, shown in Figure 62, is to concisely specify the deliverables comprising the design point at the end of the Final Design phase. To import an image into the Location column, simply double-click on the pertinent cell and specify the link to the image file of interest. To delete and image, simply click on the image and hit the 'Delete' button. Note that the row height has been dynamically adjusted to fit the content.

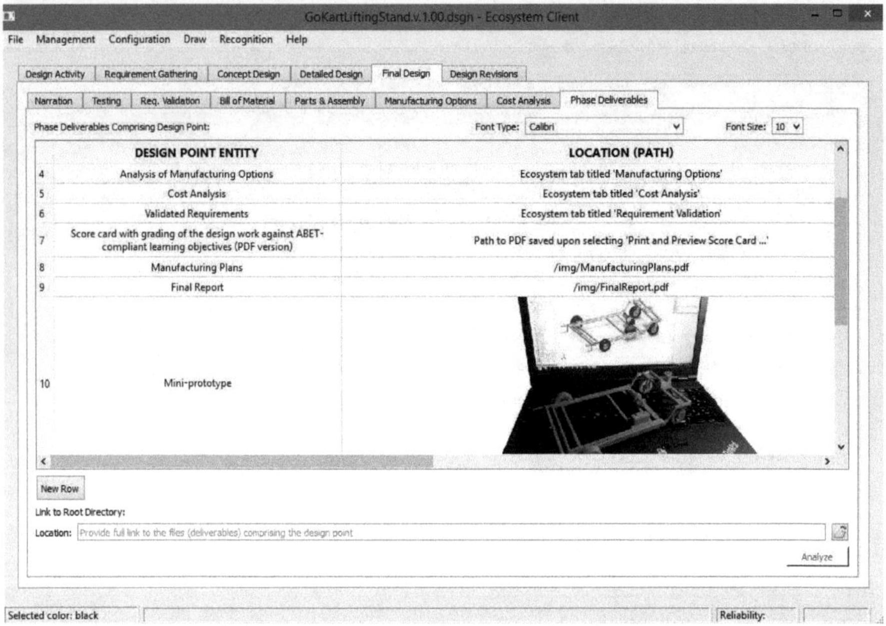

Figure 62: The Deliverables tab from the Final Design phase (from the example for the go kart lifting stand).

Phase Review

The purpose of the Phase Review tab, shown in Figure 63, is to concisely specify the deliverables corresponding to phase review at the end of the Final Design phase, indicate the level of completion, and capture the associated explanations.

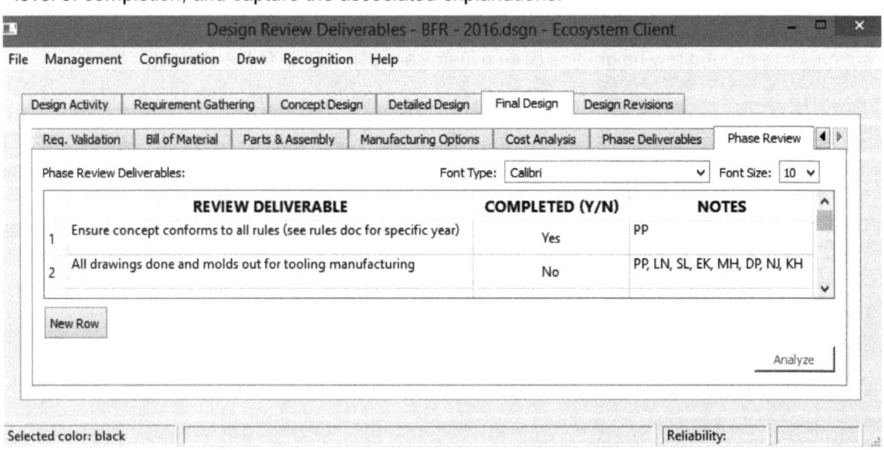

Figure 63: Phase Review tab capturing design review deliverables from a student race car design team.

Chapter 9: Design Modifications

In the Ecosystem Ver. 1.0, the Design Modification phase consists of a single table presenting a revision overview. The table provides means for listing the issues identified, up to three solutions alternatives, links to original design file, the revised design file as well as the revision number (see Figure 64).

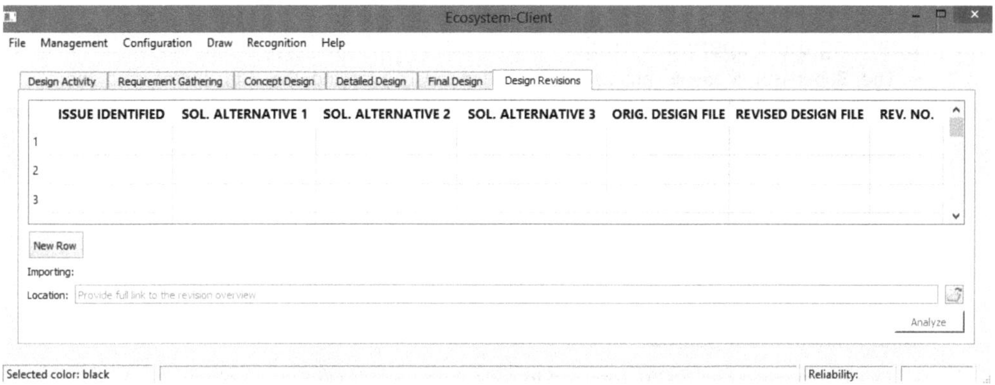

Figure 64: The revision table of the Design Modification phase.

Chapter 10: Ancillary Modes

The ancillary operational modes consist of the Supervisor Mode and the Development Mode.

The Supervisor Mode

Enabling the Supervisor Mode

- The Supervisor Mode is enabled by simultaneously pressing the 'Ctrl' button and the number '9' on the keyboard.
- It is recommended that supervisors execute this command from the start-up dialog and preferably shortly after start-up.

Disabling the Supervisor Mode

- The Supervisor Mode is disabled by simultaneously pressing 'Ctrl' and '9' a second time.

Features of Interest

Customizable Tab Names

- The Ecosystem can be customized to reflect various design terminology.
- If you, for example, want to refer to the 'Product Design Spec' tab as 'Customer Requirements', the 'Engineering Requirements' tab as 'Functional Requirements', and 'Design Revisions' as 'Change Requests', simply select
  Configuration → Tab Renaming
  from the main menu, and enter the items shown in Figure 65.

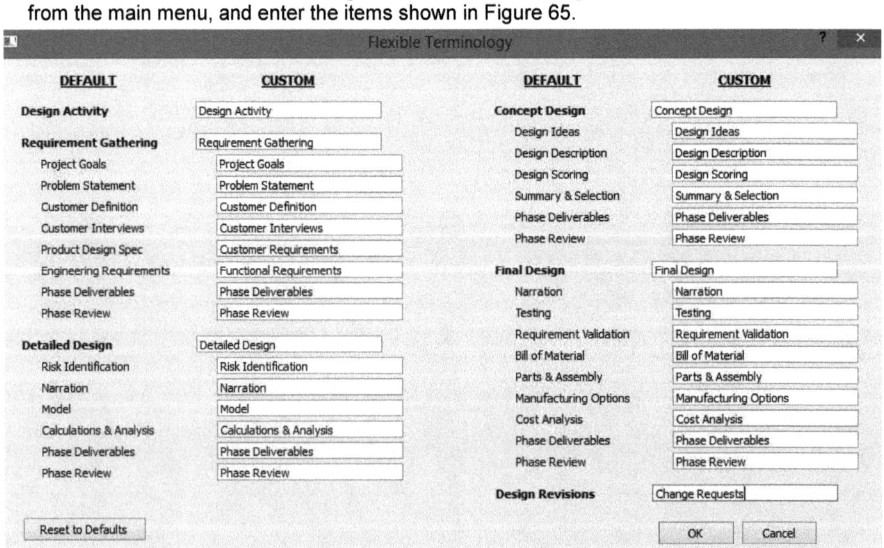

Figure 65: Through tab renaming, the Ecosystem can account for various design terminology.

Target Threshold for the Real-Time Advisories

- The target threshold for the real-time advisories is configured through the spin box in Figure 66.
- Keep in mind that the Ecosystem issues the most severe alert below the target threshold.
- With the current default of 6, the user can expect alerts of Level 5, 4, 3, 2 and 1.

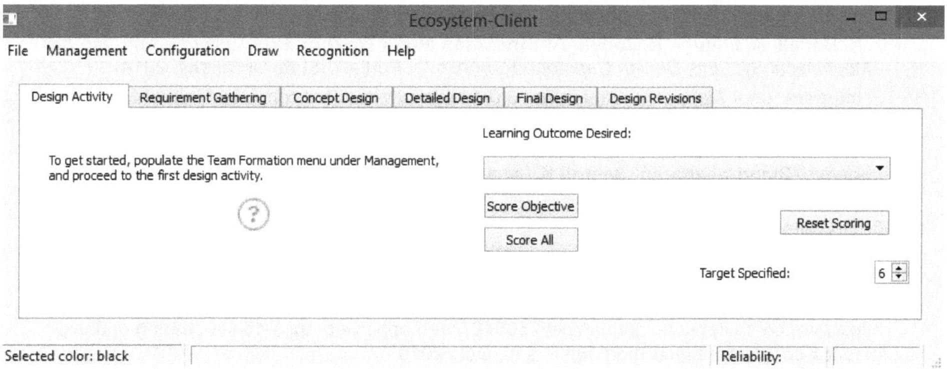

Figure 66: The Ecosystem's start-up menu, after enabling of the Supervisor Mode.

Chapter 11: References

1. **ABET.** *Engineering Change - A Study of the Impact of EC2000.* http://www.abet.org/wp-content/uploads/2015/04/EngineeringChange-executive-summary.pdf : s.n., 2006.

2. **E. Bedell, A. Filinov, R. Jones, A. Strickland and J.W. Vinti.** *Bolt Tester Design, ME 537 - Mechanical Systems Design Capstone Report.* s.l. : Portland State University, 2014.

3. **Imagars.** *User Manual for SketchRec 3.0.* http://www.imagars.com/UserManual-SketchRec-3.0.pdf : s.n., 2015.

4. *The evolution, challenges, and future of knowledge representation in product design systems.* **Chandrasegaran, Senthil K., et al., et al.** 2013, Computer-Aided Design, Vol. 45, pp. 204–228.

5. **Thurana, Jeffry.** *Running Windows Programs on Your Mac using WineBottler.* January 14, 2010. http://www.makeuseof.com/tag/sleeping-with-the-enemy-running-windows-programs-on-your-mac-using-winebottler/.

6. **ComputerWorld.** *Review of 10 file-sharing options: Dropbox, Google Drive and more.* http://www.computerworld.com/article/2505487/web-apps/web-apps-10-file-sharing-options-dropbox-google-drive-and-more.html : s.n., Oct., 2015.

7. **Cisco.** *Webex.* s.l. : www.webex.com, 2015.

8. **Microsoft.** *Skype.* s.l. : http://www.skype.com/en/, 2015.

9. **Geek, How-To.** *5 Ways to Run Windows Software on a Mac.* Nov. 22 2015. http://www.howtogeek.com/187359/5-ways-to-run-windows-software-on-a-mac/.

10. **Kronenberg, Mike.** *WineBottler: Run Windows-based Programs on a Mac.* November 22, 2015. http://winebottler.kronenberg.org/.

11. **Jones, Robert.** *A Digital Ecosystem for Learning and Team Design: A Feasibility Study.* s.l. : Master Report, Portland State University, June 2015.

12. **Google.** *How to share - Docs editors Help - the Google Help Center.* https://support.google.com/docs/answer/2494822?hl=en : s.n., Oct., 2015.

Appendix A: Frequently Asked Questions

Table 6 lists recommended resolutions for problem scenarios that could conceivably arise.

Problem Scenario	Resolution to Consider
Scoring Designs tab of the Conceptual Design phase: Missing headers from the scoring table	• Don't forget to populate the table in the Requirement Analysis tab of the Requirement Gathering phase. • Hopefully, you saved the design file corresponding to the Requirement Gathering phase. • So hopefully, this is simply a matter of reloading that design file. • The auto-population of the headers in the scoring table of the Scoring Design tab keys off the description for the element with 'Yes' specified in the column for 'INCLUDE IN OBJ. FUNC.' in the Requirement Analysis tab.
Problems with running the Ecosystem under Macintosh	• You may need to install the right libraries via WineTricks (integrated into the WineBottler (5)).
Design file is not loading properly (seems corrupt)	• Revert back to the 'last, good design file' (or consider creating a new one from scratch).
Empty placeholders for images in an exported report	• Regenerate the automatically formatted report (re-export)
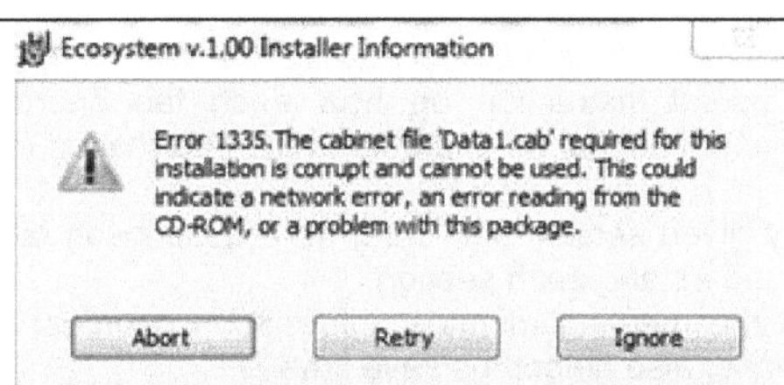	Download the x86 version, per the instructions in the download form.
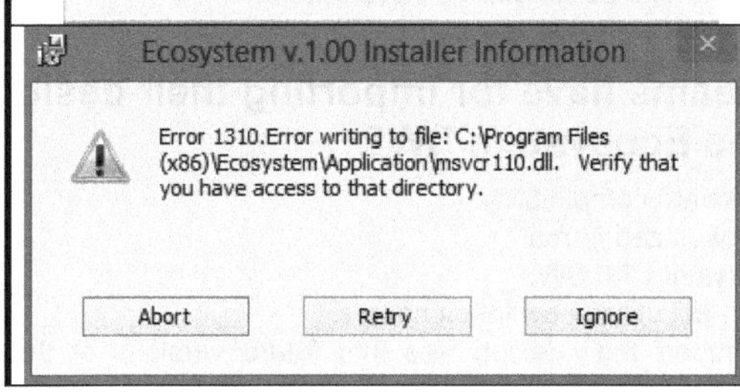	Temporarily disable your virus protection SW.

Table 6: Recommended resolutions for problem scenarios that might arise.

How to apply the Ecosystem to capstone programs emphasizing agile or lean design approaches?

- For a succinct explanation, refer to Table 3.
- Even with a lean or an agile design approach, e.g., in capstone programs emphasis on rapid prototyping, the fundamental steps in the design process remain the same.
- Here, the designer may choose to trim down the facilities (tabs) used to the ones considered absolutely essential.
- This is accomplished using the Tab Configuration tool in Figure 15.
- The designer can elect to conduct multiple iterations through the essential design steps, and save the design file from each iteration.
- Designers can keep track of the design files, by specifying the links in the cells under the column titled Revised Design File in the Design Revisions phase.

How quickly can users get up to speed with the Ecosystem?

Is it possible to learn the Ecosystem SW and realize its benefits during the course of a single semester?

- It has been out experience, from capstone design teams at the Portland State University and the University of Nebraska, that designers have gotten up to speed with the Ecosystem quite quickly.
- So, yes indeed: The BAJA SAE Dynamometer team at the University of Nebraska was able to get up to speed with the Ecosystem, and realize the benefits, over the course of a single semester.
- Both they, and the capstone students at the Portland State University and the University of Nebraska, have noted that, while the default configuration of the Ecosystem consists of quite a number of tabs, the layout is intuitive and the linkage logical.
- Hence, learning the Ecosystem SW has proved to be fairly straight forward.
- The BAJA SAE Dynamometer team specifically noted[3]:
  "1. The user interface was easy to understand and allowed us to insert information quickly and painlessly.
  2. The detailed outline helped us understand each component for the design report.
  3. The extensive user manual gave useful instruction on how each tab operates.
  4. The examples provided with the Ecosystem helped us understand the information to be included in each tab.
  5. We liked the ability to hover over any given section and bring up a description of the section: This allowed us to save time to understand each section.
  6. The ability to insert information into the meeting minutes, information sources, and deliverables facilities, for each design phase, also helped us save time."

What assurances do design teams have for importing their design files into future versions of the Ecosystem SW?

- The Ecosystem 1.0 SW supports full backward compatibility.
- All design constructs are stored using a tokenized format.
- The token names are specific to the Ecosystem 1.0 SW.
- New design constructs, in future versions, will utilize new token names.
- Hence, design teams will be able to import their design files into future versions of the Ecosystem SW.

[3] For additional testimonials, refer to http://www.imagars.com/testimonials-ecosystem/.

Appendix B: Attaining a Complete Solution at Low Cost

Ver. 1.0 of the Ecosystem for Learning and Team Design was developed with deliberate emphasis on its unique capabilities with regards to the design process, in particular the design scoring (the functional decomposition) outlined in Chapter 4.

Yet, the Ecosystem 1.0 can be combined with a number of free software solutions, for team communication and file sharing, to arrive at a complete solution at low cost. This Chapter outlines select, few such solutions. The coverage is far from comprehensive.

When copying an e-design notebook file onto a centralized storage facility, remember to copy the /img/ directory along with its content.

If you are looking for additional information on how to configure the Ecosystem to your needs, please don't hesitate to contact us at support@imagars.com.

File Management through Google Drive

- In terms of a file management solution for the student design teams participating in Formula SAE or similar competitions, the Google Drive is a common choice.
- *The Ecosystem provides means for accessing shared files, both e-design notebooks and repositories of archived designs (say, part or assembly files), by mapping the Google Drive onto the local file system* using the Google Drive Sync application.
- In this way, *the user can apply the automatic image extraction and visualization (see Figure 67 - Figure 68), even on files stored on the Google Drive.*
- *Different team members can access and modify on the same files virtually at the same time.*
- *The synchronization is handled automatically.*

Procedure

1. Download the application for synchronization with the Google Drive

   https://tools.google.com/dlpage/drive/index.html?hl=en
2. Run the application

   googledrivesync.exe
3. Follow the installation steps.

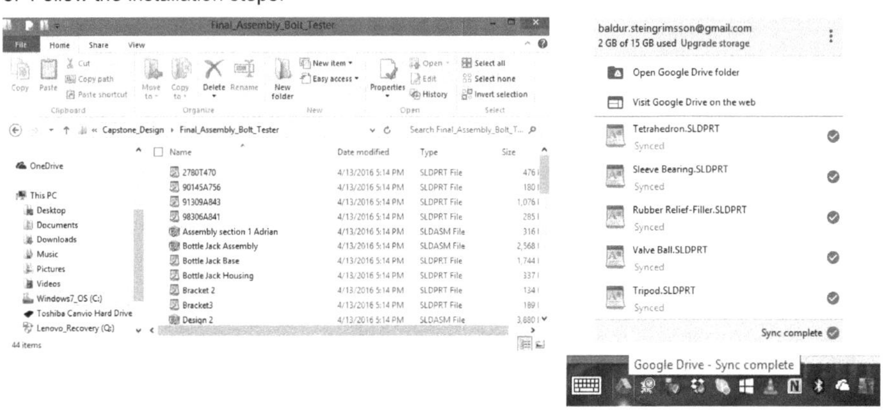

Figure 67: Google Drive Sync application used for team collaboration.

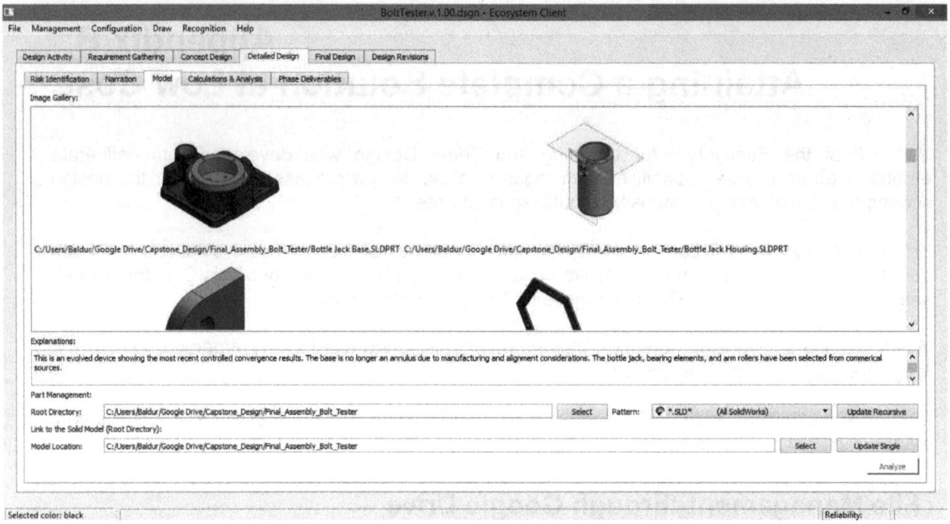

Figure 68: Real-time image extraction and visualization applied to design files stored on a Google Drive (and mapped to the local file system using the Google Drive Sync application).

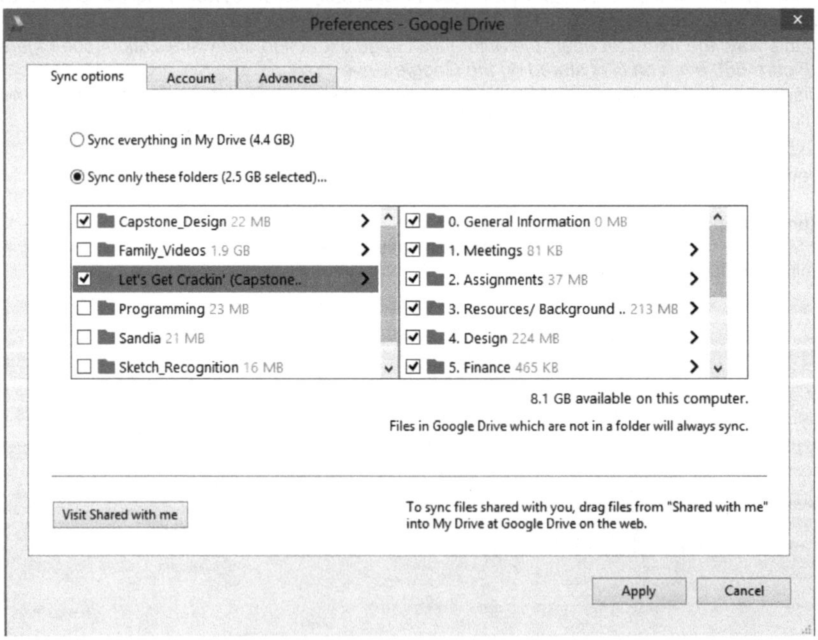

Figure 69: Configuration of the automatic sync-ing through the Preference menu of the Google Drive.

File Management through Dropbox

- The Dropbox can be used similarly to host shared design files.
- As for the Google Drive, the synchronization is handled automatically (see Figure 70).
- *Hence, different team members can access and modify on the same files virtually at the same time.*

Procedure

1. Download the Dropbox application from
   https://www.dropbox.com/downloading
2. Run the Dropbox installer
   DropboxInstaller.exe
3. Follow the installation steps.

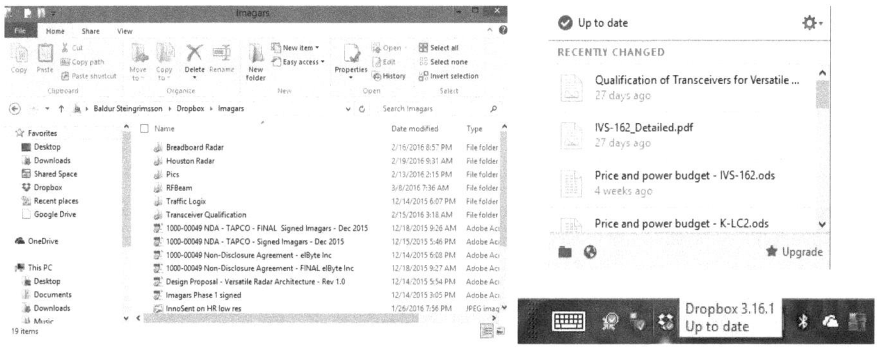

Figure 70: Snapshots from usage of Dropbox for team collaboration on an actual design project.

File Management through OneDrive

- The OneDrive can be used similarly to host shared design files.
- As for the Google Drive, the synchronization is handled automatically.
- *Hence, different team members can access and modify on the same files virtually at the same time.*

Procedure

1. Download the OneDrive sync client from
   https://onedrive.live.com/about/en-us/download/
2. Run the installer for the OneDrive sync client
   OneDriveSetup.exe
3. Follow the installation steps.
4. You can typically access your mapped folder through the following path:
   C:/Users/[your-user-name] /OneDrive/

Figure 71 provides sample results from a search applied to design files stored in a centralized archive, but mapped to a local folder, and synchronized using the OneDrive sync client.

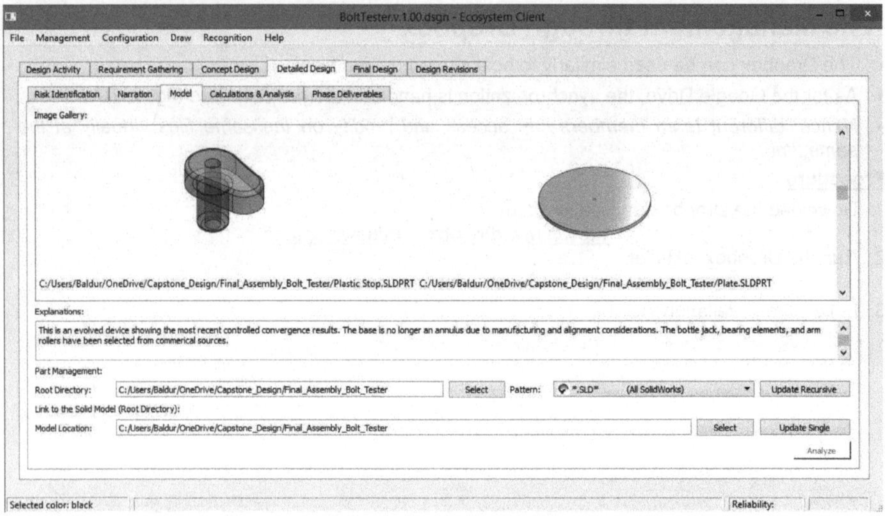

Figure 71: Real-time image extraction and visualization applied to design files stored on a MS OneDrive (and mapped to the local file system using the OneDrive sync client).

Other Options for File Management

Users can also achieve their goals for assignment delegation and distributed file management using a number of other software solutions. MediaFire, RapidShare, ShareFile and YouSendIt are dedicated to sending and hosting large files in a corporate context (6). Box, Dropbox, Minus, SkyDrive and SugarSync are more general, personal use file storage serves that have mass distribution as an adjunct feature (6).

Recommended Platform for Team Communications

- Imagars' message board
  www.ecosystem.imagars.com
  is the recommended platform for team communications.
- Team members are advised to register for an account by accessing the 'Register' function in the main message board menu
- For now, we recommend stand-alone usage of the message board.
- The message board can be accessed from a browser running in parallel with the Ecosystem client.

Appendix C: Distance Education

The Ecosystem can be effectively applied in classes involving distance education. Such applications would rely on 3rd party solutions, such as Webex (7) or Skype (8), for screen sharing.

Appendix D: Support for Macintosh

There are at least three ways for Mac users to run the Ecosystem (9):

1. Through dual booting mechanism, like Boot Camp, if configured.
2. Through a Virtual Machine, like VmWare Fusion, if installed.
3. Using the WineBottler (10).
4. Using the CodeWeavers' CrossOver Mac.
5. Using a Remote Desktop.

The WineBottler is a free Mac application which can be downloaded from (10)
http://winebottler.kronenberg.org/

Instructions on how to install and run the Ecosystem, using the WineBottler, are listed in (5)
http://www.makeuseof.com/tag/sleeping-with-the-enemy-running-windows-programs-on-your-mac-using-winebottler/

During the testing phase, the Ecosystem 1.0 SW was installed and run under Macintosh, using the WineBottler, per instructions from (5). No problems were observed.

Appendix E: Identification of Functional and Performance Requirements Illustrated

The identification of the functional and performance requirements consists of the following key steps:
1. Hone in on the right key words.
- Look for key words that describe the function that will be delivered.
2. Ask the relevant questions.
- The functional requirements address the function that the design must provide.
- Therefore, ask: "What must it do?"
- The performance requirements address how well the design must do it.
3. Enter the results into the Ecosystem.
- See Figure 26.

The following is a problem definition for a kart stand for kart racers. The key words of interest are highlighted in blue.

> Kart racing is a variant of open-wheel motorsport with small, open, four-wheeled vehicles called karts. They are raced on scaled-down demanding pavement circuits. The karts themselves weigh 200lbs and must be transported to the race complex by a transportation vehicle. A mechanism is needed to facilitate the moving of the kart to and from the transport vehicle and the raceway as seen below in Figure 1. For solo operations, this is made impossible by the awkward size and weight of a kart.
> Current off the shelf solutions are either expensive and or unstable. The client currently uses a solid stand with wheels which requires a minimum of two people to load and unload the kart from the stand. The current stand also does not facilitate ease of kart transportation because it requires two people to place the kart onto the stand. Thus, there exists a need for a reliable and stable stand which can assist the solo kart racer in transportation and storage of the kart.

Figure 72 highlights the corresponding, relevant questions along with some answers.

FRX	PRX.1	Priority PRX.1	PRX.2	Priority PRX.2
What must it do?	How well does it do it?	How important?	""	""
Lift	Load? 200 lbs/irregular	High	how high? ?????	Med
Move	steer? 360 degrees	High	How fast? ???	Med

Constraints			
Pass/Fail	Criteria		
Geometric dimension	nominal/tolerance		
(Cost)			
(Weight)			
Stability	Lateral load?	Movement surface condition?	Load security?
Safety	Design Factor?		

Objectives	Direction	Priority
Things to optimize		How important?
(Cost)	Minimize	High
(Weight)	Minimize	Low
Reliability	Maximize	Medium

Figure 72: Towards definition of functional and performance requirements for a kart stand for kart racers.

Appendix F: Support for the ABET Learning Objectives

Version 1.0 of the Ecosystem for Learning and Team Design supports the following learning objectives:

1. Ability to evaluate information and incorporate into design.
2. Designer functions as a part of a team.
3. Designer communicates in the language of design.
4. Designer defines, performs and manages the steps in the design process.

Table 7 outlines the association of these learning objectives with the ABET generic learning objectives for engineering design (1).

ID	Learning Objective	Association with 1. – 4.
A	An ability to apply knowledge of mathematics, science and engineering	Integrated into 1.
B	An ability to design and conduct experiments, as well as to analyze and interpret data	Integrated into 4.
C	An ability to design a system, component or process to meet desired needs	Integrated into 4.
D	An ability to function on multi-disciplinary teams	Integrated into 2.
E	An ability to identify, formulate and solve engineering problems	Integrated into 4.
F	An understanding of professional and ethical responsibility	Vaguely accounted for through 1.
G	An ability to communicate effectively	Integrated into 3.
H	The broad education necessary to understand the impact of engineering solutions in a global and societal context	Vaguely accounted for though 1.
I	A recognition of the need for, and an ability to engage in life-long learning	To the extent this applies, accounted for by instructor (through selection of a project that requires the student to learn something new)
J	A knowledge of contemporary issues	Integrated into 1. and 4.
K	An ability to use the techniques, skills, and modern engineering tools necessary for engineering practice	Integrated into 4.

Table 7: Association of the learning objectives supported by Ecosystem Ver. 1.0 with the generic ABET learning objectives for engineering design.

Aside from learning objective I, which may not apply (since it is hard to prove the software's ability to accurately assess the user's capacity to engage in life-long learning), learning objectives 1. – 4. represent all of the ABET's generic learning objectives for engineering design, to some extent.

References

References

Tim Brown. Change by Design: How Design Thinking Transforms Organizations and Inspires Innovation. HarperBusiness, New York, New York, USA, 2009.

G. Constable and B. Somerville. A Century of Innovation: Twenty Engineering Achievements That Transformed Our Lives. Joseph Henry Press, Washington DC, 2003.

R. G. Cooper. Stage-gate systems: A new tool for managing new products. Business Horizons, 33(3):44–54, 1990.

Tom Judd. Taking dfss to the next level. In Design for Six Sigma Conference, Las Vegas, 2005.

M. J. Kang and S. J. Lee. 가추법과 디자인 씽킹–창의적 발상의 이론과 실제. 기호학 연구, 38:7–35, 2014.

M. E. Porter and J. E. Heppelmann. How smart connected products are transforming competition. Harvard Business Review, 92(11):11–64, 2014.

M. E. Porter and J. E. Heppelmann. How smart connected products are transforming companies. Harvard Business Review, 93(10):96–114, 2015.

T. Rayna and L. Striukovan. From rapid prototyping to home fabrication: How 3d printing is changing business model innovation. Technological Forecasting and Social Change, 102:214–224, 2016.

Baldur Steingrimsson, Robert Jones, Faryar Etesami, and Sung Yi. Ecosystem for engineering design learning. International Journal of Engineering Education, 33:1–14, 2017.

G. Taguchi. Quality engineering in japan. Communications in Statistics–Theory and Methods, 14(11):2785–2801, 1985.

Gabriel Tarde. The Laws of Imitation. Peter Smith by permission of Henry Holt and Company, Clouchester, Massachusetts, (1903) 1962.

K. Thoring and R. M. Muller. Understanding the creative mechanisms of design thinking. In Procedings of the Second Conference on Creativity and Innovation in Design–DESIRE '11, pages 137–147, New York, New York, USA, 2011. ACM Press.

Time. Based on a survey of consumers. New York, USA, Nov. 13, 1989.

K. Tschimmel. Design thinking as an effective toolkit for innovation. In ISPIM Conference Proceedings, page 1, Barcelona, Spain, 2012.

David G. Ullman. Mechanical Design Process. McGraw-Hill Publishing Company, New York, USA, 4 edition, 2010.

K. Ulrich and S. A. Pearson. Assessing the importance of design through product archaeology. Management Science, 44(3):352–369, 1998.

Karel Vredenberg, Scott Isensee, and Carol Righi. User-Centered Design: An Integrated Approach. Prentice Hall, Upper Saddle River, NJ, USA, 2001.

D. Wu, D. W. Rosen, L. Wang, and D. Schaefer. Cloud-based design and manufacturing: A new paradigm in digital manufacturing and design innovation. CAD Computer Aided Design, 59:1–14, 2015.